西门子运动控制丛书——数控系统篇

SINUMERIK 808D ADVANCED 车床操作与编程快速进阶

主编　苏硕仕　顾雪艳

本书由具有多年实践操作和编程教学经验的工程师和老师编写而成，内容由浅入深，简洁易懂，图文并茂，便于读者学习和使用。

本书介绍了SINUMERIK 808D ADVANCED数控系统基础知识、数控系统常用操作以及功能应用；数控车床的加工特点、金属切削基础以及车削加工工艺。本书着重详解了西门子数控车床的编程基础和基本指令、程序运行控制和特殊编程指令、西门子标准车削循环指令和CAXA/UG数控车床软件编程的使用方法；给出了典型车削样件的编程实例，包括刀具的选择、加工工艺流程、数控系统的编程方法以及ISO编程方法的使用；通过典型车削程序编程实例，详细介绍了由样件图样到样件程序的过程。

通过学习本书，能够使读者快速地提高SINUMERIK 808D ADVANCED车床操作与编程的能力。

本书适合数控系统编程人员、数控机床的操作人员阅读。

图书在版编目（CIP）数据

SINUMERIK 808D ADVANCED 车床操作与编程快速进阶 / 苏硕仕，顾雪艳主编 . —北京：机械工业出版社，2019.7

（西门子运动控制丛书 . 数控系统篇）

ISBN 978-7-111-63506-2

Ⅰ . ① S… Ⅱ . ①苏…②顾… Ⅲ . ①数控机床 – 车床 – 操作 ②数控机床 – 车床 – 程序设计 Ⅳ . ① TG519.1

中国版本图书馆 CIP 数据核字（2019）第 177534 号

机械工业出版社（北京市百万庄大街 22 号　邮政编码 100037）

策划编辑：林春泉　责任编辑：林春泉

责任校对：陈　越　封面设计：鞠　杨

责任印制：孙　炜

天津嘉恒印务有限公司印刷

2020 年 1 月第 1 版第 1 次印刷

184mm × 260mm · 12.75 印张 · 314 千字

0 001—3 000 册

标准书号：ISBN 978-7-111-63506-2

定价：59.00 元

电话服务　　　　　　　　网络服务

客服电话：010-88361066　机　工　官　网：www.cmpbook.com

010-88379833　机　工　官　博：weibo.com/cmp1952

010-68326294　金　　书　　网：www.golden-book.com

　机工教育服务网：www.cmpedu.com

编委会名单

序

“中国制造 2025”和“工业 4.0”是当下制造业热议的话题。作为工业领域的引领者及现代制造的践行者，西门子公司很好地诠释了其精髓。“工业 4.0”以数字化制造为核心理念，将虚拟研发与高效现实制造相融合，提高了生产柔性和灵活性，缩短了产品上市时间，进而全面提升了企业的市场竞争力。而作为制造业的“母机”——数控机床更是经济建设和发展的重要基石，其相应的数控系统产业无疑处于桥头堡的地位。

西门子 SINUMERIK 是全球知名的数控系统品牌，是行业的佼佼者。西门子创新的技术设计和前瞻性使其一直处于世界高端品牌的前列，是国际、国内设备制造商的首选供应商，是中国制造的有力贡献者。其 SINUMERIK 808D ADVANCED 数控系统是近几年西门子公司专为经济型数控机床设计、开发的，秉承了 SINUMERIK 的一贯技术风格，自投放市场以来受到了行业的广泛好评。

随着数控技术的普及，数控系统基础的安装、调试和操作、编程已经不是数控技术应用的难题，而难题是怎样让设备的使用者谙熟丰富的系统功能，使数控系统发挥出更大的潜能，最大限度地满足厂家解决问题的需求。顺应形势，由西门子数字化工厂集团旗下的西门子数控（南京）有限公司客户支持应用部与南京工程学院等两所高校强强联手，以西门子 SINUMERIK 808D ADVANCED 数控系统为平台，结合自身对西门子 SINUMERIK 808D 数控系统的应用经验的积累，从基础指令、高级指令、编程实例等内容出发，对操作和编程给出了更详细的说明和注解，诠释了西门子数控系统高效的编程技巧，其内容丰富、形式新颖，为广大数控系统的使用者提供了一份很好的参考文献。

“工欲善其事，必先利其器”。本书为机械加工行业人士有效利器，值得拥有和收藏。

最后，希望中国制造业更进一步发展，西门子数字化工厂集团愿助中国制造业更上一层楼！

西门子（中国）有限公司执行副总裁

数字化工厂集团总经理

王海滨

2019 年 7 月

前言

西门子数控（南京）有限公司是西门子数字化工厂集团旗下重要的运营公司之一，自 1996 年运营以来，一直引领工业技术的创新和发展，具备产品研发、精益生产、供应、管理等一整套完善的管理体制，从产品订单开始，到软、硬件的研发、市场销售和售后服务，公司一直秉承在任何时候最大限度地满足客户需求为宗旨，不断提高用户的满意度。

西门子数控（南京）有限公司开发、设计、生产机床数控系统、交流伺服驱动系统、电气传动系统、伺服电动机、齿轮电机及工厂自动化等产品，其中数控系统一直是公司的支柱产品，用户遍及国内和世界各地。以 SINUMERIK 808D 为代表的新一代数控系统具备强大的硬件接口和软件功能，创新的设计可以轻松地满足通用型车床和铣床的应用；具备连接简单、调试轻松、操作人性化等优点；良好的人机界面使操作变得简便、快捷，标准的加工循环程序使得编程、加工更加高效。自产品投放市场以来，西门子数控（南京）有限公司的技术支持工程师一直是产品应用的专业知识的提供者，在长年累月的工作中解决了很多产品应用的疑难问题，积累了丰富的实践经验，这些经验是 SINUMERIK 808D 数控系统应用的珍贵宝藏。

本书由西门子应用专家和南京两所高校的资深教师通力合作编写，以西门子 SINUMERIK 808D 数控系统为平台，从基本编程、高级编程和软件的应用对西门子数控系统的操作和编程给出全面的解析和说明，在内容的编写上力求实用性与先进性并举，从最基本的编程理论入手，层层深入，从不同的角度诠释了编程的技巧，既满足了通用加工的应用需求，也为操作人员提供了学习和提升的宝典。通过阅读本书，可以系统地掌握相关的知识，轻松地完成数控编程、操作，使加工技能更高效、准确。

由于时间紧迫、资料有限，受技术能力及编纂水平所限，书中难免存在错漏和不足之处，请各位专家、学者、工程技术人员以及广大读者给予批评指正。

西门子数控（南京）有限公司
总经理
李　雷
2019 年 7 月

目录

第 1 章 SINUMERIK 808D 数控系统

1.1 数控系统概述

针对中低端数控应用市场，西门子公司目前最新的解决方案主要为 SINUMERIK 808D 数控系统，该数控系统可以根据不同的配置和功能分为两个版本：

1）SINUMERIK 808D，该版本为脉冲控制，搭配 V60 驱动 + 1FL5 增量电机；

2）SINUMERIK 808D ADVANCED，该版本为总线控制，搭配 V70 驱动 + 1FL6 绝对或增量电机。

本节将主要介绍这两款数控系统的基本情况及主要部件的组成，帮助读者从整体上对该数控系统建立初步的认识和了解。

1.1.1 数控系统版本

对于 SINUMERIK 808D 和 SINUMERIK 808D ADVANCED 两款数控系统而言，可以根据数控系统软硬件区分为车床版和铣床版两个版本。

1）车床版主要是针对标准车床的应用，两款数控系统区别如下：

① SINUMERIK 808D 数控系统最多可以控制 4 个轴，其中包括 3 个进给轴（通过脉冲驱动接口与西门子 SINAMICS V60 驱动器连接，其中一根轴需要通过购买选项才能激活使用）和一个模拟量主轴（通过一个模拟量主轴接口连接）。

② SINUMERIK 808D ADVANCED 数控系统可以控制 5 个轴，其中包括 4 个进给轴（通过总线与西门子 SINAMICS V70 驱动器连接，其中两个轴需要通过购买选项才能激活使用）和一个模拟量主轴（通过一个模拟量主轴接口连接）。

2）铣床版主要是针对标准铣床的应用，两款数控系统区别如下：

① SINUMERIK 808D 数控系统最多可以控制 4 个轴，其中包括 3 个进给轴（通过脉冲驱动接口与西门子 SINAMICS V60 驱动器连接）和一个模拟量主轴（通过一个模拟量主轴接口连接）。

② SINUMERIK 808D ADVANCED 数控系统可以控制 5 个轴，其中包括 4 个进给轴（通过总线与西门子 SINAMICS V70 驱动器连接，其中一个轴需要通过购买选项才能激活使用）和一个模拟量主轴（通过一个模拟量主轴接口连接）。

1.1.2 部件清单

西门子 SINUMERIK 808D 和 SINUMERIK 808D ADVANCED 数控系统是由系统 PPU、MCP、驱动器以及伺服电动机等各组件构成，不同的组件分别对应有相应的组件包。表 1-1 和

表 1-2 分别介绍了 SINUMERIK 808D 和 SINUMERIK 808D ADVANCED 数控系统中各组件包所对应的名称及组件包内标准配置组件的数量，为实际应用时的配置选择及交接组件时进行相应的配置核对，提供参考依据。

表 1-1　SINUMERIK 808D 数控系统部件清单

组件包	组件名称	数量
PPU 套件包	面板处理单元（以下简称为 PPU，仅有水平版）	1 个
	带螺钉的安装卡扣	8 个
	接线端子	I/O 接线端子 7 个 24V 电源端子 1 个
MCP 套件包	机床控制面板（以下简称为 MCP/ 默认为车床控制面板 ）	1 块
	MCP 连接电缆（用于将 MCP 与 PPU 连接，最长为 50 cm）	1 根
	带螺钉的安装卡扣	6 个
	打印好的 MCP 插条（用于铣床）	1 套（6 根）
	空白插条纸（A4 大小）	1 张
	MCP 产品信息手册	1 本
CNC 备件	连接 SINAMICS V60 驱动器的设定值电缆（用于进给轴）	车床 2 根 / 铣床 3 根
	连接西门子变频器或第三方驱动器的设定值电缆（用于主轴）	1 根
	* 急停按钮不在交付范围之内，如有需要，可与西门子销售人员联系单独采购	
SINAMICS V60 驱动器套件包	SINAMICS V60 驱动器模块	1 个
	SINAMICS V60 驱动器简明操作说明	1 本
	电缆夹（用于固定和屏蔽电缆）	2 个
	保修卡	1 张
1FL5 伺服电动机套件包	1FL5 伺服电动机	1 个
	1FL5 伺服电动机简易说明书	1 本
单独电缆包	1FL5 伺服电动机动力电缆（非屏蔽）	1 根
	1FL5 伺服电动机抱闸电缆（非屏蔽）	1 根
	1FL5 伺服电动机编码器电缆（屏蔽）	1 根

表 1-2　SINUMERIK 808D ADVANCED 数控系统部件清单

组件包	组件名称	数量
PPU 套件包	面板处理单元（以下简称为 PPU，分为水平版和垂直版两种）	1 个
	总线终端电阻	1 个
	带螺钉的安装卡扣	水平版 8 个 垂直版 10 个
	接线端子	I/O 接线端子 7 个 24V 电源端子 1 个
MCP 套件包	机床控制面板（以下简称为 MCP/ 默认为车床控制面板 ） 分为水平版和垂直版两种	1 块
	MCP 连接电缆（用于将 MCP 与 PPU 连接，最长为 50cm）	1 根
	带螺钉的安装卡扣	水平版 6 个 垂直版 8 个
	打印好的 MCP 插条（用于铣床）	1 套（6 根）
	空白插条纸（A4 大小）	1 张
	MCP 产品信息手册	1 本
CNC 备件	连接 SINAMICS V70 驱动器的 Drive Bus 总线电缆	1 根
	连接 SINAMICS V70 驱动器之间的 Drive Bus 总线电缆	车床 1 根 铣床 2 根
	连接西门子变频器或第三方驱动器的设定值电缆（用于主轴）	1 根
	* 急停按钮不在交付范围之内，如有需要，可与西门子销售人员联系单独采购	
SINAMICS V70 驱动器套件包	SINAMICS V70 驱动器模块	1 个
	屏蔽板	1 个
	电缆夹（用于固定和屏蔽电缆，仅限 8N・m 及以上驱动器）	1 个
	接线端子	1.9~6N・m 4 个 8N・m 及以上 2 个
	用户文档 - 安全说明	1 张
1FL6 伺服电动机套件包	1FL6 伺服电动机	1 个
	1FL6 伺服电动机安装指南	1 本
单独电缆包	1FL6 伺服电动机动力电缆	1 根
	1FL6 伺服电动机抱闸电缆	1 根
	1FL6 伺服电动机增量式编码器电缆	1 根
	1FL6 伺服电动机绝对式编码器电缆	1 根

1.2　数控系统各部件型号总览

西门子数控系统的每个部件都有一个独立的订货号，通过这个订货号可以采购到相应的物品。表 1-3 和表 1-4 中分别给出 SINUMERIK 808D 和 SINUMERIK 808D ADVANCED 数控系统中所有组成部件所对应的订货号，为实际配置方案的选择和订购提供参考依据。

需要注意的是，在系统的标准配置中，不含主轴变频器或伺服驱动器，生产厂家需自行选择符合系统要求的主轴变频器或伺服驱动器。

表 1-3　SINUMERIK 808D 数控系统部件订货号

名称	型号和规格	订货号
SINUMERIK 808D 数控系统（PPU141.1）车削版	英文版	6FC5370-1AT00-0AA0
	中文版	6FC5370-1AT00-0CA0
SINUMERIK 808D 数控系统（PPU141.1）铣削版	英文版	6FC5370-1AM00-0AA0
	中文版	6FC5370-1AM00-0CA0
机床控制面板（MCP）	英文版	6FC5303-0AF35-0AA0
	中文版	6FC5303-0AF35-0CA0
连接 PPU141.1 和驱动器 V60 的设定值电缆	5m	6FC5548-0BA00-1AF0
	7m	6FC5548-0BA00-1AH0
	10m	6FC5548-0BA00-1BA0
SINAMICS V60 控制功率模块（CPM60.1）	4A	6SL3210-5CC14-0UA0
	6A	6SL3210-5CC16-0UA0
	7A	6SL3210-5CC17-0UA0
	10A	6SL3210-5CC21-0UA0
1FL5 伺服电动机	4N · m	1FL5060-0AC21-0AA0（带轴键、不带抱闸）
		1FL5060-0AC21-0AG0（不带轴键、不带抱闸）
		1FL5060-0AC21-0AB0（带轴键、带抱闸）
		1FL5060-0AC21-0AH0（不带轴键、带抱闸）
	6N · m	1FL5062-0AC21-0AA0（带轴键、不带抱闸）
		1FL5062-0AC21-0AG0（不带轴键、不带抱闸）
		1FL5062-0AC21-0AB0（带轴键、带抱闸）
		1FL5062-0AC21-0AH0（不带轴键、带抱闸）
	7.7N · m	1FL5064-0AC21-0AA0（带轴键、不带抱闸）
		1FL5064-0AC21-0AG0（不带轴键、不带抱闸）
		1FL5064-0AC21-0AB0（带轴键、带抱闸）
		1FL5064-0AC21-0AH0（不带轴键、带抱闸）
	10N · m	1FL5066-0AC21-0AA0（带轴键、不带抱闸）
		1FL5066-0AC21-0AG0（不带轴键、不带抱闸）
		1FL5066-0AC21-0AB0（带轴键、带抱闸）
		1FL5066-0AC21-0AH0（不带轴键、带抱闸）
连接 PPU 和主轴变频器或者伺服主轴驱动器的设定值电缆	5m	6FC5548-0BA05-1AF0
	7m	6FC5548-0BA05-1AH0
	10m	6FC5548-0BA05-1BA0
1FL5 伺服电动机动力电缆（不带屏蔽层）	5m	6FX6002-5LE00-1AF0
	10m	6FX6002-5LE00-1BA0
1FL5 伺服电动机抱闸电缆（不带屏蔽层）	5m	6FX6002-2BR00-1AF0
	10m	6FX6002-2BR00-1BA0
1FL5 伺服电动机编码器电缆（带屏蔽层）	5m	6FX6002-2LE00-1AF0
	10m	6FX6002-2LE00-1BA0

表 1-4　SINUMERIK 808D ADVANCED 数控系统部件订货号

名称	型号和规格	订货号
SINUMERIK 808D ADVANCED（PPU161.2）水平版	车削版	6FC5370-2AT02-0AA0（英文版）
		6FC5370-2AT02-0CA0（中文版）
	铣削版	6FC5370-2AM02-0AA0（英文版）
		6FC5370-2AM02-0CA0（中文版）
SINUMERIK 808D ADVANCED（PPU160.2）垂直版	车削版	6FC5370-2BT02-0AA0（英文版）
		6FC5370-2BT02-0CA0（中文版）
	铣削版	6FC5370-2BM02-0AA0（英文版）
		6FC5370-2BM02-0CA0（中文版）
机床控制面板（MCP）	水平版	6FC5303-0AF35-0AA0（英文版）
		6FC5303-0AF35-0CA0（中文版）
	垂直版 带主轴倍率开关	6FC5303-0AF35-2AA0（英文版）
		6FC5303-0AF35-2CA0（中文版）
	垂直版 带手轮预留孔	6FC5303-0AF35-3AA0（英文版）
		6FC5303-0AF35-3CA0（中文版）
连接 PPU 与主轴驱动器设定值电缆	3m	6FC5548-0BA05-1AD0
	5m	6FC5548-0BA05-1AF0
	7m	6FC5548-0BA05-1AH0
	10m	6FC5548-0BA05-1BA0
	20m	6FC5548-0BA05-1CA0
连接 PPU 与 V70 驱动器 Drive Bus 电缆线	3m	6FC5548-0BA20-1AD0
	5m	6FC5548-0BA20-1AF0
	7m	6FC5548-0BA20-1AH0
	10m	6FC5548-0BA20-1BA0
	20m	6FC5548-0BA20-1CA0
连接 V70 驱动器 Drive Bus 电缆线	0.35m	6FC5548-0BA20-1AA3
SINAMICS V70 驱动器	1.9N · m（0.4kW）	6SL3210-5DE12-4UA0
	3.5N · m（0.75kW）	6SL3210-5DE13-5UA0
	4N · m（0.75kW）	6SL3210-5DE13-5UA0
	6N · m（1kW）	6SL3210-5DE13-5UA0
	8N · m（1.5kW）	6SL3210-5DE16-0UA0
	11N · m（1.75kW）	6SL3210-5DE17-8UA0
	15N · m（2kW）	6SL3210-5DE21-0UA0
	15N · m（2.5kW）	6SL3210-5DE21-0UA0
	22N · m（3.5kW）	6SL3210-5DE21-4UA0
	30N · m（5kW）	6SL3210-5DE21-8UA0
	40N · m（7kW）	6SL3210-5DE21-8UA0

（续）

名称	型号和规格	订货号
1FL6 伺服电动机	伺服电动机依据编码器类型、是否带有轴键、是否带有抱闸等特点，可以具体划分为 88 种，在下面的图表中给出其订货号的构成，使用者可以根据规则自行获得所需要的电动机的订货号	
	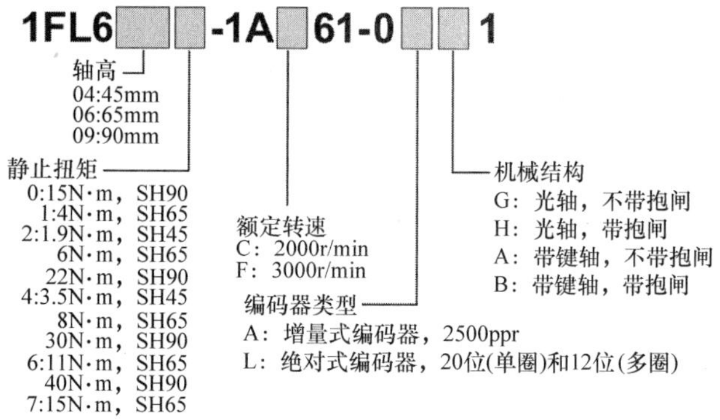 **1FL6□□-1A□61-0□□1** 轴高 04:45mm 06:65mm 09:90mm 静止扭矩 0:15N·m，SH90 1:4N·m，SH65 2:1.9N·m，SH45 6N·m，SH65 22N·m，SH90 4:3.5N·m，SH45 8N·m，SH65 30N·m，SH90 6:11N·m，SH65 40N·m，SH90 7:15N·m，SH65 额定转速 C：2000r/min F：3000r/min 编码器类型 A：增量式编码器，2500ppr L：绝对式编码器，20位(单圈)和12位(多圈) 机械结构 G：光轴，不带抱闸 H：光轴，带抱闸 A：带键轴，不带抱闸 B：带键轴，带抱闸	
	1.9N・m（轴高 45mm）与 0.4kW 驱动匹配	1FL6042-1AF61-0□□1
	3.5N・m（轴高 45mm）与 0.75~1kW 驱动匹配	1FL6044-1AF61-0□□1
	4N・m（轴高 65mm）与 0.75~1kW 驱动匹配	1FL6061-1AC61-0□□1
	6N・m（轴高 65mm）与 0.75~1kW 驱动匹配	1FL6062-1AC61-0□□1
	8N・m（轴高 65mm）与 1.5kW 驱动匹配	1FL6064-1AC61-0□□1
	11N・m（轴高 65mm）与 1.75kW 驱动匹配	1FL6066-1AC61-0□□1
	15N・m（轴高 65mm）与 2~2.5kW 驱动匹配	1FL6067-1AC61-0□□1
	15N・m（轴高 90mm）与 2~2.5kW 驱动匹配	1FL6090-1AC61-0□□1
	22N・m（轴高 65mm）与 3.5kW 驱动匹配	1FL6092-1AC61-0□□1
	30N・m（轴高 65mm）与 5~7kW 驱动匹配	1FL6094-1AC61-0□□1
	40N・m（轴高 65mm）与 5~7kW 驱动匹配	1FL6096-1AC61-0□□1

（续）

名称	型号和规格		订货号
动力电缆	适用范围：1.9~6N · m 电动机	3m	6FX3002-5CL01-1AD0
		5m	6FX3002-5CL01-1AF0
		7m	6FX3002-5CL01-1AH0
		10m	6FX3002-5CL01-1BA0
		15m	6FX3002-5CL01-1BF0
		20m	6FX3002-5CL01-1CA0
	适用范围：8~40N · m 电动机	3m	6FX3002-5CL11-1AD0
		5m	6FX3002-5CL11-1AF0
		7m	6FX3002-5CL11-1AH0
		10m	6FX3002-5CL11-1BA0
		15m	6FX3002-5CL11-1BF0
		20m	6FX3002-5CL11-1CA0
编码器电缆	增量式	3m	6FX3002-2CT10-1AD0
		5m	6FX3002-2CT10-1AF0
		7m	6FX3002-2CT10-1AH0
		10m	6FX3002-2CT10-1BA0
		15m	6FX3002-2CT10-1BF0
		20m	6FX3002-2CT10-1CA0
	绝对式	3m	6FX3002-2DB10-1AD0
		5m	6FX3002-2DB10-1AF0
		7m	6FX3002-2DB10-1AH0
		10m	6FX3002-2DB10-1BA0
		15m	6FX3002-2DB10-1BF0
		20m	6FX3002-2DB10-1CA0
抱闸电缆	同时适用于增量与绝对电动机	3m	6FX3002-5BL02-1AD0
		5m	6FX3002-5BL02-1AF0
		7m	6FX3002-5BL02-1AH0
		10m	6FX3002-5BL02-1BA0
		15m	6FX3002-5BL02-1BF0
		20m	6FX3002-5BL02-1CA0

1.3　数控系统配置

数控系统的配置及功能选择是设计和生产数控机床的重要组成部分，如何实现对数控系统类型及相关功能的合理选择，是机床生产厂家和最终用户普遍关注的重要问题。同样，在选配 SINUMERIK 808D 数控系统时，也需要根据实际机床机械配比和用户的需求情况去配置系统。一般来说，可以从系统功能需求、数字量输入 / 输出点数、功率范围及电缆长度等 4 个方面进行考虑。

1.3.1 数控系统功能需求

在选配数控系统时需要考虑到数控机床用于何种类型的加工及实现这些需求所需要配备的功能，这点非常重要。正确选择合适的系统配置，不仅可以确保加工质量并提高生产效率，而且还可以很好地控制数控系统成本。针对西门子 SINUMERIK 808D 和 SINUMERIK 808D ADVANCED 数控系统而言，它主要具备以下几个基本特点。

1. 功能特点

对于主轴而言，SINUMERIK 808D 和 SINUMERIK 808D ADVANCED 数控系统所支持的主轴均为模拟量信号主轴，控制信号为 0 ~ ±10V 模拟量信号。

对于进给轴而言，两个数控系统的区分如下：

1）SINUMERIK 808D 数控系统是单通道开环控制系统，最多可以配置 3 个进给轴和 1 个主轴。进给轴控制信号为脉冲信号、方向信号和使能信号，因此可以与能够接收脉冲信号的驱动器进行连接和控制。

2）SINUMERIK 808D ADVANCED 数控系统是总线式半闭环控制系统，最多可以配置 5 个进给轴和 1 个主轴。进给轴通过 Drive Bus 总线通信进行控制。

2. 硬件特点

SINUMERIK 808D 和 SINUMERIK 808D ADVANCED 数控系统硬件具有相同的特点：从硬件版本上，可分为车削版和铣削版，分别应用于标准车床及标准铣床；从 HMI 显示屏上，其配有 7.5″ 彩色液晶显示器，具有 640×480 像素（宽 × 高）的高分辨率，可以提供良好的屏幕显示效果；从键盘设计上，其配置的键盘为机械式按键设计，包含有全数字字母键盘和针对不同工艺优化的功能键盘，操作较为方便。

3. 软件特性

SINUMERIK 808D 和 SINUMERIK 808D ADVANCED 数控系统的软件设计也遵从于人性化的理念，许多快捷键的定义和计算机一致，从而进一步增强了操作的便捷性，而且易于使用和掌握，并针对不同领域的应用，分为车削版和铣削版。

不同版本的设计使得调试工作可以更加具有针对性，为实际调试过程缩减了许多参数设置过程，但同时要求使用者在选择时应注意选择正确的硬件及软件版本。

4. 通信特点

SINUMERIK 808D 和 SINUMERIK 808D ADVANCED 数控系统的通信方式总结如下：

1）SINUMERIK 808D 系统：支持 USB 和 RS232 串口两种通信方式，两种通信方式均可以实现数据传输和 DNC 加工。

2）SINUMERIK 808D ADVANCED 系统：支持 USB 和网口两种通信方式，两种通信方式均可以实现数据传输和 DNC 加工。

5. 编程特点

SINUMERIK 808D 和 SINUMERIK 808D ADVANCED 数控系统均提供全球通用的西门子 SINUMERIK 高级 CNC 语言，极大地扩展了编程工艺范围，同时也增加了操作灵活性；此外，两款数控系统还支持常用的 ISO 方式编程语言，便于帮助熟悉 ISO 编程模式的操作人员快速地进行学习和使用。

1.3.2　数字量输入 / 输出（I/O）点数

数字量输入 / 输出信号即开关量信号，最为常见的是 DC 24V 信号，有两种状态，即 1 为高电平和 0 为低电平。

在数控机床行业应用中，数字量输入 / 输出信号主要通过控制继电器或者接触器的触点吸合来控制数控机床的外围设备，如冷却液、照明灯、刀塔或者安全门等功能。因此，不仅不同型号的数控机床的设计需要不同的 I/O 点数，甚至同一型号的数控机床在满足不同的加工应用时，对于 I/O 点数的要求也不相同。一般来说，功能要求越多、应用越复杂的数控机床所需要的 I/O 点数越多，而相对简单的经济型数控机床所需要的 I/O 点数则会少一些。

因此，在设计数控机床和配置系统时，I/O 点数是一个必须考虑的重要因素。系统的 I/O 点数能否满足数控机床的设计需要，将直接决定该系统能否适用于该类型的机床。

对于西门子 SINUMERIK 808D 和 SINUMERIK 808D ADVANCED 数控系统，共有 72 个输入点数和 48 个输出点数。其中 24 点输入和 16 点输出为接线端子方式，48 点输入和 32 点输出为 2 个 50 芯扁平电缆接线方式，可以说基本覆盖了常见的应用需求，并且方便用户根据自己的需要灵活地进行接线设计。

1.3.3　电缆长度

对于电缆长度的选择相对简单一些。主要是根据实际情况的需要，对机床进行电气安装时所需要的布线长度进行合理计算，并预留一定的余量就可以了。

SINUMERIK 808D 和 SINUMERIK 808D ADVANCED 数控系统的常用电缆长度如下：

1. SINUMERIK 808D 数控系统

1）标准设定值电缆（从 PPU 端到 SINAMICS V60 驱动器端）：5m、7m、10m。

2）电动机的抱闸电缆，动力电缆及编码器电缆：5m、10m。

2. SINUMERIK 808D ADVANCED 数控系统

1）标准设定值电缆（从 PPU 端到 SINAMICS V70 驱动器端）：3m、5m、7m、10m、20m。

2）系统到 V70 驱动器的总线电缆：3m、5m、7m、10m、20m。

3）电动机的抱闸电缆，动力电缆及编码器电缆：3m、5m、7m、10m、15m、20m。

具体的订货号信息可参考表 1-3、表 1-4 中所介绍的信息。

第 2 章

基本操作

2.1 产品面板

机床操作面板（以下简称 PPU）和机床控制面板（以下简称 MCP）是 SINUMERIK 808D ADVANCED 数控系统主要的控制单元，使用者可以通过对机床操作面板的界面进行相应的选择，或者输入相关的指令以完成特定的动作。因此，可以说，熟悉并了解机床操作面板的基本构成、相关操作方式可以帮助使用者提升产品面板的使用效率，并发挥产品面板的性能。

本节将通过解说相关图例，对产品面板及相关的使用方法进行简要的介绍。

2.1.1 SINUMERIK 808D ADVANCED 机床操作面板（PPU）

对于 SINUMERIK 808D ADVANCED PPU 而言，可以根据外观的不同分为水平版和垂直版，如图 2-1 所示。两个版本除了尺寸和布局上的区别之外，其他方面是完全一致的。

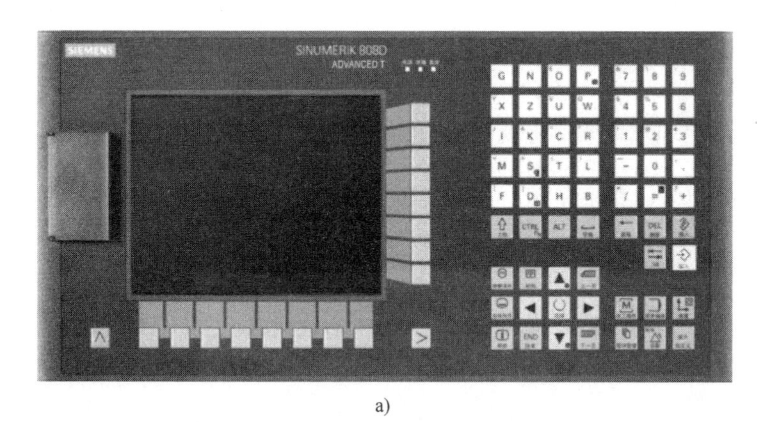

a)

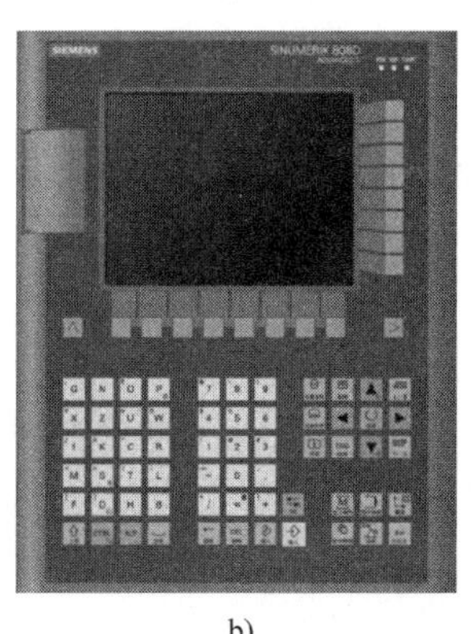

b)

图 2-1 SINUMERIK 808D ADVANCED PPU 外观图

a) SINUMERIK 808D ADVANCED 水平版 b) SINUMERIK 808D ADVANCED 垂直版

需要说明的是，对于另一款数控系统 SINUMERIK 808D 而言，只有水平版，没有垂直版，并且其水平版的外观与 SINUMERIK 808D ADVANCED 水平版外观一致。

在了解了 SINUMERIK 808D ADVANCED 的整体外观之后，在表 2-1 中，以 SINUMERIK 808D ADVANCED 水平版为例，对 PPU 的不同操作区域进行介绍。

表 2-1　SINUMERIK 808D ADVANCED PPU 水平版操作区域示例表

区域	编号	名称	功能
SINUMERIK 808D ADVANCED PPU 水平版外观示例图			
SINUMERIK 808D ADVANCED PPU 外观区域说明	编号	名称	功能
	①	垂直及水平软按键	选择或调用特点菜单或功能
	②	返回键	返回上一级菜单界面
	③	菜单扩展键	进入下一级菜单或者在同级菜单之间切换
	④	字母键和数字键	输入指定符号
	⑤	控制区	用于进行删除、插入、输入、空格等操作
	⑥	报警清除键	清除指定的报警或提示信息
	⑦	在线向导键	进入在线向导，提供基本调试及操作指导
	⑧	帮助键	可以提供当前所在界面的帮助信息
	⑨	光标键	用于光标上下左右的移动
	⑩	操作区域键	可切换至程序管理、偏置及用户画面等
	⑪	USB 接口	可用于连接 U 盘或键盘
	⑫	LED 状态显示灯	可显示系统当前状态
字母与数字按键	上档	上档键：按住上档键的同时，选择特定的数字键或字母键可以激活按键左上方小图标所指示的功能（见下例）	
	X	例如左图字母键：当不按住上档键时，按此键输入的字母为 X；而如果按下上档键的同时按此键，则输入的字母为 Y	
	CTRL	控制键：按住控制键的同时，选择特定的数字键或字母键可以激活按键右下方小图标所指示的功能（见下例）	
	P	插入 U 盘后，同时按 CTRL 控制键和该键，可以实现截屏功能	
	S	插入 U 盘后，同时按 CTRL 控制键和该键，可以实现快速备份功能	
	D	插入 U 盘后，同时按 CTRL 控制键和该键，可以实现播放放置在系统内幻灯片的功能	
计算器功能	=	在需要输入数字的区域（编程界面除外）单独按该键即可激活计算器功能，会显示计算器界面	
操作区按键	系统诊断	按上档键的同时按此键，可以进入系统数据管理区	
	用户自定义	可以进入使用 EasyXLanguage 功能创建的用户自定义画面，前提是必须在系统指定区域传入正确的相关文件，该按键才生效	

需要注意的是，表 2-1 中虽然是以 SINUMERIK 808D ADVANCED 水平版为例，但是对于其相应的垂直版以及 SINUMERIK 808D 数控系统而言，上面所介绍的内容同样有效。

2.1.2　SINUMERIK 808D ADVANCED 机床控制面板（MCP）

对于 SINUMERIK 808D ADVANCED MCP 而言，同样可以根据外观的不同分为以下几种：

1）水平版 MCP（该水平版同时和 SINUMERIK 808D 数控系统相匹配）；

2）带手轮预留孔的垂直版 MCP（仅用于 SINUMERIK 808D ADVANCED）；

3）带主轴倍率开关的垂直版 MCP（仅用于 SINUMERIK 808D ADVANCED）。

SINUMERIK 808D ADVANCED MCP 不同版本的实物示例如图 2-2 所示。

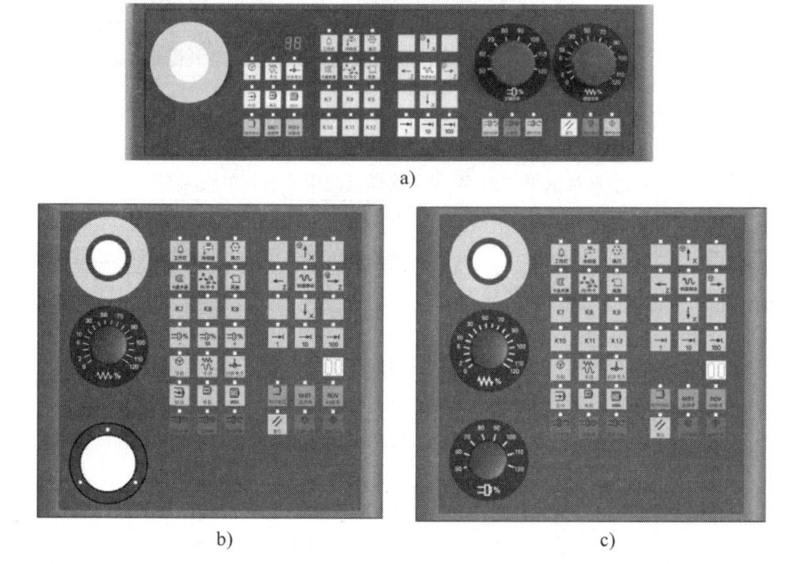

图 2-2　SINUMERIK 808D ADVANCED MCP 外观示例图

a）水平版 MCP　b）带手轮预留孔的垂直版 MCP　c）带主轴倍率开关的垂直版 MCP

需要说明的是，对于另一款系统 SINUMERIK 808D 而言，其所匹配的 MCP 只有水平版，没有垂直版，并且其水平版的外观与 SINUMERIK 808D ADVANCED 水平版外观一致。

在了解了 SINUMERIK 808D ADVANCED 的整体外观之后，在表 2-2 中，以 SINUMERIK 808D ADVANCED 水平版为例，对 PPU 面板的不同操作区域进行介绍。

表 2-2　SINUMERIK 808D ADVANCED MCP 水平版操作区域示例表

SINUMERIK 808D ADVANCED MCP 水平版外观示例图	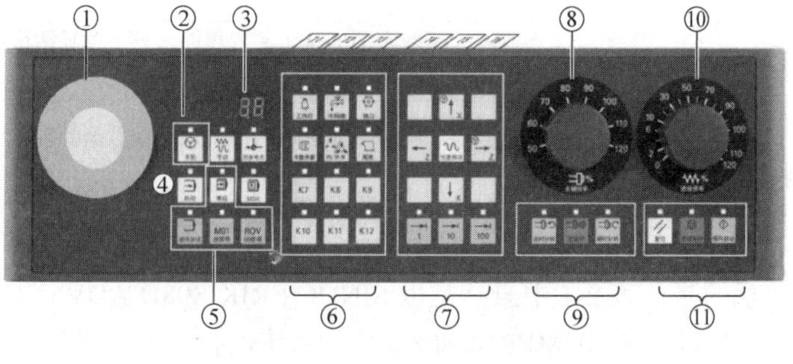 ①　②　③　⑧　⑩ ④ ⑤　⑥　⑦　⑨　⑪

（续）

<table>
<tr><th></th><th>编号</th><th>名称</th><th>功能</th></tr>
<tr><td rowspan="11">SINUMERIK 808D ADVANCED MCP 外观区域说明</td><td>①</td><td>急停按钮预留孔</td><td>用于接入急停按钮</td></tr>
<tr><td>②</td><td>手轮按键</td><td>用于切换到手轮模式，进而激活外部手轮</td></tr>
<tr><td>③</td><td>刀具数量显示</td><td>LED 显示灯可以显示当前激活的刀具号</td></tr>
<tr><td>④</td><td>操作模式键</td><td>可选自动、手动、MDA 运行等模式</td></tr>
<tr><td>⑤</td><td>程序控制键</td><td>可选单段运行、程序测试、M01 停止等</td></tr>
<tr><td>⑥</td><td>用户定义键</td><td>根据 PLC 编写，定义冷却、刀架、卡盘等</td></tr>
<tr><td>⑦</td><td>轴运行键</td><td>控制进给轴的前后上下移动</td></tr>
<tr><td>⑧</td><td>主轴倍率开关</td><td>控制主轴倍率
不可用于带手轮预留孔的垂直版 MCP</td></tr>
<tr><td>⑨</td><td>主轴状态键</td><td>控制主轴正反转及暂停状态</td></tr>
<tr><td>⑩</td><td>进给倍率开关</td><td>控制进给轴运行时的倍率</td></tr>
<tr><td>⑪</td><td>加工控制键</td><td>控制程序启动、暂定及复位</td></tr>
<tr><td rowspan="7">用户定义键</td><td>工作灯</td><td colspan="2">控制机床工作灯的开关（任何模式下均生效）</td></tr>
<tr><td>冷却液</td><td colspan="2">控制冷却液的开关（任何模式下均生效）</td></tr>
<tr><td>换刀</td><td colspan="2">控制刀架顺序换刀（仅在 Jog 模式下生效）</td></tr>
<tr><td>卡盘夹紧</td><td colspan="2">控制卡盘夹紧或松开（仅在主轴停止运行时生效）</td></tr>
<tr><td>内/外卡</td><td colspan="2">控制卡盘向内夹紧或向外夹紧（仅在主轴停止运行时生效）</td></tr>
<tr><td>尾座</td><td colspan="2">控制尾架前进或后退（任何模式下均生效）</td></tr>
<tr><td>K7</td><td colspan="2">K7~K12 保留，使用者可以通过在 PLC 中调用相关地址，自行设定其对应的功能</td></tr>
</table>

需要注意的是，表 2-2 中虽然是以用于车削的 SINUMERIK 808D ADVANCED 水平版为例，但是对垂直版而言，所介绍的内容同样有效；同时，用户自定义键所描述的控制是基于标准 PLC 而言，如果使用者修改了默认 PLC，则需要重新定义用户键位的控制功能。

2.1.3 保护等级与语言切换

SINUMERIK 808D 与 SINUMERIK 808D ADVANCED 数控系统中都设置有 3 种不同的保护等级，分别对应着不同的操作和修改权限，需要不同的口令才可开通；此外，两款系统也都在出厂时预置了中文和英文两种不同的语言模式，使用者可以根据需要进行选择。

下面以 SINUMERIK 808D ADVANCED 为例，说明修改保护等级和语言模式的操作，而对于 SINUMERIK 808D，相应的操作过程是完全一致的。

1. 系统保护等级

系统的保护等级可以分为 3 类，其对应的权限如下：

（1）无口令（对应的操作权限如下）

■ 刀具补偿；
■ 零点偏移；
■ 设定数据；
■ RS232 设定；
■ 程序编制 / 程序修改。

（2）用户口令，默认密码为 CUSTOMER（对应的操作权限如下）

■ 无口令模式下的全部操作权限；
■ 输入或者修改部分机床数据和驱动数据；
■ 编辑程序；
■ 设置补偿值；
■ 测量刀具。

（3）制造商口令，默认密码为 SUNRISE（对应的操作权限如下）

■ 用户口令模式下的全部操作权限；
■ 输入或者修改部分机床数据和驱动数据；
■ 执行数控系统和驱动调试。

从上文可以看到，不同的保护等级对应不同的操作权限，因此在使用之初，应根据实际情况开通相应的保护等级，具体的操作在表 2-3 中进行说明。

表 2-3　SINUMERIK 808D ADVANCED 保护等级密码设置示例

步骤	图示
第一步：进入机床配置设定界面 同时按下“上挡 + 诊断”按键，进入右图所示的机床配置设定界面 注：右图所示的界面显示为无口令状态下的显示界面	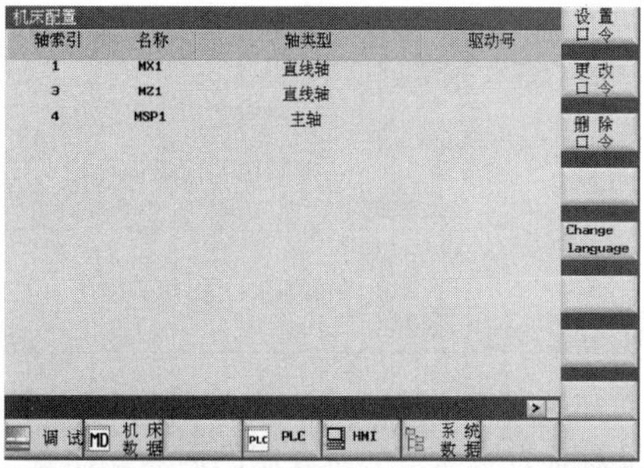 机床配置 轴索引 名称 轴类型 驱动号 1 MX1 直线轴 3 MZ1 直线轴 4 MSP1 主轴 设置口令 / 更改口令 / 删除口令 / Change language 调试 / 机床数据 / PLC / HMI / 系统数据
第二步：设置口令 在机床配置设定界面中，单击右上角的“设置口令”软按键，会出现右图所示的“请输入口令”框 根据实际需要输入口令，单击“接收”软按键（右图以输入 SUNRISE 口令为例）	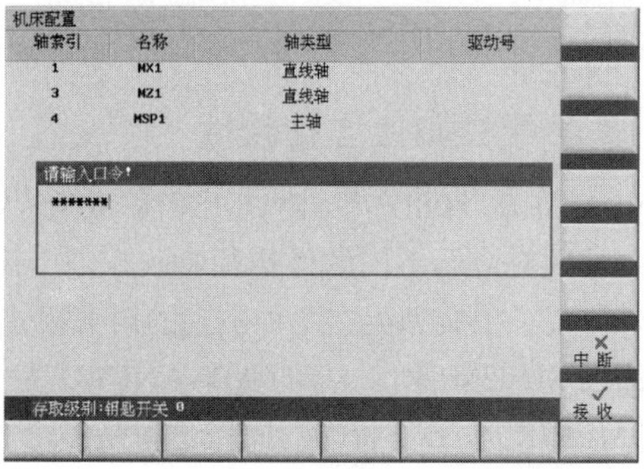 机床配置 轴索引 名称 轴类型 驱动号 1 MX1 直线轴 3 MZ1 直线轴 4 MSP1 主轴 请输入口令! ******* 中断 / 接收 存取级别:钥匙开关 0

（续）

步骤	图示
第三步：设置成功 如右图所示，在口令设置完毕后，可以看到更多的操作选项，同时界面左下角文字栏中会显示“存取级别：制造商”的提示，表明当前已经激活制造商等级	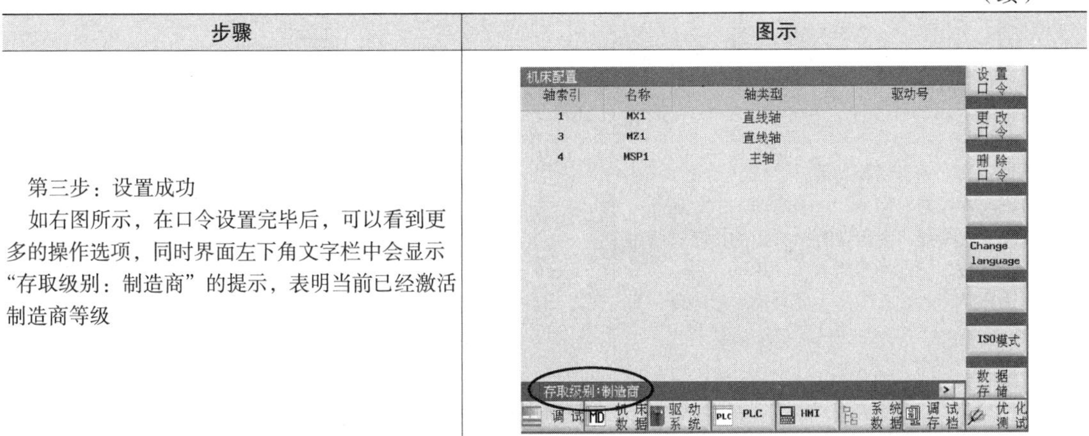
其他说明：更改口令 / 删除口令 在口令设置完毕后，可以单击“删除口令”软按键以删除已设置的口令级，删除口令后，系统重新恢复为无口令的状态 此外，还可以单击“更改口令”软按键重设口令，如右图所示，单击“更改口令”软按键后，在界面中选择需要更改的口令，并输入新的口令，单击“接收”软按键后即可 注意：不建议使用者进行更改口令的操作	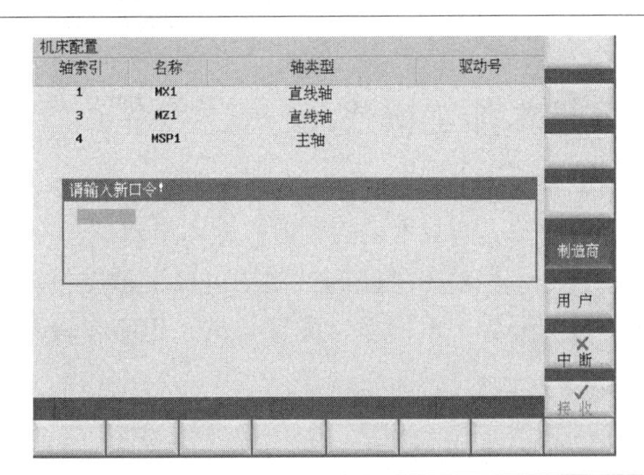

2. 语言切换

对于 SINUMERIK 808D 和 SINUMERIK 808D ADVANCED 数控系统而言，内部预置有中文和英文两种语言模式，可以根据需要进行切换。

在表 2-4 中，以 SINUMERIK 808D ADVANCED 数控系统为例，简单地介绍切换语言模式的过程，SINUMERIK 808D 的切换操作与其完全一致。

表 2-4　SINUMERIK 808D ADVANCED 数控系统语言切换示例

步骤	图示
第一步：进入机床配置设定界面 同时按下“上挡 + 诊断”按键，进入右图所示的机床配置设定界面 注：右图所示的界面显示为无口令状态下的显示界面	

（续）

步骤	图示
第二步：选择语言切换功能 在机床配置设定界面中，单击右侧的“Change Language”软按键，会出现右图所示的语言选择框 将光标移至相应选择的语言后，单击“确认”软按键确认选择，此时系统画面会自动重启刷新，重启完毕后，系统已切换为所选择的语言模式	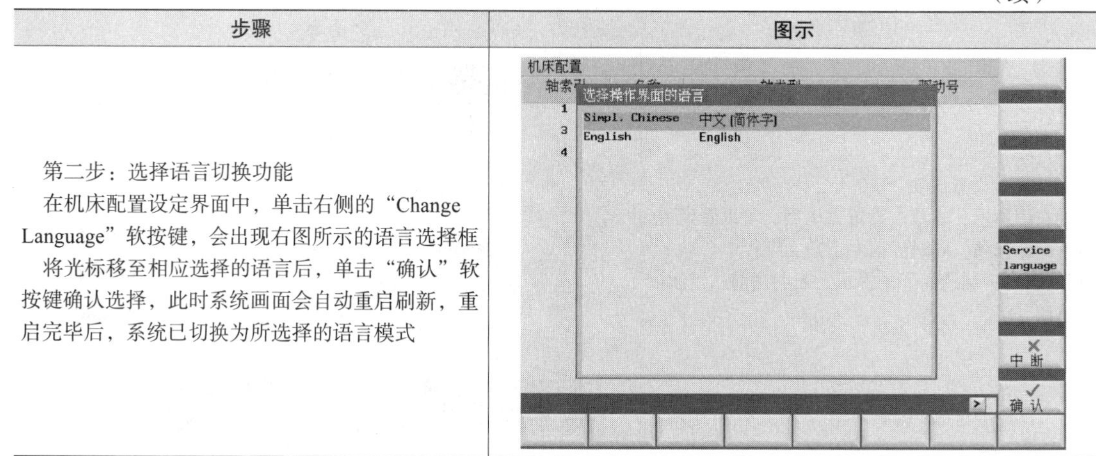

2.2 基本加工操作

对于 SINUMERIK 808D ADVANCED 和 SINUMERIK 808D 而言，其主要的加工操作步骤及相关的操作界面基本一致，所以在本节将以 SINUMERIK 808D ADVANCED 为实例进行介绍。

一般来说，对于已经调试完毕可以正常操作和运行的机床而言，我们可以将后续基本的加工操作过程分为上电回零、配置刀具、程序编辑及相关控制、自动加工等，下面将逐一进行解释说明。

2.2.1 系统上电与回参考点

根据机床配置的不同，可以分为绝对值编码器和增量式编码器，两者在回参考点时的注意事项不完全相同，下面将分别介绍。

1. 绝对值编码器

在 SINUMERIK 808D ADVANCED 只可以配置绝对值编码器电动机，并且只要在调试时已经建立了参考点位置，则关机后重新开机时，不需要重新执行回参考点操作，系统会自动记录参考点位置。

图 2-3 中给出了系统未回参考点和已回参考点所具有的、不同的显示状态。

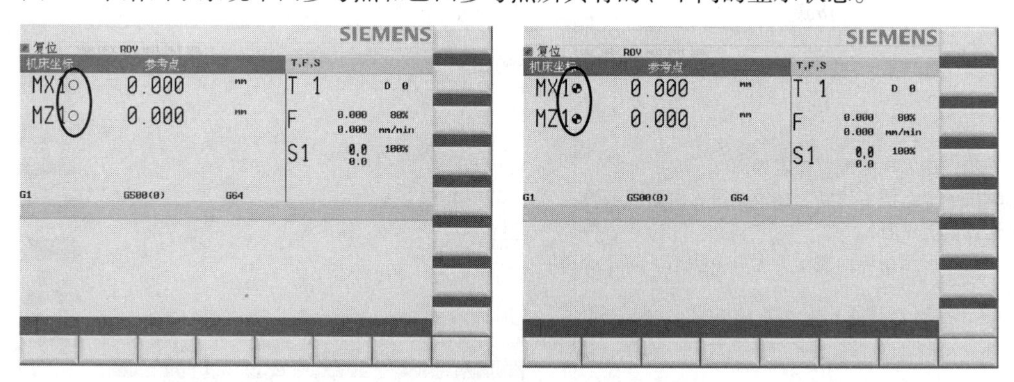

图 2-3 SINUMERIK 808D ADVANCED 回参考点的前、后对比示例图

在图 2-3 中，左侧为未回参考点状态，具体标识为坐标轴名称右下角显示为空心圆圈；而右侧则为已回参考点状态，具体标识为坐标轴名称右下角显示为“⊕”如图所示（该标志需在回参考点模式下才会显示）。

2. 增量式编码器

SINUMERIK 808D ADVANCED 和 SINUMERIK 808D 均可以配置增量式编码器电动机，在使用增量式编码器时，要求在机床上先安装回零检测开关，并且在每一次系统关机重启后，都需要执行回参考点操作，否则系统将无法记录参考点位置。

执行增量式编码器回参考点的基本过程见表 2-5。

表 2-5　SINUMERIK 808D ADVANCED 增量式编码器回参考点操作示例

步骤	图示
第一步：上电并确认状态 如右图所示，系统在重启之后处于未回参考点状态。 确认选中 MCP 上的“回参考点”模式	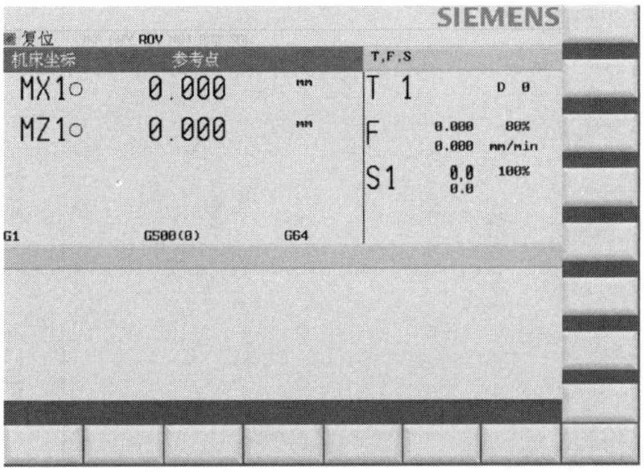 SIEMENS 复位 ROV 机床坐标 参考点 T,F,S MX1○ 0.000 mm T 1 D 0 MZ1○ 0.000 mm F 0.000 80% 0.000 mm/min S1 0.0 0.0 100% G1 G500(0) G64
第二步：执行回参考点操作 松开系统的急停开关，确定系统无报警，且机床处于合适的位置（无挡块阻挡机床轴移动回参考点）的前提下，在“回参考点”模式下按 MCP 上的 ，使机床返回参考点。 完成回参考点动作后，出现已回参考点标识，如右图所示的状态显示（出现“⊕”）	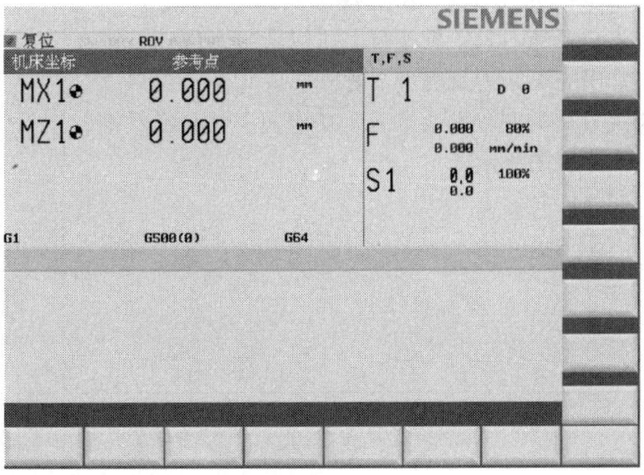 SIEMENS 复位 ROV 机床坐标 参考点 T,F,S MX1⊕ 0.000 mm T 1 D 0 MZ1⊕ 0.000 mm F 0.000 80% 0.000 mm/min S1 0.0 0.0 100% G1 G500(0) G64

2.2.2　刀具配置与管理

对一般的加工过程来说，回参考点后需要重新检查刀具的配置情况，如果已建立刀具列表，则根据实际情况检查刀具数据；若未建立刀具列表，则根据实际需要装载刀具，并进行对刀操作。

因此，本节将集中介绍 SINUMERIK 808D ADVANCED 和 SINUMERIK 808D 数控系统的刀具配置与管理功能。由于两款系统在此功能及界面布局上基本一致，因此仅以 SINUMERIK 808D ADVANCED 作为示例进行介绍。

1. 创建刀具

根据实际需要，在系统中建立合适的刀具是进行对刀和后续操作的基础。在 SINUMERIK 808D ADVANCED 数控系统中创建刀具表步骤，见表 2-6。

表 2-6 SINUMERIK 808D ADVANCED 数控系统创建刀具表示例

步骤	图示
第一步：进入刀具管理界面 按 PPU 上的“偏置”按键，进入刀具列表界面，如右图所示	
第二步：进入刀具类型选择 单击“新建刀具”软按键，可以看到右侧软按键给出常用的车床刀具类型。 相关刀具类型分别为车刀、切槽刀、钻头、丝锥、铣刀，如右图所示	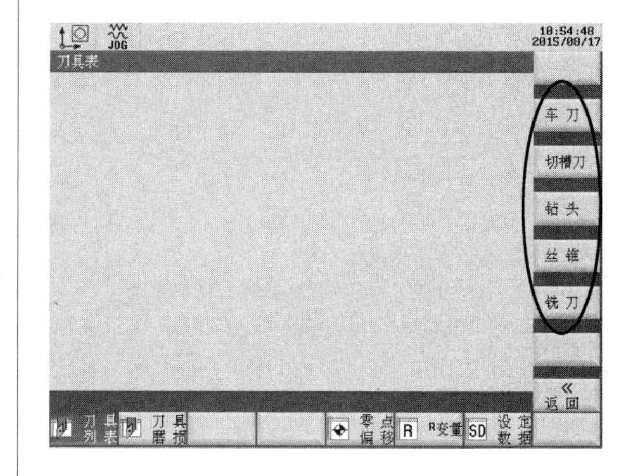
第三步：定义刀具号及刀沿位置 在选择刀具类型后会自动弹出右图所示的界面，使用者根据需要设定所要建立的刀具号，以便在程序中进行调用。 另外，刀沿位置的选择会影响系统计算刀补的路径，可以结合界面中给出的坐标示意图，根据实际的刀具类型和机床机械情况，通过修改数字选择相应的位置方向	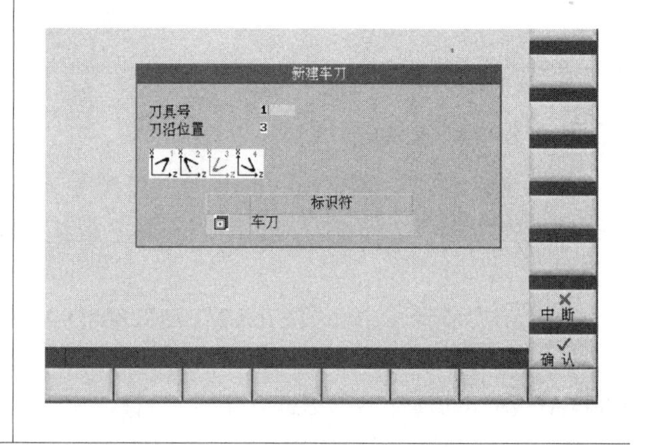

（续）

步骤	图示
第四步：刀具创建完毕 设定完刀具号和刀沿位置后，单击“确认”软按键即可生成刀具。 如果需要，还可以继续在右图的界面中对刀具的长度、半径等进行修改	

另外，在创建刀具时，应注意刀具号只能在 1~32000 范围内选择，不可超出；同时，在编程中，刀具的调用字符为 T，例如 T1 表示第 1 把刀。

此外，刀沿位置码的选择需要结合对刀结果来观察刀尖朝向，刀沿位置码的选择会直接影响到刀尖半径补偿的正确性。

图 2-4 中给出了几个常用的刀沿位置码选择示例，可作为实际应用的参考。

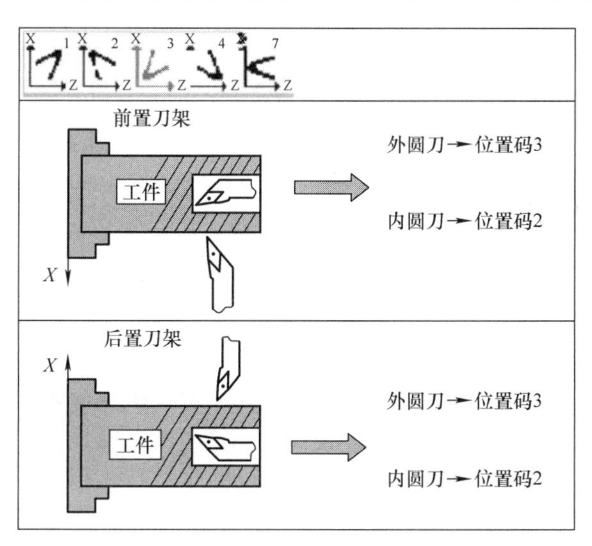

图 2-4　SINUMERIK 808D ADVANCED 刀沿位置码的选择

2. 创建刀沿

在西门子 SINUMERIK 808D ADVANCED 和 SINUMERIK 808D 数控系统中，刀沿的概念与其他数控系统略有不同。

简单地说，一把刀的刀沿，可以理解为存储着与该把刀具相关的全部数据信息的合集。即单纯地选择刀具只能确定选择了何种类型的刀，而只有激活了刀具，才能够确定该把刀将会以多大半径的长度参与到加工之中。

因此，在编程中，一般是不单独调用刀具号的，而是刀具号与刀沿号同时调用。刀沿的代号为 D，例如 T1D1 表示激活第 1 把刀具的 1 号刀沿里存储的刀具信息。

在 SINUMERIK 808D ADVANCED 数控系统中创建并编辑刀沿的步骤见表 2-7。

表 2-7　SINUMERIK 808D ADVANCED 刀沿创建示例

步骤	图示
第一步：进入刀具管理界面 如右图所示，按 PPU 上的“偏置”按键，进入刀具列表界面。 此时已经通过创建刀具创建了两把车刀，系统默认在创建 1 把刀具的时候会自动生成 1 个刀沿，显示为 D1	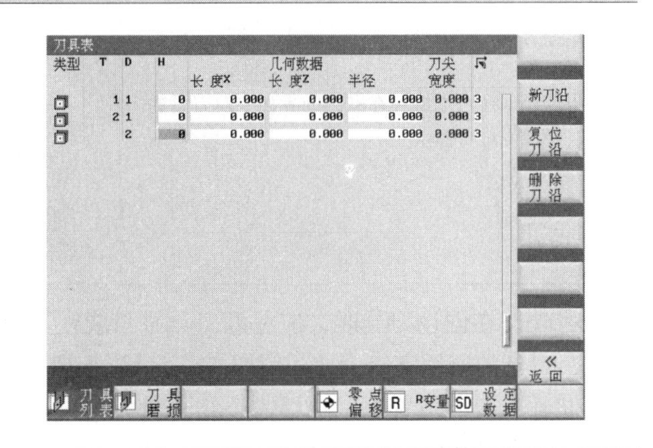
第二步：创建刀沿 将光标移动至需要创建刀沿的刀具上（右图以 2 号刀创建刀沿为例）。 单击“刀沿”软按键，并进而选择“新刀沿”软按键，则发现，在 2 号刀列表中，会出现两个刀沿，新增刀沿显示为 D2	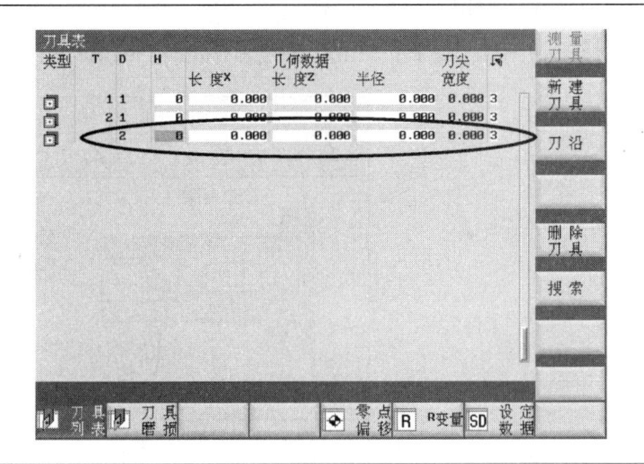
刀沿相关的其他说明： 对于 1 把刀而言，最多只能有 9 个刀沿。 编程时，通过“D+ 刀沿号”进行调用，例如 T1D7 即调用 1 号刀具的第 7 个刀沿。 右图中，软件“复位刀沿”的含义是清空所在刀沿的数据信息（长度、半径等） “删除刀沿”的含义是删除光标所在位置刀沿，但前提是该刀没有被激活	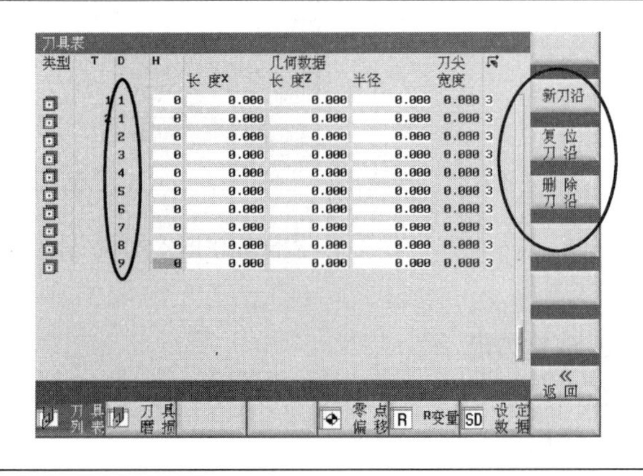

3. 刀具测量

正确地建立刀具及相关刀沿后，可以进一步进行刀具测量工作。应注意：在刀具测量之前，必须要在实际刀架上装载合适的刀具，并在系统中选定并调用需要测量的刀具。

在 SINUMERIK 808D ADVANCED 上，在数控系统中进行刀具测量的步骤见表 2-8。

表 2-8　SINUMERIK 808D ADVANCED 刀具测量示例

步骤	图示
第一步：进入测量刀具界面 如右图所示，单击“测量刀具”软按键可进入测量刀具界面。 该界面中有“测量 X”与“测量 Z”两个部分，需要配合实际的刀具位置进行设定	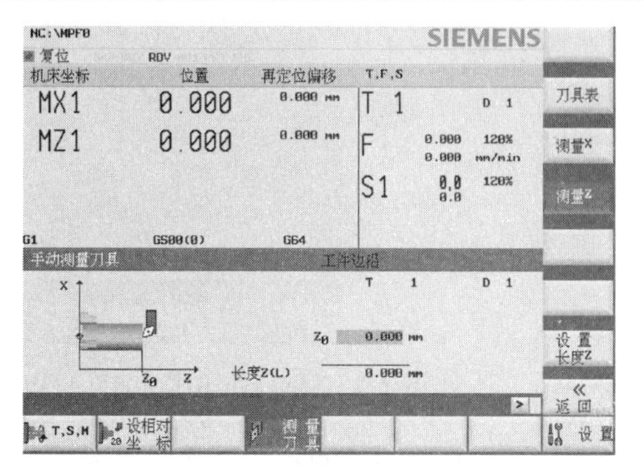
第二步：测量 Z 移动实际刀具位置，使其从 Z 方向靠近工件，略微接触并切削掉工件端面与刀具接触处，确保工件和刀具完全接触。 此时，在界面 Z_0 位置，输入数值 0，并单击“设置长度 Z”软按键激活设置。 注：如果使用垫块来测量刀具与端面之间的距离，则在 Z_0 中输入垫块的厚度值	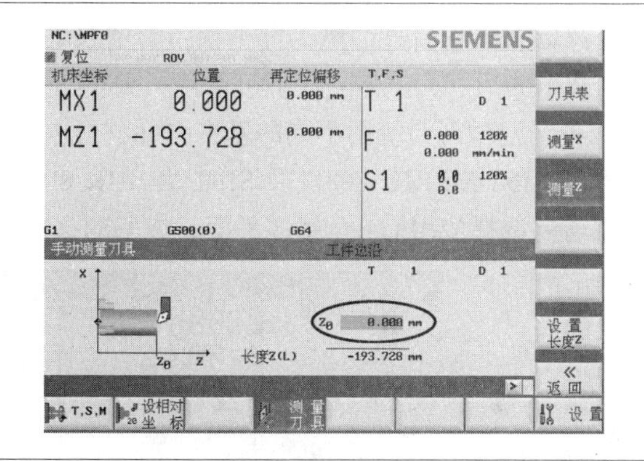
第三步：测量 X 在界面中单击“测量 X”软按键，移动实际刀具位置，使其从 X 方向靠近工件，略微接触并切削掉工件柱面与刀具接触处，确保工件和刀具完全接触。 使用游标卡尺测量工件被切削后的直径值，在界面“ϕ”位置，输入该数值，并单击“设置长度 X”软按键激活设置	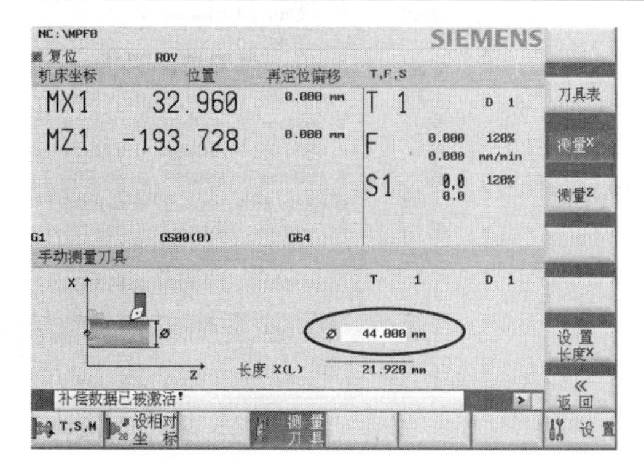
第四步：测量完毕后，检查对刀值 对刀完毕后，可在刀具列表中检查刀补值是否正确写入，并可按实际需要编程判断对刀值是否正确	

4. 刀具磨损与零点偏移

一般情况下，在刀具测量完毕后，就已经满足加工过程中对刀具配置的需求了。但是在实际使用中，还可能会遇到下面两种情况。

（1）刀具的刀尖部位有所磨损，或者因其他原因导致实际的刀具测量值略有不准在这种情况下，如果误差不是很大，那么不需要重新进行对刀，只需要在对应的刀具磨损界面，将对应的刀具磨损的长度值进行修改即可，具体见图 2-5 所示。

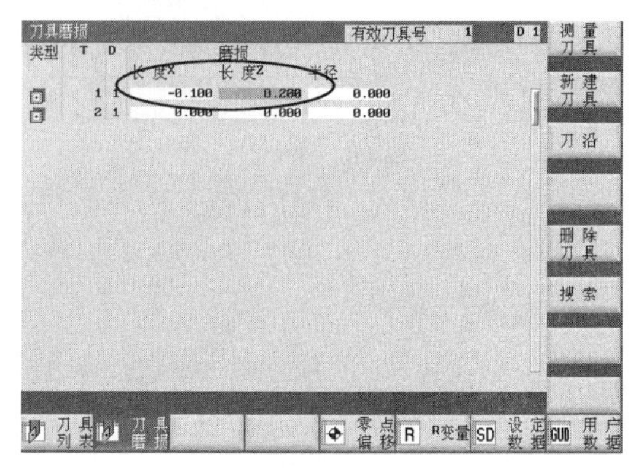

图 2-5 SINUMERIK 808D ADVANCED 刀具磨损的设置示例图

应注意：刀具磨损值的正负号区别如下：

- 数值为正：刀具远离工件（相当于增大了刀尖到工件的距离）；
- 数值为负：刀具靠近工件（相当于缩短了刀尖到工件的距离）。

（2）编程时需要使用不同的基准平面

对于 SINUMERIK 808D 及 SINUMERIK 808D ADVANCED 数控系统而言，在加工编程中可根据需要选择使用 G500 基准平面，或 G54~G59 工作平面，具体如图 2-6 所示。

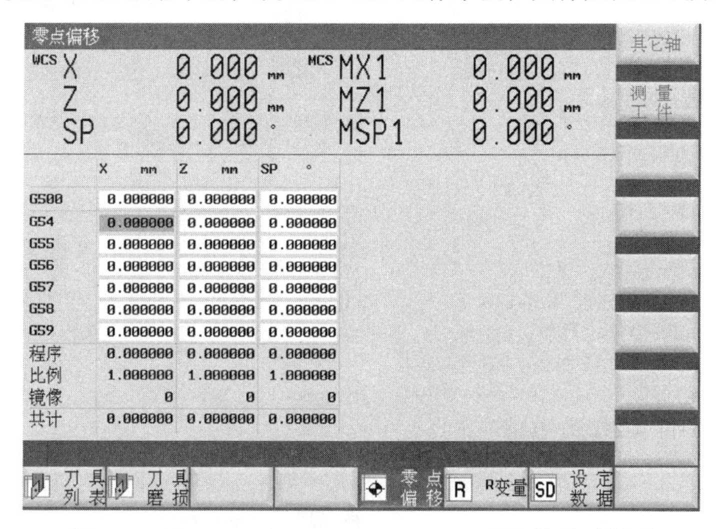

图 2-6 SINUMERIK 808D ADVANCED 零点偏移示例图

在零点偏移的使用中，应遵循以下几个原则：

1）如果编程中未指定工作平面，则默认使用 G500 作为工作平面，工件的偏移量由 G500 中的数值所决定。

2）如果编程中指定了工作平面 G54~G59 中的一个，则使用所指定的平面作为工作平面，工件的偏移量由 G500+ 激活的工作平面中的数值所决定。

3）刀具数据的相关设定可以在任意工作平面下被调用。

2.2.3　零件加工

对于一般的加工过程，完成对刀设置之后，就可以根据实际需要进行零件的加工操作了。

本节将介绍 SINUMERIK 808D ADVANCED 和 SINUMERIK 808D 数控系统在进行零件加工过程中，使用的基本操作及功能。由于两款系统在功能及界面布局上的一致性，因此仅以 SINUMERIK 808D ADVANCED 作为示例进行介绍。

1. 程序创建与编辑

在 SINUMERIK 808D ADVANCED 数控系统中对加工程序进行创建和编辑的步骤见表 2-9。

表 2-9　SINUMERIK 808D ADVANCED 加工程序创建与编辑示例

步骤	图示
第一步：进入程序管理界面 如右图所示，单击 PPU 上的“程序管理”按键，进入程序管理界面。 系统提供的程序存储目录及其特点如下： NC 目录：可以创建、复制、粘贴以及在线编辑所选加工程序，存储空间为 1.25MB； 用户循环：一般用于存放自定义循环和异步子程序，存储空间为 0.16MB； USB 目录：可以创建、复制、粘贴加工程序，但能在线编辑，不推荐使用超过 16GB 的 USB； OEM 文件 / 用户文件：可以创建、复制、粘贴加工程序，但不能在线编辑，存储空间约为 800MB	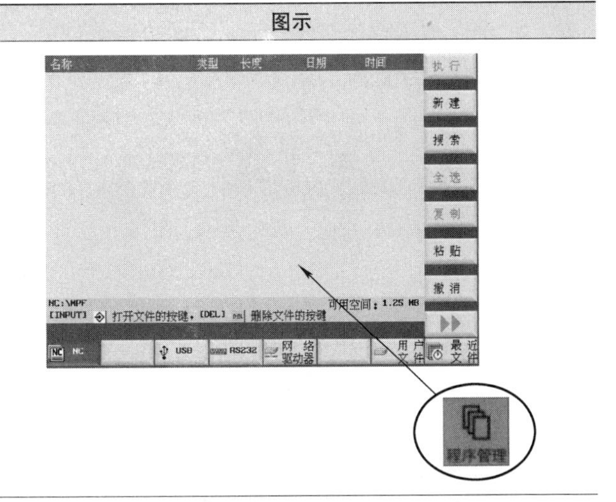
第二步：创建加工程序和文件夹 如右图所示，单击界面上的“新建”软按键，可以创建新的 MPF 加工主程序文件，或者通过“新建目录”创建一个新的文件夹。 需要注意的是，如果需要创建一个子程序，那么在右图所示的界面中，仍然单击“新建”软按键，在命名时需要指定文件的类型，如：xx.SPF，则创建的文件即为加工子程序文件	
第三步：编辑加工程序 在创建加工程序文件后，会自动进入右图所示的程序编辑界面，使用者可根据需要编写相关的加工程序。 注意，在退出程序编辑界面后，如果想返回，可以使用两种方式： • 通过“程序管理”界面，找到相应的加工程序文件，重新打开； • 通过 PPU“程序编辑”按键，可以快速地进入最后一次编辑文件程序中	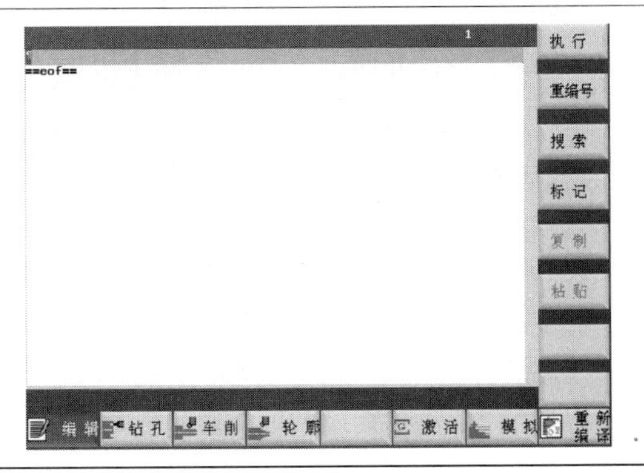

需要说明的是，程序文本在被编辑后，系统会对所编辑或更改的内容进行实时的保存。

2. 程序模拟与执行

在程序被创建完毕之后，可以根据实际需要执行加工程序，但是一般情况下，为了确保程序的正确性和加工过程中的安全性，首先需要确保程序编写无误差，而这一点可以通过 SINUMERIK 808D ADVANCED 的程序模拟功能实现。

（1）程序模拟功能

激活程序模拟功能并执行程序时，实际轴不会进行移动，可以在系统中实时地模拟出加工程序的轨迹，从而帮助操作者了解程序编辑的正确性，避免在实际加工中出现意外。

当使用程序模拟功能时，应注意以下几点：

■ 确保加工程序被选中，并且系统处于“自动”模式下；

■ 确保程序模拟功能已被打开，如图 2-7 所示。

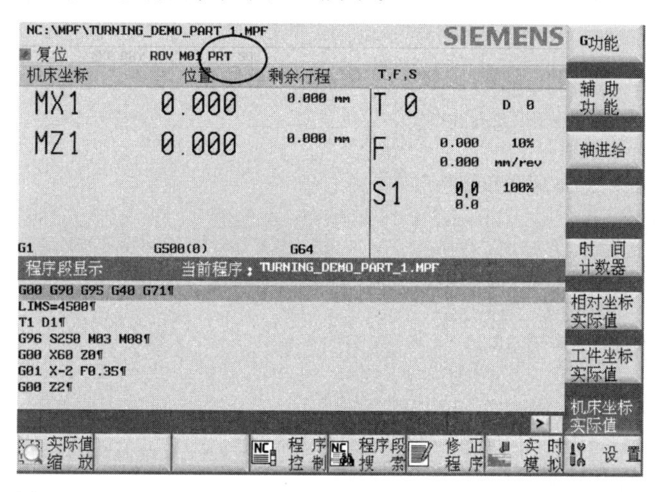

图 2-7　SINUMERIK 808D ADVANCED 程序模拟功能示例图

判断程序模拟功能是否打开的依据有以下两点：

■ 在 MCP 上，“程序测试”按键上方的指示灯已点亮；

■ 在屏幕左上角，可以看到 PRT 的标志（如图 2-7 中圆框所示标识）。

此外，激活程序模拟功能也可以通过以下 3 种方式：

■ 在主加工界面下（即图 2-7 所示界面下），直接按 MCP 上的“程序模拟”按键，激活程序模拟功能。

■ 在程序编辑界面下，单击界面下方的“模拟”软按键，激活程序模拟功能，如图 2-8 所示。

■ 在主加工界面下，单击“程序控制”软按键，进而按屏幕右侧“程序测试”按键，可以激活程序模拟功能，如图 2-9 所示。

此外，我们可以看到，在图 2-7 所示的主界面中，还有一个“实时模拟”的按键，如果在加工过程中按下该按键，则系统会自动进入实时模拟界面，实时模拟刀具运行的轨迹和工件加工形状，需要注意的是，如果没有在实时模拟的过程中激活“程序测试”功能，那么此时不仅在模拟刀具的运行轨迹，机床的轴也是在移动的；而如果激活了“程序测试”功能，则只模拟刀具的运行轨迹，机床的轴不移动。

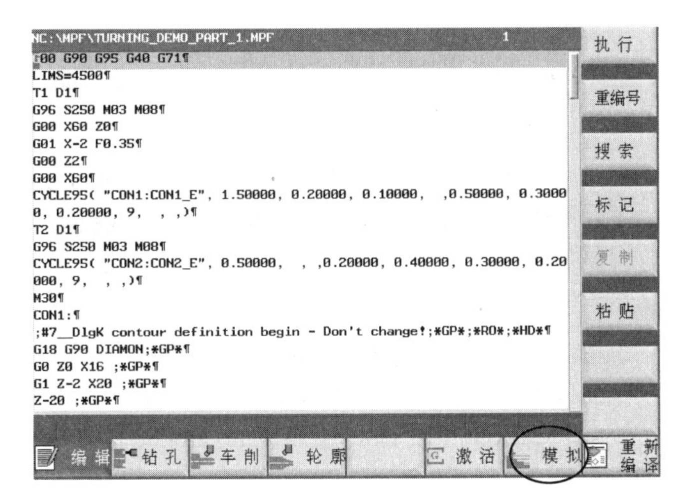

图 2-8　SINUMERIK 808D ADVANCED 程序模拟功能激活 _ 方式 1 示例图

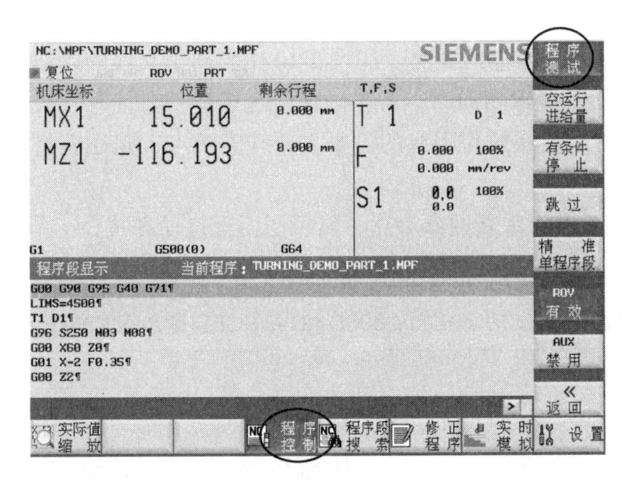

图 2-9　SINUMERIK 808D ADVANCED 程序模拟功能激活 _ 方式 2 示例图

因此，可以这样理解“实时模拟”功能：只是单纯地对当前运行程序的刀具轨迹和工件形状进行描绘，并不对轴的移动与否起作用；轴是否移动取决于上文介绍的，是否激活了“程序测试”的功能，希望读者不要将两者的概念混淆。

（2）程序执行功能

程序模拟功能的目的是检验所编写的程序是否符合预期的要求，以及在加工过程中是否会有安全隐患。

在进行程序模拟之后，就可以进行程序的执行操作了。需要再次强调的是，程序执行之前，必须反复确认工件装夹是否紧密，位置是否正确，刀具是否正确安装等问题，以避免程序执行的加工过程中出现问题。

图 2-10 给出的是在正常加工状态下系统主界面的显示情况。

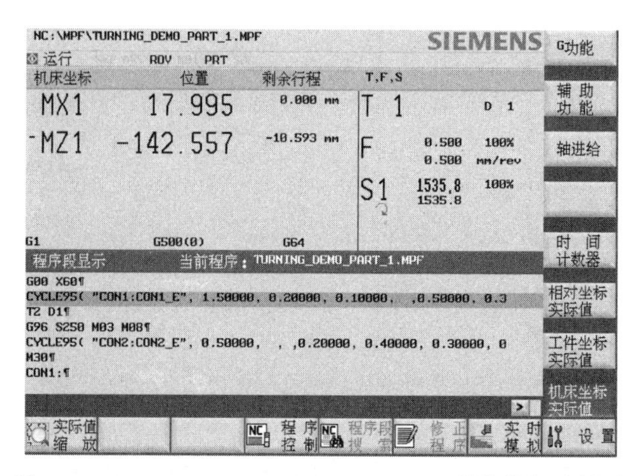

图 2-10　SINUMERIK 808D ADVANCED 程序执行示例图

3. 程序断点搜索

在加工过程中，可能会遇到突发的情况从而中断程序的执行过程，而在排除故障之后，如果不想从头重新执行目标程序，而是在中断处开始执行，则需要使用断点搜索的功能。

首先，需要进入到断点搜索的界面，在表 2-10 中给出了具体的操作步骤。

应注意：在进入断点搜索界面时，需要确保已经选择“自动”方式，并已将工件移动至安全位置。此外，如果是断电或急停引起的需要重新搜索断点，则还需要根据电动机的不同进行回参考点操作：

- 增量式电动机：需要重新回参考点，然后切换至自动方式；
- 绝对值电动机：可以直接工作，不需要回参考点，确认在“自动”方式即可。

表 2-10　SINUMERIK 808D ADVANCED 断点搜索操作示例

步骤	图示
第一步：进入断点搜索界面 如右图所示，在“自动”方式下的主界面中，单击屏幕下方的“程序段搜索”软按键，进入断点搜索界面	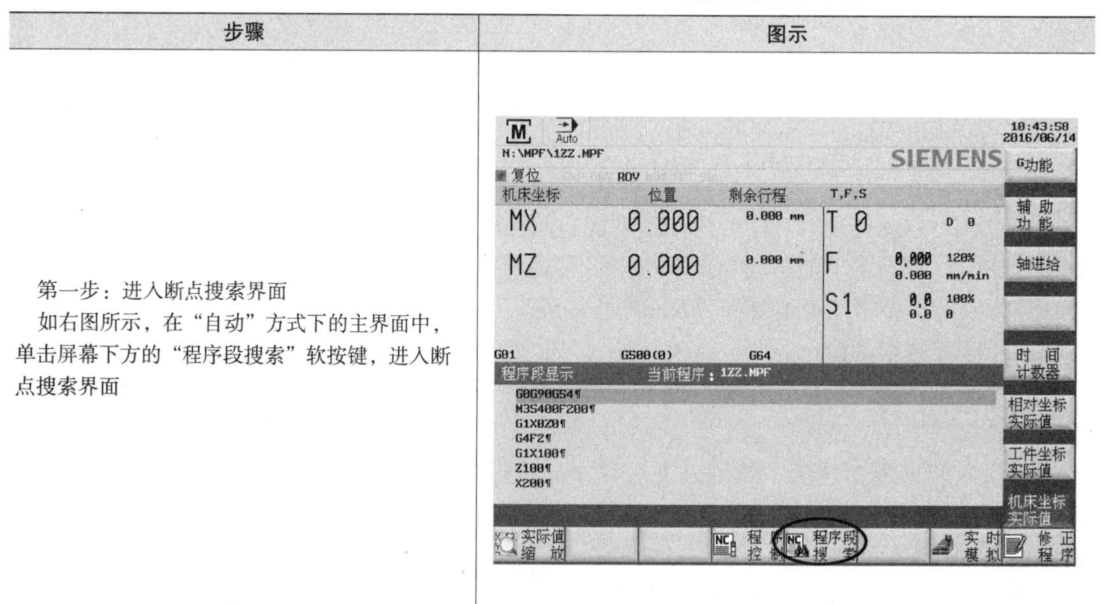

（续）

步骤	图示
第二步：选择对应的方式 如右图所示，在断点搜索界面下，屏幕右侧有不同的搜索方式，根据实际需要选择对应的方式 注：在下文中会对这些搜索方式的含义进行详细的介绍	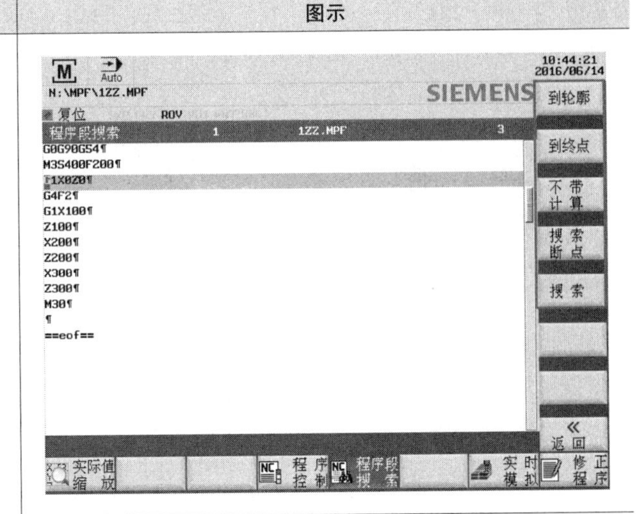
第三步：继续加工 在选择完对应的搜索方式后，系统会自动地切换回主加工界面中，使用者可以根据实际情况和所选择的断点搜索方式进行核对，确保正确后按“循环启动”按键启动加工程序，系统会自动计算，从上一次断点处开始进行加工	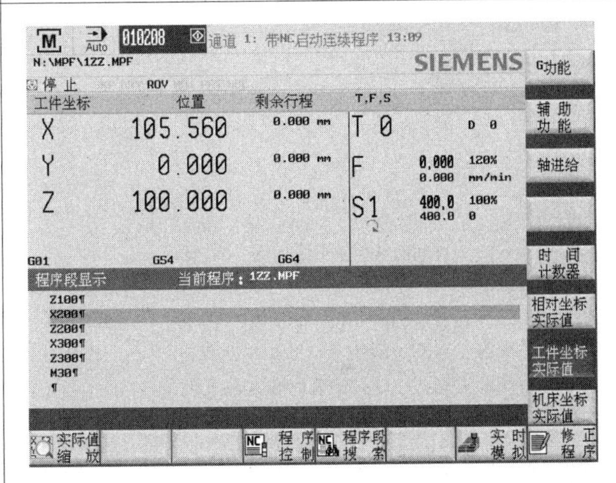

在断点搜索界面可以看到几个按键，从功能上可以分为两类，一是用于对断点处的搜索和设定，二是用于对断点搜索后继续运行方式的设定，下面对具体选择方式之间的不同和使用情况说明如下：

（1）对断点处的搜索

■ 搜索断点：单击该按键，系统会自动将光标定位至上一次程序中断时所在的程序行。

■ 搜索：单击该按键，系统会弹出一个对话框，使用者可以输入所需要搜索的相关程序段内容，系统根据使用者的输入将光标定位至对应位置。

（2）对断点搜索继续运行的方式的设定

■ 到轮廓：系统会在实际运行时，从所搜索断点位置的程序上一段程序开始执行，即先运行中断行的上一段程序，然后继续按顺序向下运行（对进给速度、主轴转速、所激活刀具、相关 M 功能等均依据前面程序段的设定执行）。

■ 到终点：系统会在实际运行时，从所搜索断点位置的程序所在行开始执行（对进给速度、主轴转速、所激活刀具、相关 M 功能等均依据前面程序段的设定执行）。

■ 不带计算：系统会在实际运行时，从所搜索断点位置的程序所在行开始执行（与“到终点”所不同的地方是“不带计算”设定后，断点所在程序段之前的程序中所设定的进给速度、主轴转速、所激活刀具、相关 M 功能等数据会全部无效）。

注：在选择继续运行的方式之前，必须先通过“断点搜索”或“搜索”，将光标定位至中断处。

2.3 常用功能

本节通过图例和说明，介绍 SINUMERIK 808D 和 SINUMERIK 808D ADVANCED 数控系统常用的基本功能。

2.3.1 日期及时间的设定

确保数控系统的时间与实际时间一致是十分必要的，在使用新产品之前，可以按照表 2-11 中给出的操作步骤进行时间设定。

表 2-11 SINUMERIK 808D ADVANCED 时间设定示例

步骤	图示
同时按“ALT”+“N”键进入“机床配置界面”，单击界面下方的“日期时间”软按键进入到日期及时间设定界面。 如右图所示，在日期和时间设定界面中，根据实际的需要进行日期及时间的设置，并在设置完毕后单击右侧的“确认”软按键确保输入的日期及时间生效	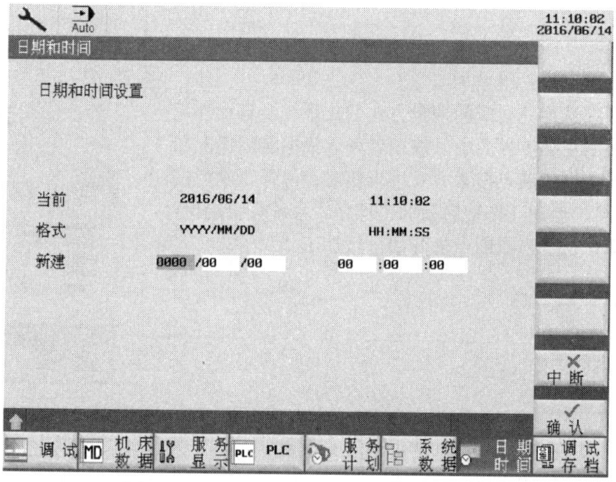 Auto 11:10:02 2016/06/14 日期和时间 日期和时间设置 当前 2016/06/14 11:10:02 格式 YYYY/MM/DD HH:MM:SS 新建 0000 /00 /00 00 :00 :00 中断 确认 调试 机床数据 服务显示 PLC 服务计划 系统数据 日期时间 调试存档

2.3.2 关于 R 参数的说明

系统的 R 参数可以作为全局变量使用，既可以应用到编程中，也可以通过修改 PLC 将其读入到 PLC 程序中。关于 R 参数，主要有以下几点信息：

■ R 参数进入方式：按系统 PPU 上的“偏置”按键→单击界面下方菜单的“R 参数”软按键。

■ 如图 2-11 所示，单击 R 参数界面中右侧“显示 R 名称”软按键，可以对每个 R 参数进行名称设定，便于宏程序的定义和管理。

图 2-11　SINUMERIK 808D ADVANCED R 参数界面示例图

■ 对 R 参数而言，在程序中常用的运算函数见表 2-12。

表 2-12　R 参数常用的运算函数示例

函数	含义	函数	含义
+	加	TAN ( )	正切
–	减	ASIN ( )	反正弦
*	乘	ACOS ( )	反余弦
/	除	ATAN2 (,)	反正切 2
=	等于	SQRT ( )	二次方根
SIN ( )	正弦	ABS ( )	绝对值
COS ( )	余弦		

2.3.3　在线帮助功能

SINUMERIK 808D ADVANCED 还提供了帮助功能，相当于把一本简易的指导手册嵌入到系统之中。当系统调用某个功能界面或者出现某个报警的时候，按系统 PPU 上的“帮助”按键，可以快速地进入在线帮助界面。

在线帮助界面可以针对当前的主题提供相关的操作或诊断指导。

2.3.4　计算器功能

将循环参数、轮廓参数、刀具参数、工件偏移量、R 参数等输入对话框中，可以通过按 PPU 上的“=”键调用出计算器，进行输入数据的计算如图 2-12 所示。

图 2-12　SINUMERIK 808D ADVANCED 计算器调用界面示例图

2.3.5　数据存储功能

除了提供 USB 备份的功能之外，SINUMERIK 808D ADVANCED 还提供“数据存储”功能，该功能可以直接将重要数据存储到系统的 CF 卡中，不需要格外插入 USB 设备，为操作者提供了一个稳定的可用于系统恢复的数据存储点。

需要注意的是，在最新的 SINUMERIK 808D ADVANCED 版本中，该功能会在每次断电和上电时自动进行一次重要数据的保存，起到预防操作者没有进行数据备份时的补充保护手段，如图 2-13 所示。

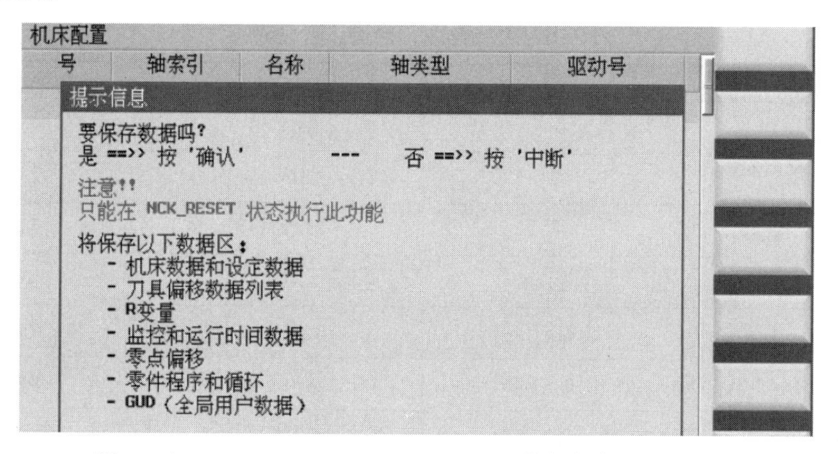

图 2-13　SINUMERIK 808D ADVANCED 数据保存界面提示图

第3章

数控车床加工工艺基础

3.1 数控车床

数控车床加工工艺就是在数控车床上加工工件的工艺方法，它以机械制造中的工艺基本理论为基础，结合数控车床的特点，综合运用多方面的知识，解决数控车床在车削加工中面临的工艺问题。其内容包括金属切削加工工艺的基本理论、金属切削刀具、典型零件加工及工艺分析等。只有科学地、最优地设计加工工艺，才能充分发挥数控机床的特点，实现数控加工的优质、高产和低耗。

3.1.1 数控车床的加工特点

数控车床具有加工通用性好、加工精度高、加工效率高和加工质量稳定等特点，是理想的回转体零件的加工机床。

数控车床没有脱离普通车床的结构形式，即由床身、主轴箱、刀架、进给系统以及液压、冷却、润滑系统等部分组成，但采用滚珠丝杠螺母副传动，传动精度较高。

进给系统采用伺服电动机驱动，连续控制刀具纵向（Z 轴）和横向（X 轴）运动，从而完成各类回转体工件的内外形加工，例如车削圆柱、圆锥、圆弧和各种螺纹加工等，并能进行切槽以及钻、扩、镗、铰、攻螺纹等工序的加工。

3.1.2 数控车床进给系统的特点

1）它没有传统的进给箱和交换齿轮架，而是直接用伺服电动机通过滚珠丝杠驱动溜板和刀架，实现进给运动，因而进给系统的结构大大简化。

2）数控车床能加工各种螺纹（米制、寸制螺纹以及锥螺纹、端面螺纹等）。由于安装有与主轴同步回转的脉冲编码器，从而可发出检测脉冲信号，使主轴回转与进给丝杠的回转运动相匹配，实现螺纹切削。车削螺纹一般都需要多次走刀才能完成，为防止乱扣，脉冲编码器在发出进给脉冲时，还要发出同步脉冲（每转发一个脉冲），以保证每次走刀刀具都在工件的同一点切入。脉冲编码器一般不直接安装在主轴上，而是通过一对齿轮或同步齿形带（传动比为 1∶1）同主轴联系起来。

3.1.3 数控车床的分类

1）按数控系统功能可分为全功能型和经济型两种。全功能型机床精度高，进给速度快，进给多采用半闭环直流或交流伺服系统，主轴控制采用全伺服控制，具有自动排屑、冷却、润滑等功能，通常采用全封闭防护。经济型数控车床通常采用步进电动机驱动，不具有位置反馈装置，精度较低。

2）按主轴处于水平位置或垂直位置，可分为卧式和立式数控车床。如果有两根主轴，则为双主轴数控车床。一般数控车床为两坐标轴控制，具有两个独立回转刀架的数控车床为四协同控制，车削中心和柔性制造单元则需要增加其他的附加坐标轴。目前应用较多的还是中等规格的两坐标联动的数控车床。

3.2 金属切削基础

3.2.1 金属切削过程

金属切削过程是刀具前面挤压切削层，使之产生弹性变形、塑性变形，然后被刀具切离形成切屑的过程。

在金属切削变形和切屑形成过程中，金属的变形和刀具的受力出现了 3 个变形区域，如图 3-1 所示。

第 Ⅰ 变形区域，在切削层中 OA 与 OE 面之间的区域，是产生塑性变形和剪切滑移后形成切屑的区域。

第 Ⅱ 变形区域，切屑流出时与刀具前面接触产生变形的区域。

第 Ⅲ 变形区域，近切削刃处已加工表面层内产生变形的区域。

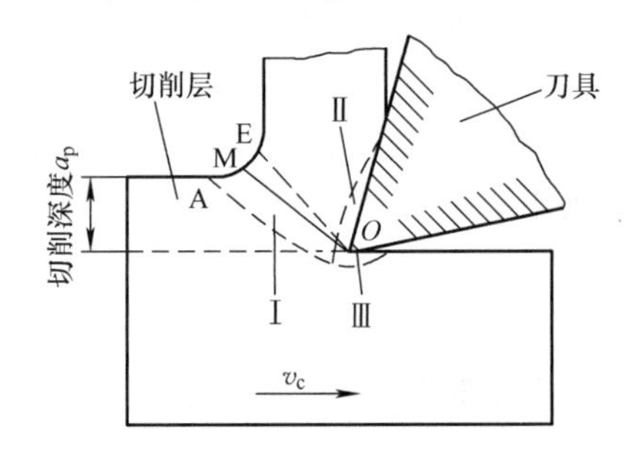

图 3-1　金属切削变形区域

切屑形成是在第 Ⅰ 变形区域内完成的。以切削塑性材料为例，如图 3-2a、图 3-2b 所示，切削层在正压力 F_{r_N} 与摩擦力 F_f 的合力 F_r 的作用下，在切削层材料移近 OA 面，使材料产生变形。进入 OA 面产生塑性变形，亦即 OA 面上切应力 σ 达到材料的屈服强度 σ 0.2 而发生剪切滑移，以点 1 为例，滑移方向由点 1 移至点 2，在点 2 继续移动至点 3 的过程中，同时滑移至 4 点。随着继续移动，剪切滑移量和切应力逐渐增大。到达 OE 面时，滑移至点 10，此时，切应力最大，剪切滑移结束，切屑层被刀具切离，形成切屑。

通常 OA 面称始滑移面，OE 面称终滑移面，两个滑移面间是很窄的第 Ⅰ 变形区域，宽为 0.02~0.2mm，故剪切滑移时间很短，形成切屑的时间极短，如图 3-2 所示，该区域可用一个剪切平面 P_{sh}（OM）表示。剪切平面 P_{sh} 与作用力 F_r 间的夹角为 45°，剪切平面 P_{sh} 与切削速度 v_c 方向夹角为剪切角 ϕ。在图 3-2c 所示切屑形成的金相照片中，可观察到切削变形使切屑中的晶格被拉长呈纤维化状态。

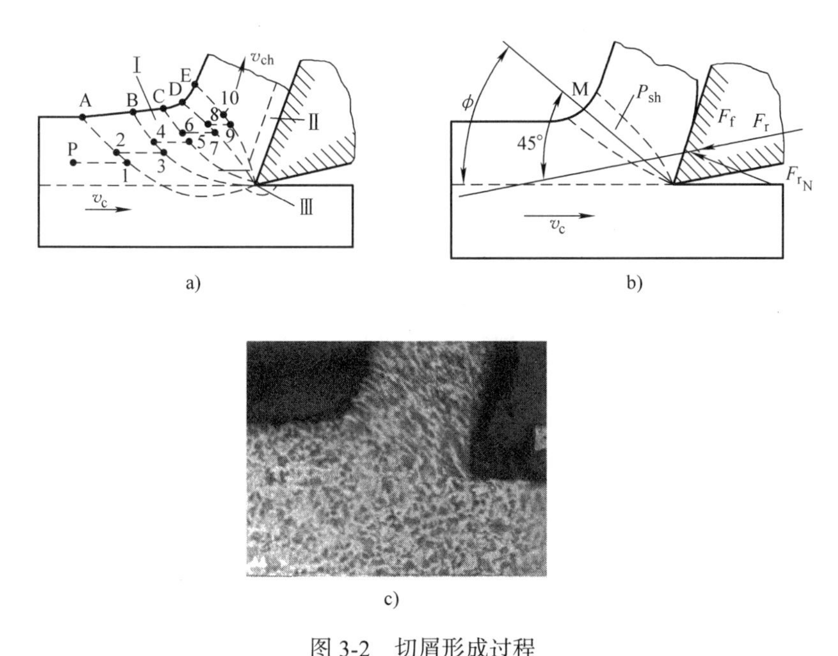

图 3-2　切屑形成过程

a）切削层的剪切滑移过程　b）切屑形成时各作用角　c）切屑形成金相照片

3.2.2　金属切削运动

1. 切削运动

金属切削加工是用金属切削刀具把工件毛坯余量切除，获得图样所要求的零件。在切削过程中，刀具与工件之间的相对运动称为切削运动，切削运动分为主运动和进给运动。

（1）主运动

主运动是由机床提供的主要运动，它使刀具与工件之间产生相对运动，使刀具前刀面接近工件并切除切削层。如车削中的工件旋转运动、铣削中的刀具旋转运动以及刨削中的刀具或工件的往复直线运动。其特点是切削速度快，消耗的机床功率大。

（2）进给运动

进给运动是由机床提供的使刀具与工件之间产生的相对运动，加上主运动即可间断地或连续地切除切削层，并得到所需要的工件新表面。车削外圆时车刀平行于工件轴线的移动是进给运动，其特点是消耗的功率比主运动小得多。

2. 工件表面的形成

在切削过程中，工件上多余的材料不断地被刀具切除变为切屑，在工件切削过程中形成了 3 个不断变化着的表面，如图 3-3 所示。

（1）已加工表面

工件上被刀具切削后产生的表面称为已加工表面。

（2）待加工表面

工件上有待切除切削层的表面称为待加工表面。

（3）过渡表面

工件上由切削刃形成的那部分表面，它在下一切削行程里将被切除。

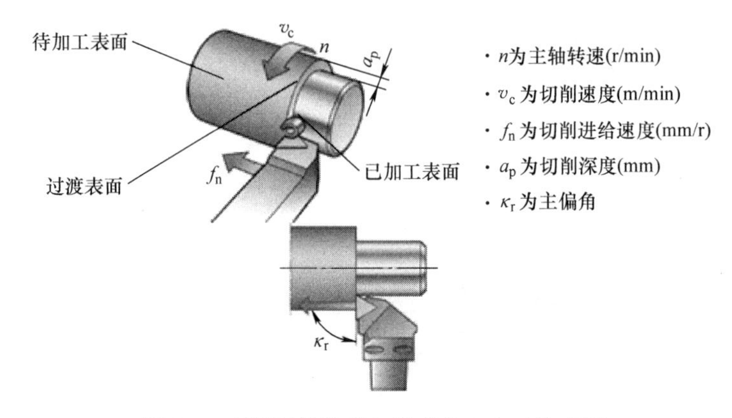

图 3-3　车削时的运动和形成的 3 个工件表面

3.2.3　切削用量

切削用量是用来表示切削运动的参量，它可对主运动和进给运动进行定量的表述，包括 3 个要素。

1. 切削用量三要素

（1）切削速度（v_c）

切削刃选定点相对于工件主运动的瞬时速度称为切削速度。大多数的主运动为回转运动，其相互关系如图 3-4 所示。

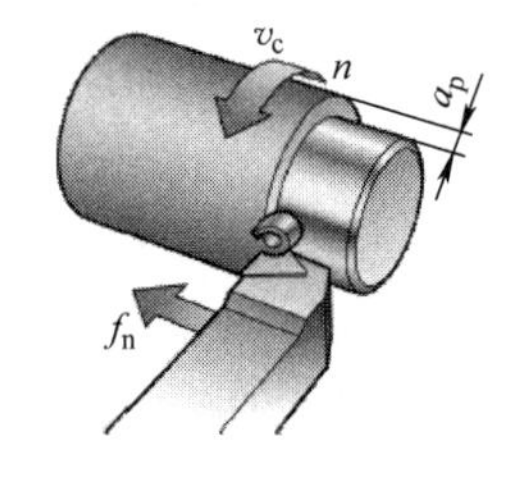

图 3-4　切削用量中的三要素

根据切削速度计算出的转数

假定 v_c=400m/min

D_c=100mm

$$n=\frac{v_c\times1000}{\pi\times D_c}$$

$$n=\frac{400\times1000}{3.14\times100}\text{ r/min}$$

$$\approx1274\text{ r/min}$$

式中　D_c——切削刃选定点所对应的工件或刀具的回转直径，单位为 mm；

n——工件或刀具的转速，单位为 r/min。

（2）进给速度（f）

刀具在进给方向上相对于工件的移动速度称为进给速度，其单位用 mm/r 或 mm/min 表示。车削时的进给速度 v_f（单位为 mm/min）是切削刃上选定点相对于工件进给运动的瞬时速度，它与进给速度之间的关系为 $v_f = nf$。

（3）切削深度 a_p（背吃刀量）

是已加工表面和待加工表面之间的垂直距离，单位为 mm。

2. 切削用量的选择

在金属切削过程中，针对不同的工件材料、刀具材料等来选择合适的切削用量三要素，对保证产品质量，充分利用刀具和提高机床生产效率是非常重要的。

3. 切削用量的选择原则

在粗加工时，首先根据机床动力和刚性的限制条件，选取尽可能大的背吃刀量和大的进给速度，最后根据刀具寿命确定合适的切削速度。

在精加工时，首先根据粗加工后的余量确定背吃刀量，其次根据已加工表面的粗糙度要求，选择较小的进给速度，最后在保证刀具寿命的前提下尽可能选择较高的切削速度。

4. 切削用量的选择方法

（1）切削深度（背吃刀量）的选择

粗加工时，在机床、刀具等工艺系统刚性允许的情况下，尽可能地一次切去全部粗加工余量。在中等功率机床上，粗加工（R_a10~80μm）时，背吃刀量可达 5~6mm；半精加工（R_a1.25~10μm）时，背吃刀量取 0.5~2mm；精加工（R_a0.32~1.25μm）时，背吃刀量取 0.1~0.4mm。

当机床工艺刚性不足或毛坯余量很大或不均匀时，粗加工要分几次进行。

在切削表面有硬皮的铸锻件或切削不锈钢等冷硬性较高的材料时，应尽量使切削深度超过硬皮或冷硬层厚度，以防刀尖被过早磨损或损坏。

在粗加工时，切削深度也不能选得太大，否则会引起振动. 如果超过机床和刀具的承受能力就会损坏机床和刀具。

（2）进给速度的选择

在粗加工时，由于对工件表面质量没有太高要求，这时主要考虑机床进给机构的强度以及刀具的强度。当切削深度选定后，进给速度直接决定了切削面积，决定了切削力的大小。进给速度的值受到机床的有效功率和扭矩、机床刚度、刀具强度和刚度、工件刚度、工件表面粗糙度和精度、断屑条件等的限制。一般在上述条件允许的情况下，进给速度也应尽可能选得大些，但选得太大，会引起机床最薄弱的地方振动，造成刀具损坏、工件弯曲、工件表面粗糙度变差等。进给速度的选择可按工艺手册或刀具厂家的刀具选择手册来选定，一般粗加工时取 0.3~0.8mm/r，精加工时取 0.08~0.2mm/r，数控仿形加工时，切削深度不均匀，进给速度可相对取高一些。

（3）切削速度的选择

切削速度应在考虑提高生产率，延长刀具寿命和降低制造成本的前提下，根据已选定的背吃刀量、进给速度及刀具寿命来选择。也可根据经验公式计算或生产实践经验，在机床说明书允许的切削速度范围内查表选取。

切削速度的选择原则：

1）刀具材料：使用陶瓷刀具、硬质合金刀具比高速钢刀具的切削速度高许多。

2）工件材料：对于切削强度和硬度较高的工件，因刀具易磨损，所以切削速度应选得低些。脆性材料（如铸铁），虽强度不高，但切削时会形成崩碎切屑，由于热量集中在刀刃附近不易扩散，因此切削速度应选低些。切削有色金属和非金属材料时，切削速度可选高一些。

3）表面粗糙度：表面粗糙度较高的工件，切削速度应选高一些。

4）切削深度和进给速度：当切削深度和进给速度增大时，切削热和切削力都较大，所以应适当降低切削速度；反之，可适当提高切削速度。

在实际生产中，情况比较复杂，切削用量一般根据工艺手册或在刀具厂家的刀具选择手册的推荐值范围内进行调整。

3.2.4 切屑与断屑

1. 切屑的类型

切屑的形成过程就是切削层变形的过程。由于工件材料的不同，切削过程中的变形程度也不同，对于不同的被切削材料其切屑的形状是不同的，针对不同的零件材料 P（钢）、M（不锈钢）、K（铸铁）、N（有色金属，如铝）、S（耐热合金）、H（淬硬钢）切屑的典型形状，如图 3-5 所示。

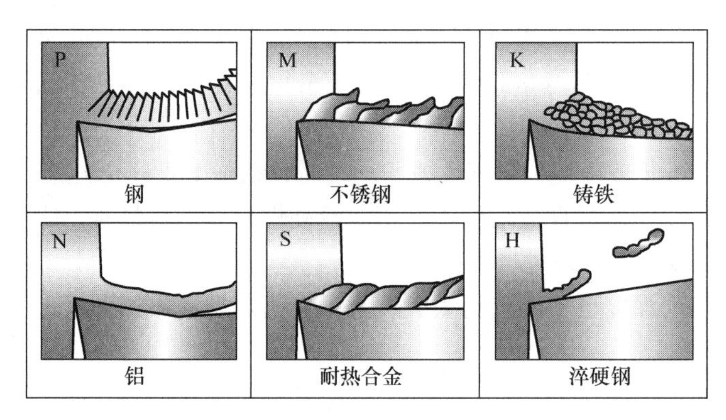

图 3-5 不同种类材料的切屑形状

但在加工现场获得的切屑，形状是多种多样的。不利的切屑将严重影响操作安全、加工质量、刀具寿命、机床精度和生产率。因此，在切削加工中采取适当的措施控制切屑的卷曲、流出与折断，具有非常重要的意义。在实际生产中，应用最广的切屑控制方法就是在前刀面上磨制断屑槽或使用压块式断屑器。

2. 断屑的方法

在塑性金属切削中，切屑在 50mm 以内称为断屑，长于 50mm 以上称为不断屑，不断屑的带状切屑和缠绕切屑，将导致切削过程中出现干扰以及较差的表面质量。通常有 3 种断屑方法。

1）自断屑：金属材料从刀具前刀面流出后自然弯曲折断并剥离。

2）切屑碰到刀具而断裂：切屑与刀片或刀杆后刀面接触扭弯而折断。

3）切屑碰到工件而断裂：该方式可导致工件的表面质量被破坏，是一种不可取的断屑方法。通常改变切削用量或刀具几何参数都能控制切屑形状，常用的断屑槽形式如图 3-6 所示。

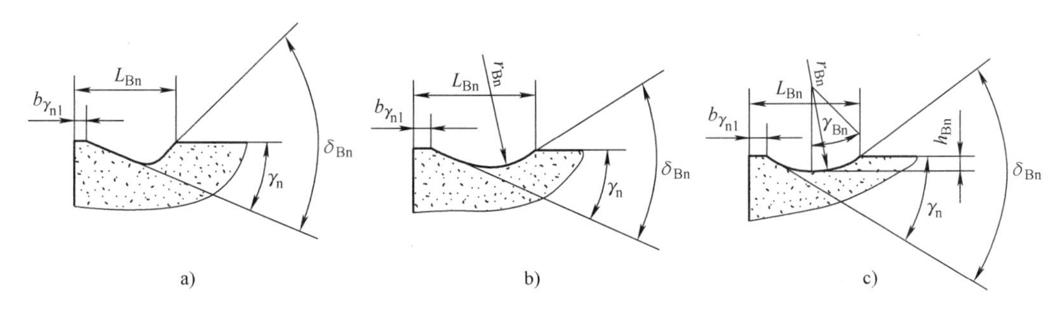

图 3-6　常用的断屑槽形式

$b_{\gamma_{n1}}$：棱带宽度　γ_n：断屑槽前角　δ_{Bn}：反屑角　L_{Bn}：断屑槽宽

r_{Bn}：断屑槽底圆弧半径　h_{Bn}：断屑槽深度

切削深度与进给速度必须适合于刀片槽形的断屑范围。断屑过度可能会导致刀片破裂，断屑过长会导致切削过程中出现干扰以及较差的表面质量。如图 3-7 和图 3-8 所示为切削深度与进给速度之间的关系。PR 表示粗加工，PM 表示半精加工，PF 表示精加工。每种刀片都有推荐的应用范围。

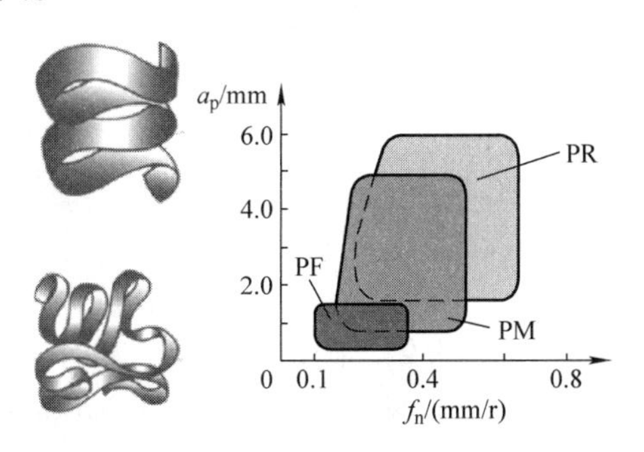

- 每种刀片都具有基于推荐切削深度(a_p)和进给速度(f_n)的应用范围
- 精加工刀片使用圆角处的槽形
- 粗加工刀片使用主切削刃的较长部分

图 3-7　不同的进给速度和切削深度对应的断屑范围

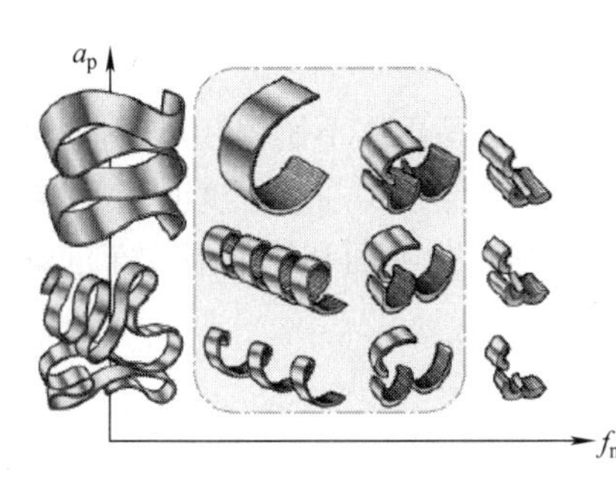

- 切削深度(a_p)与进给速度(f_n)必须适合于槽形的断屑范围，以获得可接受的切屑控制
- 断屑过度可能会导致刀片破裂
- 切屑过长会导致切削过程中出现干扰以及较差的表面质量

图 3-8　切削深度与进给速度合适加工范围

图 3-9 所示为山特维克公司可乐满刀具使用牌号为 CNMG 120408-PM 刀具半精加工钢 [切削用量 a_p=3mm、f_n=0.3mm/r] 的切削实验结果。

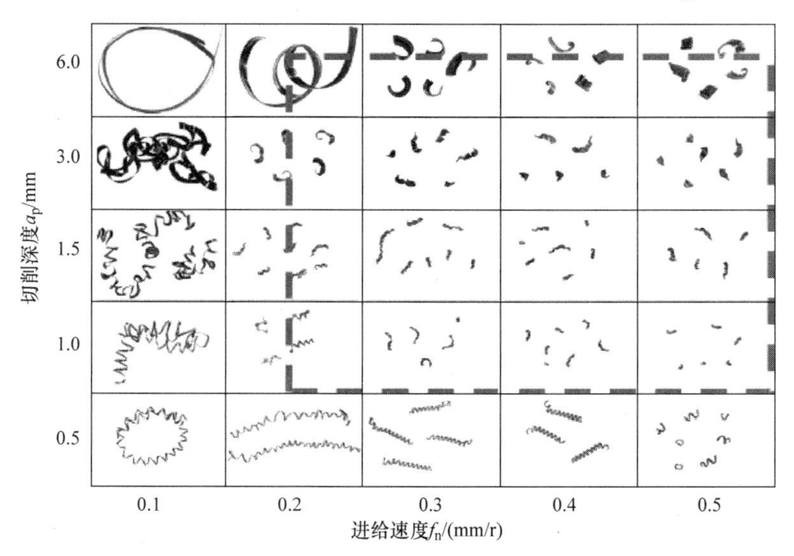

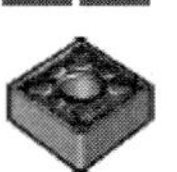

图 3-9　山特维克公司可乐满刀具公司的切削实验结果

3.2.5　常见工件材料及刀具材料的分类

1. 国际上工件材料的分类

（1）钢（P）

钢是机械加工中使用的主要材料，其中有碳钢和合金钢。碳钢又分为低碳钢、中碳钢、高碳钢。合金钢根据合金成分的多少分为低合金钢和高合金钢，根据合金成分的不同又可分为不同种类的合金钢。

钢材的一般切削性能：低碳钢易产生粘刀现象；中碳钢的可切削性能最佳；高碳钢的硬度高，不易加工，而且刀具易磨损。

（2）不锈钢（M）

不锈钢在常温下按组织结构可分为铁素体不锈钢、马氏体不锈钢和奥氏体不锈钢。镍是一种添加剂，它可以提高钢的淬硬性和稳定性，当镍的含量达到一定程度时，不锈钢就拥有了奥氏体结构，不再有磁性了，它加工硬化倾向严重，易产生毛面和积屑瘤，车削螺纹效果不佳，表面涩糙，切屑易缠绕。

（3）铸铁（K）

当加工铸铁时，一定要分析它的结构与材质。灰铸铁中含硅量的增加，将使铸铁强度增加，延展性降低，积屑瘤倾向减小。白口铁的加工比较特别，它要求刀片的刃口倒角形式，一般用 CBN（立方氮化硼）与陶瓷刀片来代替磨削。加工铸铁的刀片要求具有高的热硬性和化学稳定性，陶瓷常与硬质合金一起应用。大多数铸铁的加工性能是比较好的，灰铸铁是短屑的，而球墨铸铁与可锻铸铁都是长屑的。

（4）铝合金（N）

现代制造业广泛使用铝合金（而非纯铝），工件一般可分为锻造件和铸造件。

铝合金中的添加元素主要是铜（增加应力，改善切削性能）、锰和硅（提高抗锈性和可铸性）及锌（提高硬度）。铝合金中的硅可改善其铸造性能、内部结构和应力，这种铝合金铸件是不可热处理的；反之铜的加入使其相反。铝合金的加工性能应该是较好的，很低的切削温度允许很高的切削速度，但切屑不易控制。

铝合金刀具要求有大的前角，甚至有些刀柄都是为铝合金加工而专门设计的。

积屑瘤最常见也最难解决，这种情况多见于用通用型刀具加工铝合金，甚至很高的速度下也不能消除。

后刀面磨损过快源自铝铸件中硅的存在，而金刚石刀具就是专门为解决这一问题而产生的。

铝的高速铣削往往导致过快的刀具磨损，特别是高速铣削下相对的低进给速度时，使刀片的切削变成磨削，从而使刀片过早失效。

（5）耐热合金（S）

此类金属包括高应力钢、模具钢、钛合金等，这些材料的特点是具有低的热传导率，这使切削区的温度过高，易与刀具材料热焊导致积屑瘤，加工硬化趋向严重，磨损加剧，切削力加大，而且波动大。

车削刀片要求刃口槽形设计很好地分散压力，使切削热尽量分布在切屑上，保持热态下刃口锋利。当切削铸造或锻造硬皮时，应降低切削速度。使用正确的、特殊生产的细晶非涂层硬质合金刀片，或者加晶须的合成型陶瓷刀片。供给充足的冷却水，确保屑流无阻。确保工艺系统稳固，无振动倾向。尽量避免断续车削。铣刀选择的容屑槽要大，顺铣，使切出时切屑最薄。

（6）淬硬钢（H）

硬材料是指42~65HRC的工件，以往这些工件的成形往往靠磨削加工。而今天，新的刀具材质已经将它推到车削与铣削的范畴了，提高了切削效率。

常见的硬金属包括白口铁、冷硬铸铁、高速钢、工具钢、轴承钢和淬硬钢等。

金属切削难点在于，切削区内温度高，单位切削力大，后刀面磨损过快和易断裂。

要求刀具抗磨性强，化学稳定性高，耐压和抗弯，刃口强度高。

尽管硬质合金可以加工一些这样的零件，但主要的刀具材质仍是陶瓷与CBN。

（7）钛及钛合金

按照钛成分的结构，钛合金可分为3类：α、α-β 和 β 合金。

钛合金的热传导性差，所以切屑极易粘在刀刃上。

α 钛合金机械加工性能最好，纯钛合金也很好。

从 α-β 到 β 合金，加工性能愈来愈差，要求刀具材质具有较高的抗磨性，抗塑变，抗氧化，强度高及刃口锋利。晶粒细化的非涂层硬质合金，加正确的切削参数以及足够的冷却水是最好的选择，钛合金的加工硬化倾向比奥氏体不锈钢弱，但切屑很热，热到可以燃烧。

2. 常见刀具材料的分类

（1）切削刀具材料

切削刀具材料有高速钢、硬质合金、涂层刀具材料（其中包括多种涂层材料）、陶瓷材料、CBN、金刚石。

进口的刀具材质，如瑞典的山特维克公司的刀片材质有焊接用硬质合金和整体高速钢刀头，机夹硬质合金和涂层硬质合金刀片，机夹金属陶瓷刀片，机夹陶瓷刀片和 CBN 刀片，机夹人造金刚石刀片。

各类刀具材料的硬度和韧性的关系如图 3-10 所示。

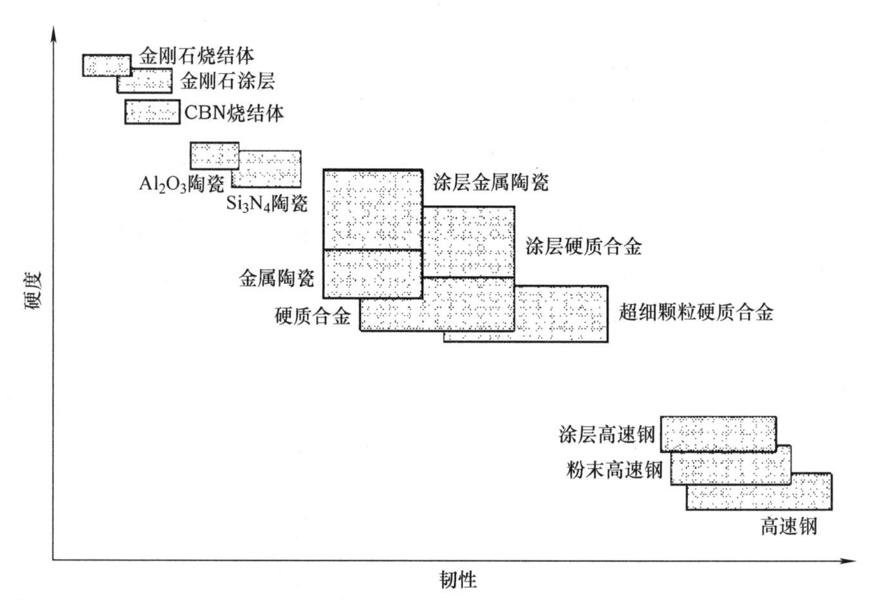

图 3-10　各类刀具材料的硬度和韧性

常用刀具材料及其典型切削条件下的线速度范围示例如下。

高速钢车刀：车削 HB260 普通钢材，线速度为 20~30 m/min；

硬质合金刀片：车削 HB260 普通钢材，线速度为 70~90 m/min；

TiN 涂层硬质合金刀片：车削 HB260 普通钢材，线速度为 100~120 m/min；

氧化铝涂层硬质合金刀片：车削 HB260 普通钢材，线速度为 200~400 m/min；

金属陶瓷刀片：车削 HB260 奥氏体不锈钢，线速度为 200~350 m/min；

陶瓷刀片：车削 HB300 灰口铸铁，线速度为 200~400 m/min；

CBN 刀片：车削灰口铸铁和淬硬钢及耐热合金，线速度为 400~800 m/min；

金刚石刀片：车削铝合金，线速度为 1000~3000 m/min。

（2）刀具材料成分组成和特性

高速钢：典型的高速钢成分是 W18Cr4V，在刀具材料中硬度较低，可用于硬度较低的工件材料，如钢、铝等。

硬质合金：WC 是硬点，Co 是粘结剂，是传统的用得较多的加工钢材的刀具材料。但随着刀具材料技术的发展，各种涂层刀具的性能更加优秀。

硬质合金涂层刀具：在硬质合金的基体上涂上一层或多层 TiCN、Al_2O_3 或陶瓷材料等材料，刀具材料的硬度和耐磨性会更好，是当前用得较多的刀具材料。

金属陶瓷既不是金属也不是陶瓷，它是一种钛基硬质合金，TiC 是硬点，Ni 是粘结剂。因为 TiC 和 Ni 的溶解度与普通的硬质合金不同，所以金属陶瓷的比重是钨基硬质合金的一半，而硬度是它的两倍，相对韧性较差，所以金属陶瓷适于高速精加工软钢类材质或不锈钢，可以获得高一倍的切削速度，高一倍的表面光洁度，或长一倍的刀具寿命。

CBN：立方氮化硼硬度仅次于金刚石，比其他任何材料的硬度均至少高出两倍，在许多难加工金属材料的切削工序中，能够将生产效率提高 10 倍，在刀具寿命和金属去除率方面都优于硬质合金和陶瓷。

金刚石：最硬的材料，能以比硬质合金更快的速度加工非铁合金以及非金属材料，而且成本较低。锋利的切削刃能将切屑从工件上干净利索地切下来，也减小了积屑瘤的形成。在切削条件合适的半精加工和精加工过程中，采用金刚石刀片可取得很好的加工效果。

3.2.6　常见切削刀具的分类

1. 刀具从结构上分类

从结构上分为整体式、机夹式、焊接式和可转位式，如图 3-11 所示。

1）整体式刀具　对贵重的刀具材料消耗较大，通常有高速钢车刀和立铣刀等，如图 3-11a 所示。

2）机夹式刀具　也称机夹重磨式刀具，采用普通刀片，钝后仍需刃磨，刃口安全性差，如图 3-11b 所示。

3）焊接式刀具　优点在于单刀价格便宜，可多次重磨，容易获得锋利的刃口，缺点在于速度低（70m/min 以下），寿命短，刃口安全性差，如图 3-11c 所示。

4）可转位式刀具　也称为机夹不重磨式刀具。这种刀具将刀片以机械紧固的方法装夹在标准刀杆上。当刀片磨钝后，将夹紧机构松开，使刀片转位后即可继续切削。优点在于操作简单，换刀容易，刀片带涂层，切削速度高，寿命长，刀片生产效率高，刃口安全，刀片磨损一致性强，适合数控机床和生产线的自动化生产，虽然单刀的价格贵，但是在大批量零件或者难加工材料零件的加工中，零件的加工成本最低。提高了硬质合金刀具的耐用度和刀片利用率，减少了刀杆和刃磨砂轮的消耗，简化了刀具的制造过程，有利于刀具标准化和生产组织管理。如图 3-11d 所示，可转位式刀具是数控车床加工中常用的加工刀具。

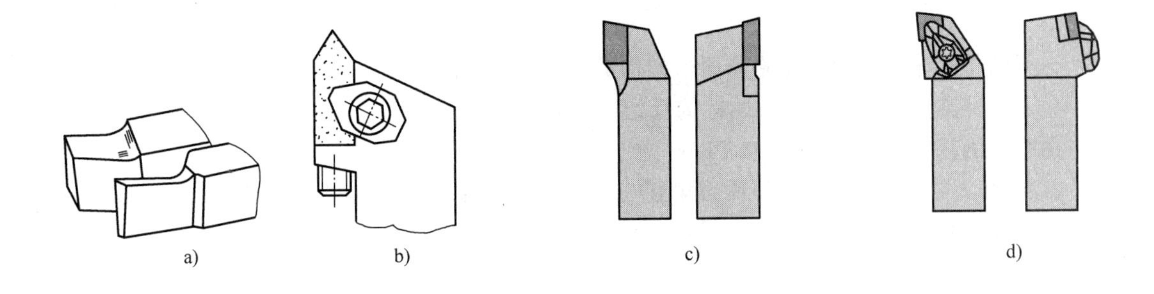

图 3-11　常见的车刀结构种类

2. 刀具从加工工艺和用途上分类

从加工工艺和用途上分为外圆车刀、端面车刀、切槽刀、切断刀等，如图 3-12 所示。

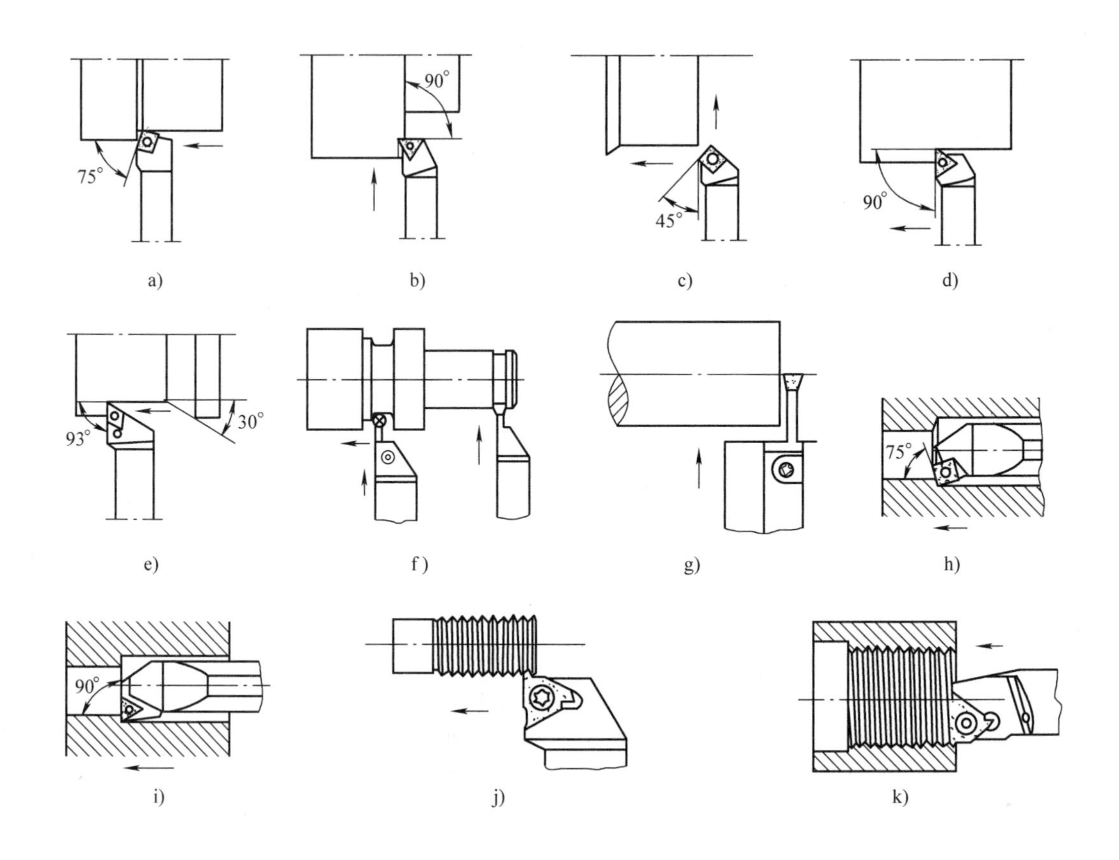

图 3-12　车刀类型

a）75° 偏头外圆车刀　b）90° 偏头端面车刀　c）45° 偏头外圆车刀　d）90° 偏头外圆车刀
e）93° 偏头仿形车刀　f）QC 系列切槽刀，切断刀　g）机夹式切断刀　h）75° 内孔车刀
i）90° 内孔车刀　j）外螺纹车刀　k）内螺纹车刀

3. 可转位式车刀、刀片（修光刃）的种类及其标记方法

对刀片种类及其标记方法，国标的标记方法如图 3-13 所示。

标记举例：如 CNMG 120412-PR：

C 为 80° 菱形刀片，N 为刀片后角 0°，M 为刀片偏差等级 M 级，公差 ±0.08，G 为有断屑槽的双面刀片，12 为刀刃长度 12mm，04 为刀片厚度 4.76mm，12 为刀尖圆角半径 1.2mm，PR 为粗加工钢材。

可转位式车刀的常见夹紧方式如图 3-14 所示。

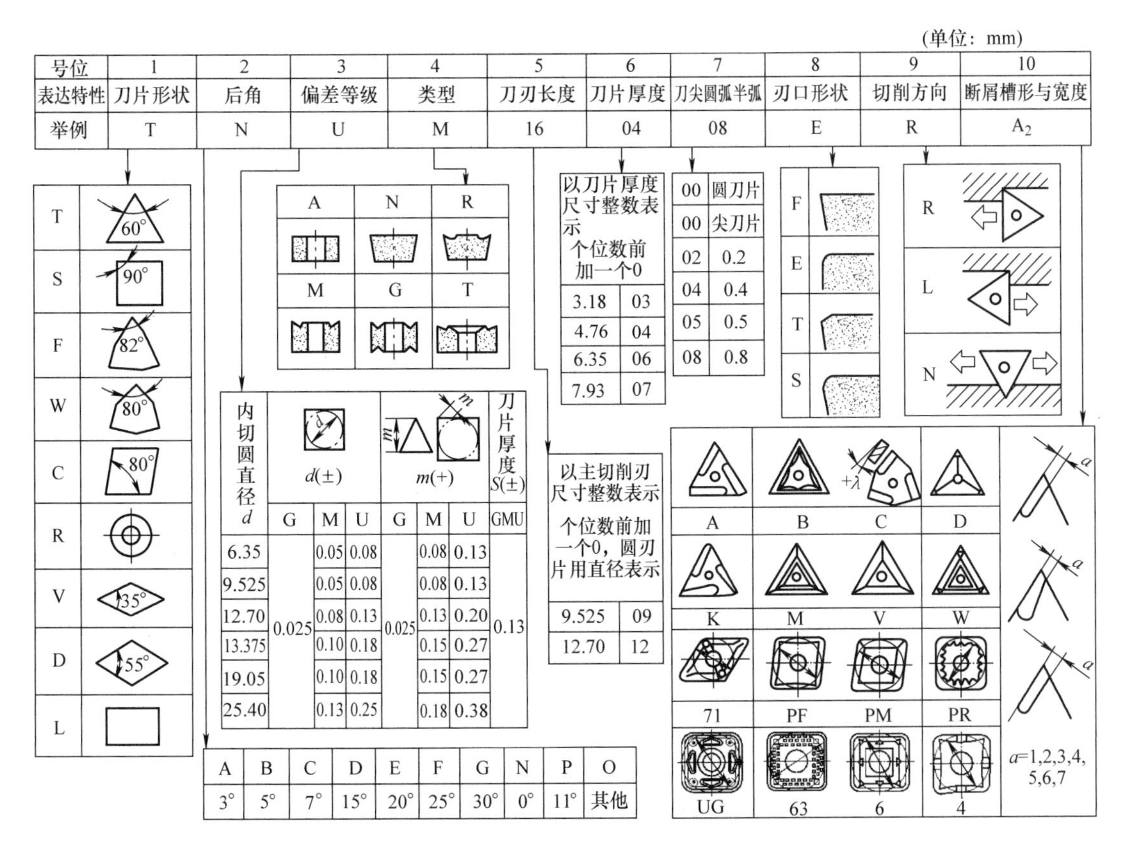

图 3-13　刀片种类和标记方法

刚性夹紧	P杠杆型	螺钉夹紧	螺钉夹紧系统，T形导轨
• 负前角刀片 • 出色的夹紧性能 • 易于转位	• 负前角刀片 • 排屑通畅 • 易于转位	• 正前角刀片 • 刀片的安全夹紧 • 排屑通畅	• 正前角刀片 • 非常安全的夹紧 • 高精度

图 3-14　可转位式车刀的常见夹紧方式

3.2.7　刀具几何参数的选择原则

合理选择刀具的几何参数是用好刀具的基本要求。使用刀具时，必须考虑最基本的几个角度是前角 γ_0、后角 α_0、主偏角 κ_γ、副偏角 κ'_γ、刃倾角 λ_s，其他几何参数有副后角 α'_0、刃口形状、过渡刃形状等。

1. 前角 γ_0 的选择

前角是起切削作用的一个重要角度，它的大小影响切削变形、接触面的摩擦、散热效果、刀具强度和加工精度等。

前角的选择是根据加工要求进行的，通常考虑的是：

1）按刀具材料要求：高速钢刀具的抗弯强度、韧性高，前角大；硬质合金刀具前角小；陶瓷刀具的强度、韧性低，前角更小些。

2）按加工材料要求：加工材料的塑性、韧性高，前角较大；强度、硬度高，前角较小；加工脆性、淬硬材料前角很小或为负值。

3）按加工精度要求：精加工前角较大，粗加工前角较小；加工铸锻毛坯件、带硬质点表面和断续切削时前角小；成形刀具和展成刀具为减小重磨后刃形误差，前角取零或很小。

2. 后角 α_0 的选择

后角的大小影响后刀面与切削表面间的摩擦程度和刀具强度。具体的选择原则是：

1）按加工要求：精加工后角较大，粗加工后角较小。

2）按加工材料：切削塑性材料后角较大，切削强度、硬度高的材料后角较小。

3. 主偏角 κ_γ 的选择

主偏角的大小影响刀头强度、径向分力大小、散热面积、残留面的高度，因而主偏角是影响刀具寿命和加工表面质量的重要参数。主偏角的选择原则：

1）按加工表面粗糙度的要求：在加工系统刚性允许时，减小主偏角能减小表面粗糙度，提高表面质量。

2）按加工材料要求：切削硬度、强度高的材料时选择较小的主偏角。

4. 副偏角 κ'_γ 的选择

副偏角是影响加工粗糙度的主要角度，通常是减小副偏角来减小理论粗糙度。副偏角影响刀尖强度，较小的副偏角对凹轮廓会产生干涉。

5. 刃倾角 λ_s 的选择

刃倾角会影响实际工作前角、切屑的排出方向、刀尖受到的冲击力。

3.3 数控车削工艺基础

3.3.1 数控加工工艺的主要内容

1）选择并确定需要进行数控加工的零件及内容。

2）进行数控加工工艺设计。

3）对零件图形进行必要的数学处理。

4）编写加工程序（自动编程时为源程序，由计算机自动生成目标程序——加工程序）。

5）按程序单制作控制介质。

6）对程序进行校验与修改。

7）首件试加工与现场问题处理。

8）数控加工工艺技术文件的编写与归档。

3.3.2　数控加工工艺的特点

1）数控加工的工艺内容十分明确而且具体。 进行数控加工时，数控机床接受数控系统的指令，完成各种运动实现加工。因此，在编制加工程序之前，需要对影响加工过程的各种工艺因素，如切削用量、进给路线、刀具的几何形状，甚至工步的划分与安排等一一做出定量描述，对每一个问题都要给出确切的答案和选择，由编程人员事先具体设计和明确安排内容。

2）数控加工的工艺工作相当准确而且严密。数控加工不能像通用机床加工时可以根据加工过程中出现的问题由操作者自由地进行调整，所以在数控加工的工艺设计中必须注意加工过程中的每一个细节，做到万无一失。尤其是在对图形进行数学处理、计算和编程时，一定要准确无误。因此，要求编程人员除了具备较扎实的工艺基本知识和较丰富的实际工作经验外，还必须具有严谨的工作作风。

3）数控加工的工序相对集中。一般来说，在普通机床上加工是根据机床的种类进行单工序加工，而在数控机床上加工往往是在工件的一次装夹中完成钻、扩、铰、铣、镗、攻螺纹等多工序的加工。

3.3.3　数控加工的特点与适应性

1. 数控加工的特点

（1）柔性加工程度高

在数控机床上加工工件，主要取决于加工程序。它与普通机床不同，不必制造、更换许多工具和夹具等，一般不需要很复杂的工艺装备，也不需要经常重新调整机床，就可以通过编程将形状复杂和精度要求较高的工件加工出来。因此能大大缩短产品研制周期，给产品的改型、改进和新产品的研制开发提供了捷径。

（2）自动化程度高

改善了劳动条件。数控加工过程是根据输入的程序自动完成的，一般情况下，操作者主要是进行程序的输入和编辑，工件的装卸，刀具的准备和加工状态的监测等工作，而不需要进行繁重的、重复性的手工操作机床等工作，体力劳动强度和紧张程度可大为减轻，相应地改善了劳动条件。

（3）加工精度较高

数控机床是高度综合的机电一体化产品，是由精密机械和自动化控制系统组成的。数控机床本身具有很高的定位精度，机床的传动系统与机床的结构具有很高的刚度和热稳定性。在设计传动结构时采取了减少误差的措施，并由数控系统进行补偿，所以数控机床有较高的加工精度。更重要的是数控加工精度不受工件形状及复杂程度的影响，这一点是普通机床无法与之相比的。

（4）加工质量稳定可靠

由于数控机床本身具有很高的重复定位精度，又是按所编程序自动完成加工的，消除了操作者的各种人为误差，所以提高了同批工件加工尺寸的一致性，使加工质量稳定，产品合格率高。一般来说，只要工艺设计和程序正确合理，并按操作规程操作，就可实现长期稳定生产。

（5）生产效率较高

由于数控机床具有良好的刚性，允许进行强力切削，主轴转速和进给速度范围都较大，可以更合理地选择切削用量，而且空行程采用快速进给，从而节省了机动和空行程时间。数控机床能在一次装夹中加工出很多待加工部件，既省去了通用机床加工时原有的不少辅助工序（如划线、检验等），也大大缩短了生产准备工时。由于数控加工一致性好，整批工件一般只进行首件检验即可，节省了测量和检测时间。因此其综合效率比通用机床加工会有明显提高。如果采用加工中心，实现自动换刀，工作台自动换位，在一台机床上可完成多序加工，缩短了半成品周转时间，生产效率的提高更加明显。

（6）良好的经济效益

数控机床的加工工件改变时，只需重新编写加工程序，不需要制造、更换许多工具、夹具和模具，更不需要更换机床。节省了大量工艺装备费用，又因为加工精度高、质量稳定，降低了废品率，使生产成本下降，生产效率提高，所以能够获得良好的经济效益。

（7）有利于生产管理的现代化

数控机床加工时，可预先准确计算加工工时，所使用的工具、夹具、刀具可进行规范化、现代化管理。数控机床将数字信号和标准代码作为控制信息，易于实现加工信息的标准化管理。数控机床易于构成柔性制造系统，目前已与计算机辅助设计与制造（CAD / CAM）有机地结合。数控机床及其加工技术是现代集成制造技术的基础。

虽然数控加工具有上述许多优点，但也存在一些不足之处，如数控机床设备价格高，初期投资大，此外零配件价格也高，维修费用高，数控机床及数控加工技术对操作人员和管理人员的素质要求也较高。因此，应该合理地选择和使用数控机床，才能提高企业的经济效益和竞争力。

2. 数控加工的适应性

数控机床是一种高度自动化的机床，有一般机床所不具备的许多优点，所以数控机床加工技术的应用范围在不断扩大，但数控机床这种高度机电一体化产品，技术含量高，成本高，使用与维修都有较高的要求。根据数控加工的优缺点及国内外大量的应用实践，一般可按适应程度将零件分为下列 3 类。

（1）最适应数控加工零件类

① 形状复杂，加工精度要求高，用普通机床很难加工或虽然能加工但很难保证加工质量的零件。

② 用数学模型描述的复杂曲线或曲面轮廓零件。

③ 具有难测量、难控制进给、难控制尺寸的不开敞内腔的壳体或盒形零件。

④ 必须在一次装夹中合并完成铣、镗、铰或攻螺纹等多工序的零件。

（2）较适应数控加工零件类

① 在通用机床上加工时极易受人为因素干扰，零件价值又高，一旦失控便造成重大经济损失的零件。

② 在通用机床上加工时，必须制造复杂的专用工装的零件。

③ 需要多次更改设计后，才能定型的零件。

④ 在通用机床上加工，需要做长时间调整的零件。

⑤ 用通用机床上加工时，生产效率很低或体力劳动强度很大的零件。

（3）不适应数控加工零件类

① 生产批量大的零件（当然不排除其中个别工序用数控机床加工）。

② 装夹困难或完全靠找正定位来保证加工精度的零件。

③ 加工余量很不稳定的零件，且在数控机床上，无在线检测系统用于自动调整零件坐标位置。

④ 必须用特定的工艺装备协调加工的零件。

综上所述，建议对多品种小批量零件，结构较复杂、精度要求较高的零件，需要频繁改型的零件，价格昂贵、不允许报废的关键零件和需要最小生产周期的急需零件采用数控加工。

图 3-15 为普通机床与数控机床、专用机床的零件加工批量与综合费用的关系。

图 3-16 为零件复杂程度及批量数与机床的选用关系。

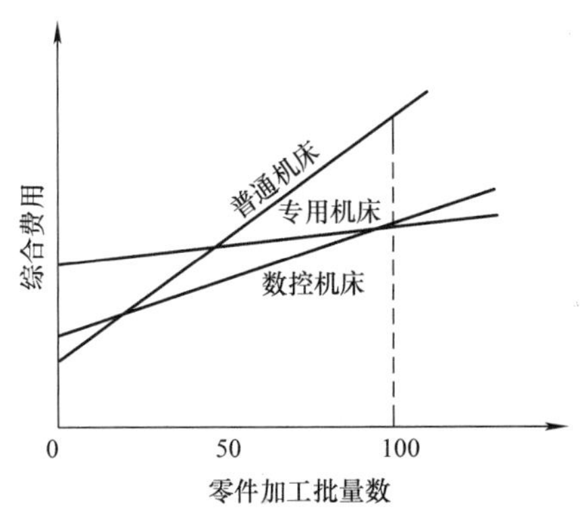

图 3-15　零件加工批量与综合费用关系

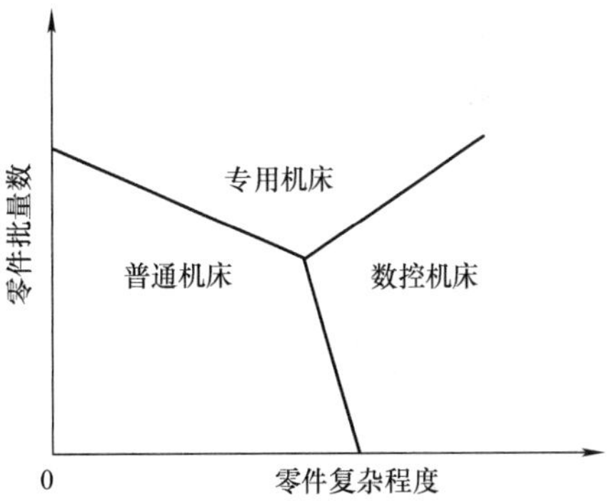

图 3-16　零件复杂程度及批量数与机床的选用关系

3.3.4　数控加工的工艺文件

数控加工的工艺文件就是填写工艺规程的各种卡片。常见的工艺文件有数控加工工序卡、刀具调整卡、程序清单等。数控加工工序卡是数控机床操作人员进行数控加工的主要指导性工艺文件。它主要包括的内容如下：

1）所用的数控设备；

2）程序号；

3）零件图号、材料；

4）本工序的定位、夹紧简图；

5）工序具体加工内容：工步顺序、工步内容；

6）各工步所用刀具；

7）切削用量；

8）各工步所用检验量具等。

常见的数控加工工序卡见表 3-1，刀具调整卡的内容有刀具号、刀具名称、刀柄型号、刀具的直径和长度等，常见的刀具调整卡见表 3-2。

表 3-1 数控加工工序卡

零件名称	控制器面板	程序号	AA120	全 1 页
零件图号	NCS-01	材料	铝	第 1 页

零件工序简图（定位、夹紧、程序原点示意）

序号	工序内容	代码	刀具		切削用量		零点偏置代码	工件	检验量具	备注
			规格（mm）、名称	补偿	S/（r/min）	F/（mm/min）				
1	打中心孔		ϕ2 中心钻	D11	1500	60	G54		游标卡尺	
2	钻孔		ϕ6.3 钻头	D10	1000	80	G55		游标卡尺	
3	扩孔	—	ϕ9 扩孔钻	D9	800	80	G55	—	游标卡尺	
4	粗铣内腔		ϕ8 立铣刀	D8	1600	180	G56		游标卡尺	
5	精铣内腔		ϕ6 立铣刀	D7	2000	120	G56		游标卡尺	
6	铣斜面		90° 专用铣刀	D12	1000	100	G57		游标卡尺	

表 3-2 刀具调整卡

机床型号	MCV—50A		零件号 NJ01	程序号 AA120		备注
刀具号	工序内容	刀柄型号	刀具名称	刀具		
				直径 / mm	长度 / mm	
T12	铣斜面	40BT-M2-60	90° 专用铣刀	ϕ10	30	
T11	打中心孔	40BT-Z10-45	中心钻	ϕ2	30	
T10	钻孔	40BT-Z10-45	钻头	ϕ6.3	50	刀具长度为铣刀装夹时伸出的有效加工长度
T9	扩孔	40BT-Z10-45	扩孔钻	ϕ9	50	
T8	粗铣内腔	40BT-Q1-75	立铣刀	ϕ8	30	
T7	精铣内腔	40BT-Q1-75	立铣刀	ϕ6	30	

第 4 章

数控车床的编程基础和基本指令

4.1 数控机床坐标系的规定

为了便于编程时描述机床运动，简化程序的编制，保证通用性，数控机床的坐标和运动方向均已标准化，国际上采用 ISO（国际标准化组织）和 EIA（电子工业协会）的标准。

4.1.1 标准坐标系的规定

为了精确控制机床移动部件的运动，需要在机床上建立一个坐标系，这个坐标系就叫标准坐标系，也叫机床坐标系。

数控机床的坐标系采用右手笛卡儿直角坐标系，如图 4-1 所示，坐标轴为 X、Y、Z 直角坐标，围绕 X、Y、Z 各轴的旋转运动轴为 A、B、C。用右手笛卡儿直角坐标法可判定 X、Y、Z 三轴的关系和正方向；用右手螺旋定则可判定 3 个直角坐标轴与 A、B、C 3 个旋转轴的关系和 A、B、C 轴的正方向。当考虑刀具移动时，用 X、Y、Z 表示运动的正方向；当考虑工件移动时，则用 X' 、Y' 、Z' 表示运动的正方向。

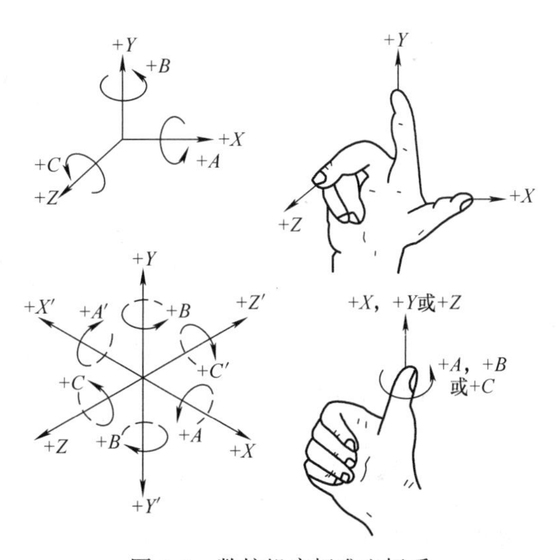

图 4-1 数控机床标准坐标系

4.1.2 坐标和运动方向命名的原则

这一原则规定，不论机床的具体结构是工件静止、刀具运动，还是工件运动、刀具静止，在编写程序时一律规定为刀具相对于静止的工件而运动。机床某一部件运动的正方向，是增大工件与刀具之间距离的方向。

4.2 数控车床坐标系

4.2.1 机床坐标系

机床坐标系是机床上固有的机械坐标系，是机床出厂前已设定好的。机床通电后执行手动返回参考点，自动设定机床坐标系。

1. 机床零（原）点（*M*）

数控车床的机床零点通常定义在主轴旋转中心线与主轴端面的交点，如图 4-2 所示，*M* 点即为机床零点。

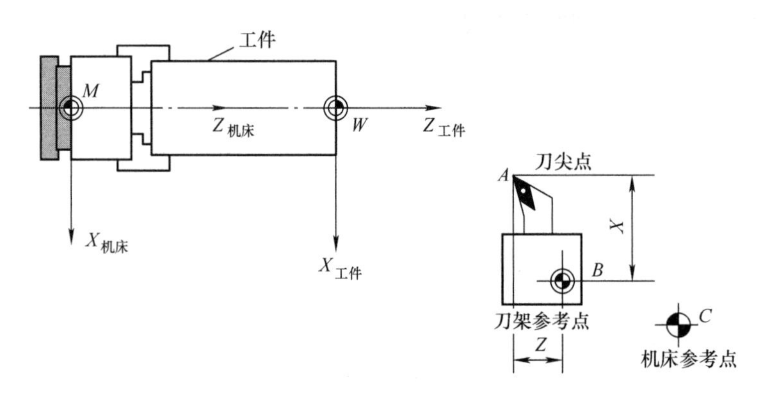

图 4-2　数控车床坐标系

2. 机床参考点（*C*）

机床参考点是机床上的一个特定位置。通常当不能到达机床零点时，可接近参考点来设定测量系统为零。其位置由 *Z* 向与 *X* 向的机械挡块来确定。当进行回参考点的操作时，安装在纵向和横向拖板上的行程开关碰到相应挡块后，由数控系统发出信号，控制拖板减速运行，直到位置检测装置发出零位信号，完成回参考点的操作后，相当于数控系统内部建立了一个以机床零点为坐标原点的机床坐标系。

3. 刀架参考点（*B*）

刀架参考点是刀架上的一个固定点。当刀架上没有安装刀具时，机床坐标系显示的是刀架参考点的坐标位置。而加工时是用刀尖（*A*）加工，不是用刀架参考点（*B*），所以必须通过“对刀”方式确定刀尖在机床坐标系中的位置，即 *X*、*Z* 坐标值。

4.2.2　工件坐标系

工件坐标系是为了方便编程，编程人员直接根据加工零件图样选定的编制程序的坐标系。这个坐标系也被称为编程坐标系，其原点被称为编程零点或工件零点。

1. 编程零（原）点（*W*）

数控车床的编程零点通常定义在主轴旋转中心线与工件端面的交点，如图 4-2 所示，*W* 点即为编程零点。

编程零点的选择原则：

1）所选编程零点要便于数值计算，简化程序编制。

2）所选编程零点要方便对刀，便于测量。

3）尽量选在零件的设计基准或工艺基准上，以减少加工误差。

2. *X* 轴方向的定义

刀架所在位置决定 *X* 轴的坐标方向。前置刀架切削时，*X* 轴正方向指向操作者，常用于平床身机床，如图 4-3 所示；后置刀架切削时，X 轴方向指向其反向，常用于斜床身机床，如图 4-4 所示。

图 4-3　前置刀架切削方式　　　　图 4-4　后置刀架切削方式

4.2.3　机床坐标系与工件坐标系的位置关系

机床坐标系和工件坐标系之间有一定的位置关系。在数控机床上加工零件时必须确定工件坐标系相对机床坐标系的偏移位置关系，即零点偏移。这个偏移量常常可以通过一条指令来设定，如 G54 指令，如图 4-5 所示。在后面的“可设定零点偏移”指令中，有更详细的说明。

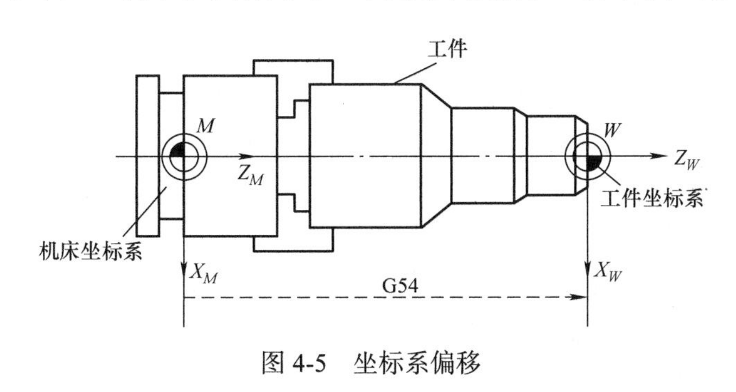

图 4-5　坐标系偏移

4.3　程序名称与结构

4.3.1　程序名称

每个程序必须有程序名称。程序名称必须遵守以下规定：

1）程序名称最多使用 24 个英文字母或 12 个中文字符（字符长度不包括文件扩展名）；

2）仅使用小数点来隔开文件扩展名；

3）如需创建子程序而当前默认程序类型为 MPF（主程序）时，必须输入文件扩展名“.SPF”；

4）如需创建主程序而当前默认程序类型为 SPF（子程序）时，必须输入文件扩展名“.MPF”；

5）如采用当前默认程序类型，则无须输入文件扩展名。

4.3.2　程序结构

数控系统程序由一系列的程序段组成（见表 4-1）。每个程序段代表一个加工步骤，以字的形式将指令写入程序段。按顺序执行到最后一个包含程序结束的特殊字，例如，M2。

表 4-1　程序结构

程序段	字	字	字	…	；注释
程序段	N10	G0	X20	…	；第一个程序段
程序段	N20	G2	Z37	…	；第二个程序段
程序段	N30	G91	…	…	；…
程序段	N40	…	…	…	
程序段	N50	M2	—	—	；程序结束

4.4　标定坐标尺寸指令

4.4.1　绝对值与增量值编程指令：G90、G91

在一个程序段中，根据被加工零件的图样标注尺寸，从便于编程的角度出发，可采用绝对值编程，也可采用增量值编程。在一个程序中，也可采用 AC/IC 以绝对值 / 增量值混合编程。

绝对值编程格式：G90 G01 X_ Z_ ；

增量值编程格式：G91 G01 X_ Z_ ；

混合编程格式：G91 X_ Z=AC（ _ ）；X 值保持增量值，Z 值为绝对值

G90 X_ Z=IC（ _ ）；X 值保持绝对值，Z 值为增量值

在绝对值方式下编程，所有坐标值均取决于当前坐标系的零点位置。如图 4-6a 中，所有值的坐标均相对于坐标系的零点。

在增量值方式下编程，所有坐标值均取决于前一坐标点的尺寸，如图 4-6b 所示。

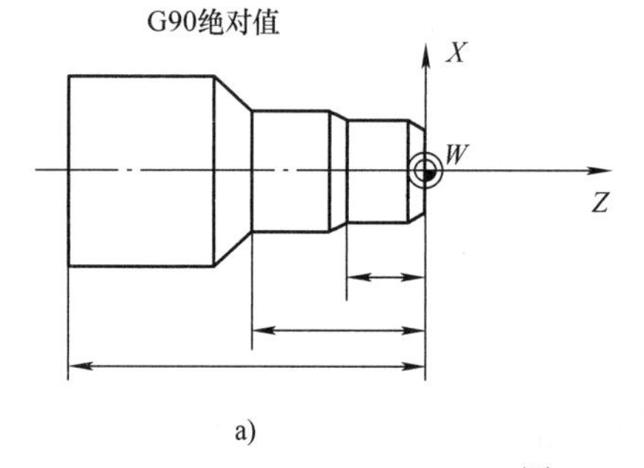

a)

G91增量值

X

W

Z

b)

图 4-6　绝对值和增量值编程

注意事项：通常数控机床开机后默认为 G90 方式。

AC、IC 是非模态代码，仅在当前程序段有效。

有些情况（如 ISO 编程模式）下，也可不用 G90/G91 指令，直接改变坐标字符号，这将在第 7 章讲述。

编程示例

```
N10 G90 X20 Z90          ；绝对值
N20 X75 Z=IC(−32)        ；X 值保持绝对值，Z 值为增量值
N180 G91 X40 Z2          ；切换到增量值
N190 X−12 Z=AC(17)       ；X 值为增量值，Z 值为绝对值
```

4.4.2　米制尺寸和寸制尺寸：G71，G70，G710，G700

工件标注尺寸功能不同于数控系统的基础系统设定（in 或 mm），这些标注尺寸可以直接输入到程序中。数控系统会在基础系统中完成必要的转换工作。

G70 为寸制尺寸编程；G71 为米制尺寸编程；G700 为寸制尺寸编程，也用于进给速度 F；G710 为米制尺寸编程，也用于进给速度 F。

编程示例：

```
N10 G70 X10 Z30              ; 寸制尺寸
N20 X40 Z50                  ; G70 继续有效
N80 G71 X19 Z17.3            ; 从此段程序开始使用米制尺寸
```

说明：

根据基本设置数控系统可将所有几何值都用米制或寸制尺寸表示，基本设置可以通过机床数据设定。这里刀具补偿值和可设定的零点偏移值包括其显示也作为几何值；同样，进给速度的单位分别为 mm/min 或 in/min。

G70 或 G71 用于设定所有与工件直接相关的几何数据，如在 G01/G02 等功能下的位移数据和半径圆心等。而 G700 或 G710 会影响进给速度（in/min、in/r 或 mm/r、mm/min）、刀具补偿、可设定的零点偏移等。

4.4.3　半径 / 直径尺寸编程：DIAMOF，DIAMON，DIAM90

编程零件加工时，通常 *X* 轴（横向轴）的位移数据为直径尺寸。 如有需要，也可以将程序切换到半径尺寸。

DIAMOF 或者 DIAMON 分别用半径或者直径尺寸说明 *X* 轴的终点，实际值相应地显示在工件坐标系中，如图 4-7 所示。

DIAM90 则始终用直径尺寸来说明横向轴 *X* 的实际值，与运行方式（G90/G91）无关。这也适用于读取指令 MEAS、MEAW、$P_EP[x] 和 $AA_IW[x] 在工件坐标系中的实际值。

1. 编程格式

```
DIAMOF                       ; 半径尺寸
DIAMON                       ; 直径尺寸
DIAM90                       ; G90 时为直径尺寸，G91 时为半径尺寸
```

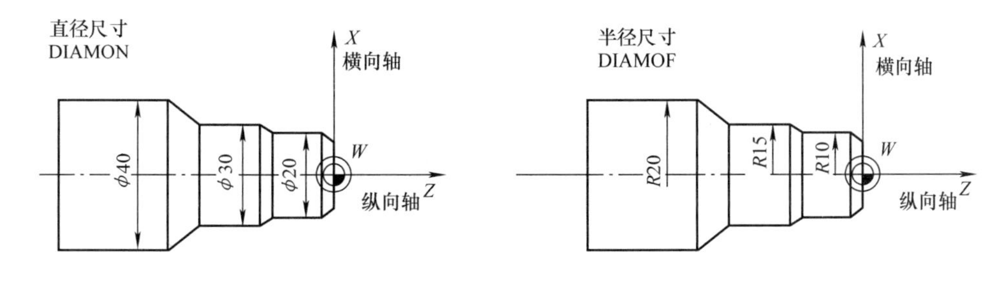

图 4-7　半径 / 直径尺寸编程

2. 编程示例

```
N10 G0 X0 Z0
N20 DIAMOF
N30 G1 X30 S2000 M03 F0.8

N40 DIAMON
N50 G1 X70 Z–20
N60 Z-30
N70 DIAM90

N80 G91 X10 Z–20
N90 G90 X10
N100 M30
```

4.4.4 可编程的零点偏移：TRANS，ATRANS

1. 功能

在下列情况下可以使用可编程的零点偏移：

1）工件在不同的位置有重复的形状 / 结构；

2）选择了新的参考点说明尺寸；

3）粗加工的余量。

由此就产生了一个当前工件坐标系。新输入的尺寸便以此坐标系为基准。偏移适用于所有轴，如图 4-8 所示。

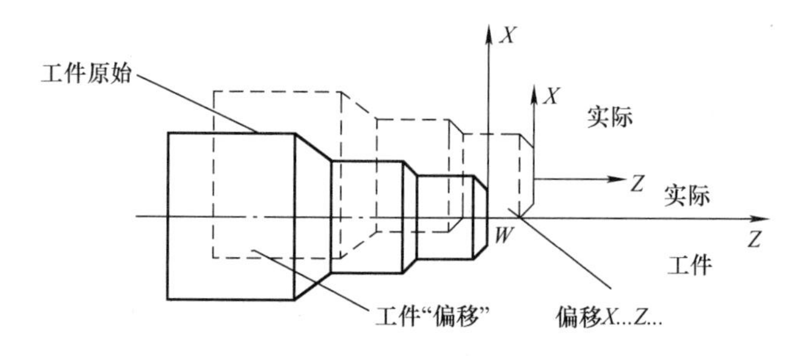

图 4-8　可编程的零点偏移

2. 说明

由于使用直径编程（DIAMON）功能和恒定切削速度（G96），工件零点在 *X* 轴上位于旋转中心，所以在 *X* 轴上没有或者只有较少的偏移（例如：加工余量）。

3. 编程格式

TRANS Z...　　　　；可编程的偏移（相对于G54…G59），清除之前的偏移、旋转、比例缩放、镜像指令

ATRANS Z...　　　　　　　; 可编程的偏移（相对于当前坐标系）

TRANS　　　　　　　　　; 不赋值，清除之前的偏移、旋转、比例缩放、镜像指令

注意，TRANS/ATRANS 必须在单独程序段中编程。

4. 编程示例

N10 G54

N20 TRANS Z5　　　　　　; 可编程的偏移，偏移后的坐标系原点在原坐标系 G54 中，向 Z 轴正向移动 5mm

N30 L10　　　　　　　　; 子程序调用，包含待偏移的几何量

N40 ATRANS X10　　　　　; 可编程的偏移，在当前坐标系中的新坐标系原点在 X 轴正方向上偏移 10mm

N50 TRANS　　　　　　　; 取消偏移

N60 M30

4.4.5　可编程的比例系数：SCALE，ASCALE

1. 功能

用 SCALE、ASCALE 可以为所有坐标轴编制一个比例缩放系数。按此比例放大或缩小各给定轴上的位移。当前设定的坐标系用作比例缩放的参照标准，如图 4-9 所示。

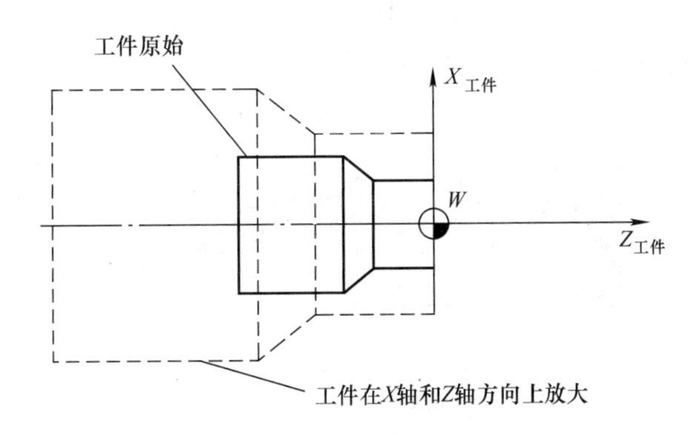

图 4-9　可编程的比例系数

2. 编程格式

SCALE X... Z...　　　　　; 可编程的比例缩放系数，清除之前的偏移、旋转、比例缩放、镜像指令

ASCALE X... Z...　　　　; 可编程的比例缩放系数

SCALE　　　　　　　　　; 不赋值，清除之前的偏移、旋转、比例缩放、镜像指令

注意，SCALE、ASCALE 必须在单独程序段中编程。

3. 说明

1）图形为圆时，两个轴的比例系数必须一致。

2）如果在 SCALE/ASCALE 有效时编程 ATRANS，则偏移量也同样被比例缩放。

4. 编程示例

```
N10 L10                      ; 编程的原始轮廓
N20 SCALE X2 Z2              ; X 轴和 Z 轴方向的轮廓放大两倍
N30 L10
N40 ATRANS X2.5 Z1.8
N50 L10
N60 M30
```

4.4.6 可设定的零点偏移：G54~G59，G500，G53，G153

1. 功能

可设定的零点偏移指定机床上工件零点的位置（相对于机床零点的工件零点偏移）。将工件夹到机床中时确定该偏移，并且操作员必须将该偏移输入到对应的数据字段中。通过 G54~G59 在程序中激活。

2. 编程格式

```
G54~G59                      ; 从第 1 个到第 6 个可设定的零点偏移
G500                         ; 取消可设定的零点偏移，模态代码
G53                          ; 取消可设定的零点偏移，非模态，还抑制可编程的偏移
G153                         ; 和 G53 一样，另外抑制基本框架
```

有关可设定的零点偏移的描述如图 4-10 所示。

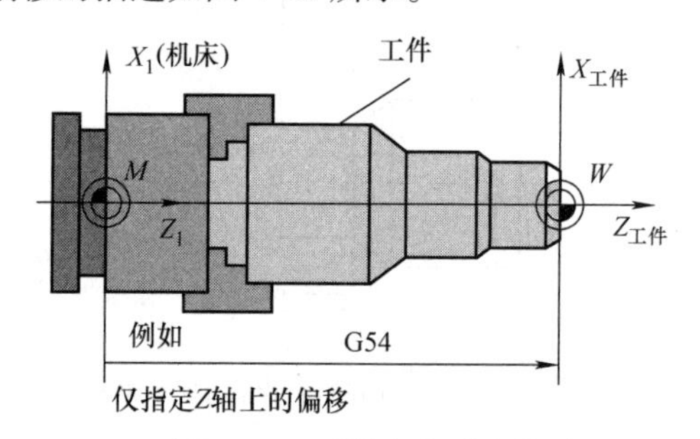

图 4-10　可设定的零点偏移

3. 编程示例

```
N10 G54 G0 X50 Z135
N20 X70 Z160
N30 T1 D1
N40 M3 S1000
N50 G0 X20 Z130
N60 G01 Z150 F0.12
N70 X50 F0.1
N80 G500 X100 Z170
N90 M30
```

4.5　插补指令

4.5.1　快速移动直线插补：G00

1. 功能

该指令命令刀具快速移动到达目标点，通常用在快速离开工件返回换刀点或快速从换刀点返回，不用于工件加工，如图 4-11 所示。

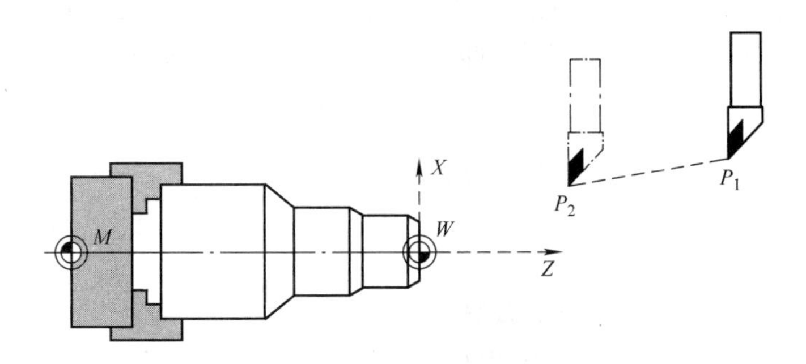

图 4-11　从 P_1 点快速移动到 P_2 点的示意图

2. 编程格式

G00 X_ Z_

例如 G00 X60 Z40，表示快速移动到 *XZ* 平面上的点（60，40）。

3. 说明

1）G00 速度很快，不允许用来切入工件，其进给速度 *F* 不需写在程序内，由机床数据中每个轴的最大速度（快速移动）确定。

2）快速移动的轨迹根据控制系统的不同，有一定的区别。如图 4-12 所示，从 *A* 到 *B* 有 4 种方式，路径 *a* 是折线形式，路径 *b* 是直线形式，路径 *c* 由 *AD*、*DB* 组成，路径 *d* 由 *AC*、*CB* 组成，不同的系统采用不同的方式，如路径 *a* 为非线性插补定位，路径 *b* 为直线插补定位。快速移动的轨迹可通过系统参数设置来选择。在使用该指令时，必须确保刀具不与工件发生碰撞。

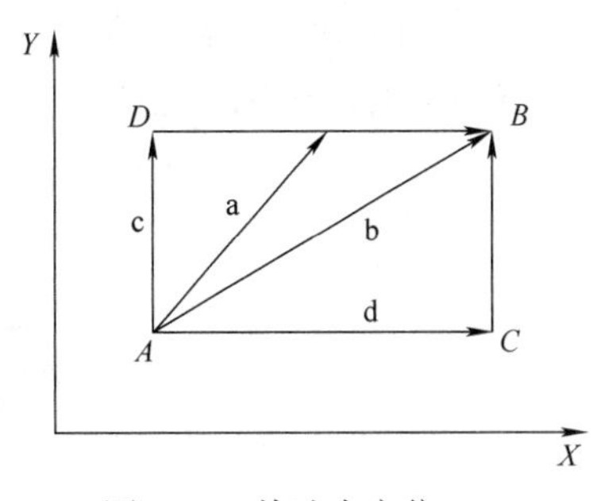

图 4-12　快速点定位 G00

3）由于加工零件的图样尺寸及测量尺寸都是直径值，所以通常采用直径尺寸编程。但有些系统也可用半径尺寸编程。在用直径尺寸编程时，如采用绝对值编程，*X* 表示直径值；如采用增量值编程，*X* 表示径向位移量的两倍。在用半径尺寸编程时，如采用绝对值编程，*X* 表示半径值；如采用增量值编程，*X* 表示径向位移量。具体由系统参数设定。G00 一直生效，直到被此 G 功能组中的其他指令（G0, G1, G2, G3……）取代为止。

4.5.2 进给速度：F

进给速度 F 指令又称 F 功能或 F 代码，是轨迹速度，它是所有参与轴速度分量的矢量和。在编程中，它的功能是指定切削的进给速度。对于车床，可分为每分钟进给和每转进给两种；对于车削以外的控制，一般用每分钟进给；该指令在螺纹切削程序段中还用来指定螺纹导程。

1. 编程格式

```
G94F                      ; 进给速度，单位为 mm/min
G95F                      ; 进给速度，单位为 mm/r（仅与主轴转速有关）
```

说明：这些单位既适用于米制尺寸，也可以采用寸制尺寸的设置。

2. 编程示例

```
N10 G94 F310              ; 进给速度，单位为 mm/min
N20 G01 X60 Z60
N30 M5
N40 S200 M3               ; 主轴旋转
N50 G95 F0.8              ; 进给速度，单位为 mm/r
N60 G01 X100 Z100
N70 M30
```

注意：切换 G94 和 G95 时请写入新的 F 字。

4.5.3 带进给速度的直线插补：G1

1. 功能

该指令使刀具能在各个坐标平面内切削任意斜率的直线轮廓（圆柱和圆锥面）和用直线段逼近的曲线轮廓，轨迹速度以已编程的 F 字为准。

G1 一直有效，直到被该 G 功能组中其他的指令（G0, G2, G3……）取代为止。

有关直线插补 G1 的描述如图 4-13 所示。

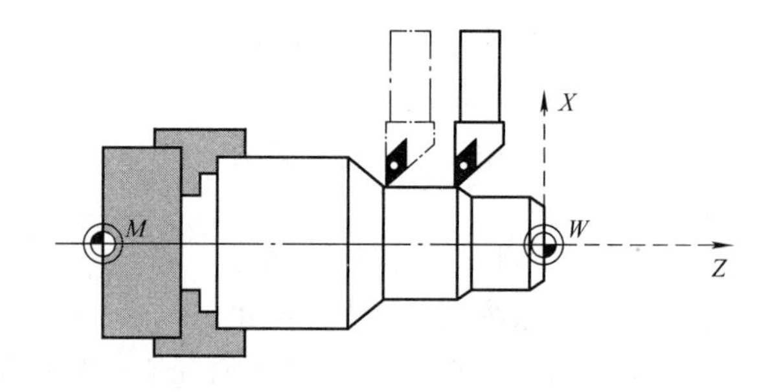

图 4-13 直线插补

2. 编程示例

```
N05 G54 G0 G90 X40 Z200 S500 M3   ; 刀具快速移动，主轴转速为 500r/min，顺时针旋转
N10 G1 Z120 F0.15                 ; 以进给速度为 0.15mm/r 进行直线插补
```

```
N15 X45 Z105
N20 Z80
N25 G0 X100                ；快速退回
N30 M2                     ；程序结束
```

4.5.4　倒圆、倒角

1. 功能

在轮廓角中可以加入倒角（CHF 或 CHR）或倒圆（RND）。如果希望用同样的方法对若干轮廓拐角连续进行倒圆，可使用“模态倒圆”（RNDM）命令。

可以用 FRC（非模态）或 FRCM（模态）命令给倒角 / 倒圆编程进给速度。如果没有编程 FRC/FRCM，那么一般进给速度生效。

2. 编程格式

```
CHF=...              ；插入倒角，值为倒角底长
CHR=...              ；插入倒角，值为倒角腰长
RND=...              ；插入倒圆，值为倒圆半径
RNDM=...             ；模态倒圆
```

值 > 0 ：倒圆半径，在所有的轮廓角中都插入倒圆

值 = 0: 取消模态倒圆

FRC=...　　；用于倒角 / 倒圆的非模态进给速度，值 >0 时，进给速度以 mm/min（G94）为单位，或以 mm/r（G95）为单位。

FRCM=...　　；用于倒角 / 倒圆的模态进给速度，[值 > 0 时，进给速度以 mm/min（G94）或者 mm/r（G95）为单位，倒角 / 倒圆的模态进给速度为 ON ；值 = 0 时，倒角 / 倒圆的模态进给速度为 OFF]

3. 倒角 CHF 或者 CHR

在任意组合的直线和圆弧轮廓间插入一直线轮廓段，此直线倒去棱角。

用 CHF 添加倒角，如图 4-14 所示。

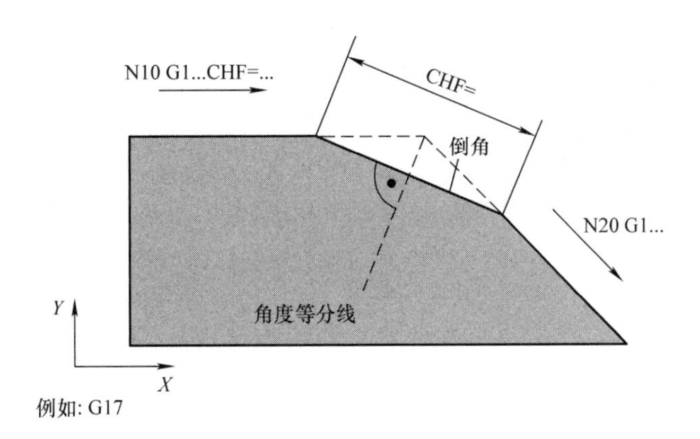

图 4-14　CHF 倒角

用 CHR 添加倒角，如图 4-15 所示。

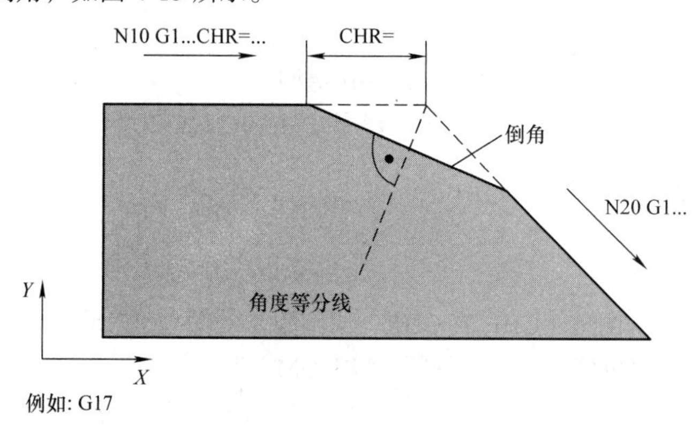

图 4-15　CHR 倒角

编程示例

```
N10 G0 X100 Z100 G94 F100
N20 G1 X80 CHF=5              ；插入倒角，倒角底长为 5mm
N30 X50 Z60
N40 X40 Z50
N50 G1 X30 CHR=7              ；插入倒角，倒角腰长为 7mm
N60 X10 Z20
N70 X0 Z0
N80 G1 FRC=200 X100 CHR=4     ；插入倒角，进给速度为 FRC
N90 X120 Z20
N100 M30
```

4. 倒圆 RND（非模态）或者 RNDM（模态）

在任意组合的直线和圆弧轮廓间插入一圆弧，圆弧和轮廓相切。

插入倒圆如图 4-16 所示。

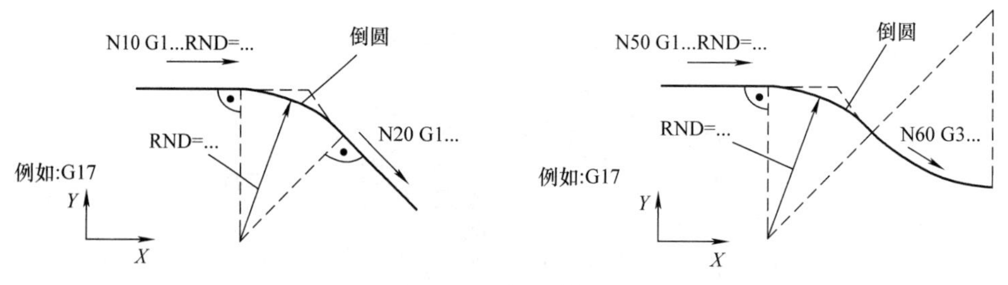

图 4-16　插入倒圆

编程示例

```
N10 G0 X100 Z100 G94 F100
```

N20 G1 X80 RND=8	；插入 1 个倒圆，半径为 8mm，进给速度为 F
N30 X60 Z70	
N40 X50 Z50	
N50 G1 X40 FRCM= 200 RNDM=7.3	；模态倒圆，半径为 7.3mm，专用进给速度为 FRCM（模态）
N60 G1 X20 Z10	；继续插入倒圆，直至指令 N70
N70 G1 X0 Z−45 RNDM=0	；取消模态倒圆
N80 M30	

5. 综合编程示例

以图 4-17 所示的精加工外轮廓的程序说明倒角和倒圆的编程方法。

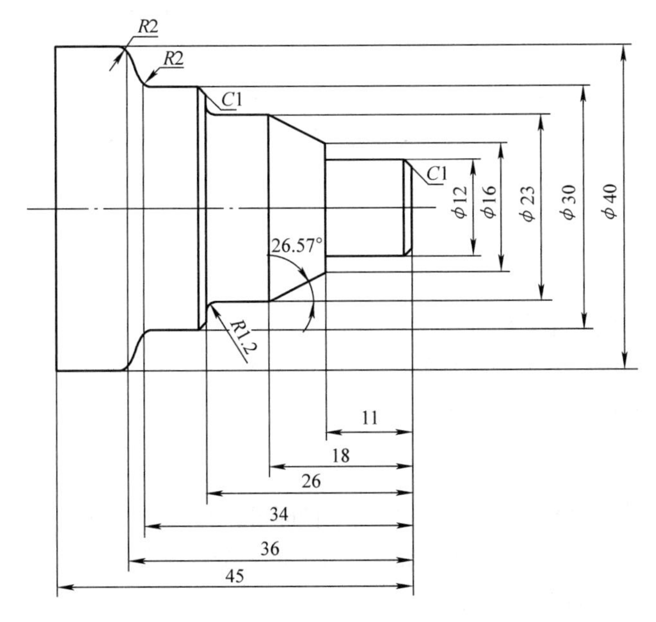

图 4-17　倒圆、倒角练习

程序如下：

```
G90 G54 G18 DIAMON
T1D1 G95
S1000 M03
G00X40Z10
G0 X8 Z1
G1 X12 Z−1 F0.2
Z−11
X16
X23 Z−18（Z−18  ANG=153.43）
X23 Z−26  RND=1.2
X30 CHR=1
```

```
Z-34  RND=2
X40 Z-36 RND=2
Z-45
X100
Z100
M05
M02
```

4.5.5　轮廓编程

1. 功能

如果在加工图样中不能看出直接的轮廓终点数据，则在确定直线时也可以使用角度数据进行标称，如在轮廓角中可以加入倒角或倒圆来完成轮廓编程。

在构成角度的程序段中写入各个指令 CHR= ... 或者 RND=...。

在程序段中用 G0 或者 G1 可以进行轮廓编程。

理论上可以链接任意多的直线程序段，并在其中添加倒圆或者倒角程序，直线程序段必须是由点数据或角度数据确定。

2. 编程格式

ANG=... ；用于确定一条直线的角度数据

RND=... ；插入倒圆，值为倒圆半径

CHR=... ；插入倒角，值为倒角腰长

3. 说明

在程序段中编程半径和倒角时，只用插入半径即可，与编程顺序无关。

如果对于直线，仅平面终点坐标已知，或对于跨多个程序段的轮廓仅最后的终点已知，则可通过设定角度确定唯一的直线轨迹。

角度与 *Z* 轴有关（正常情况下，G18 有效），正角度值表示逆时针方向的角度。

有关用于确定一条直线的角度数据的描述如图 4-18 所示。

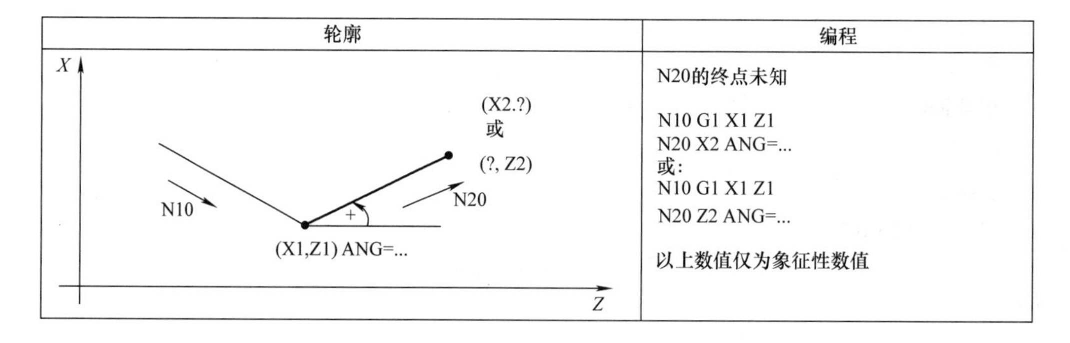

图 4-18　角度编程

有关多（段）行轮廓举例的描述如图 4-19 所示。

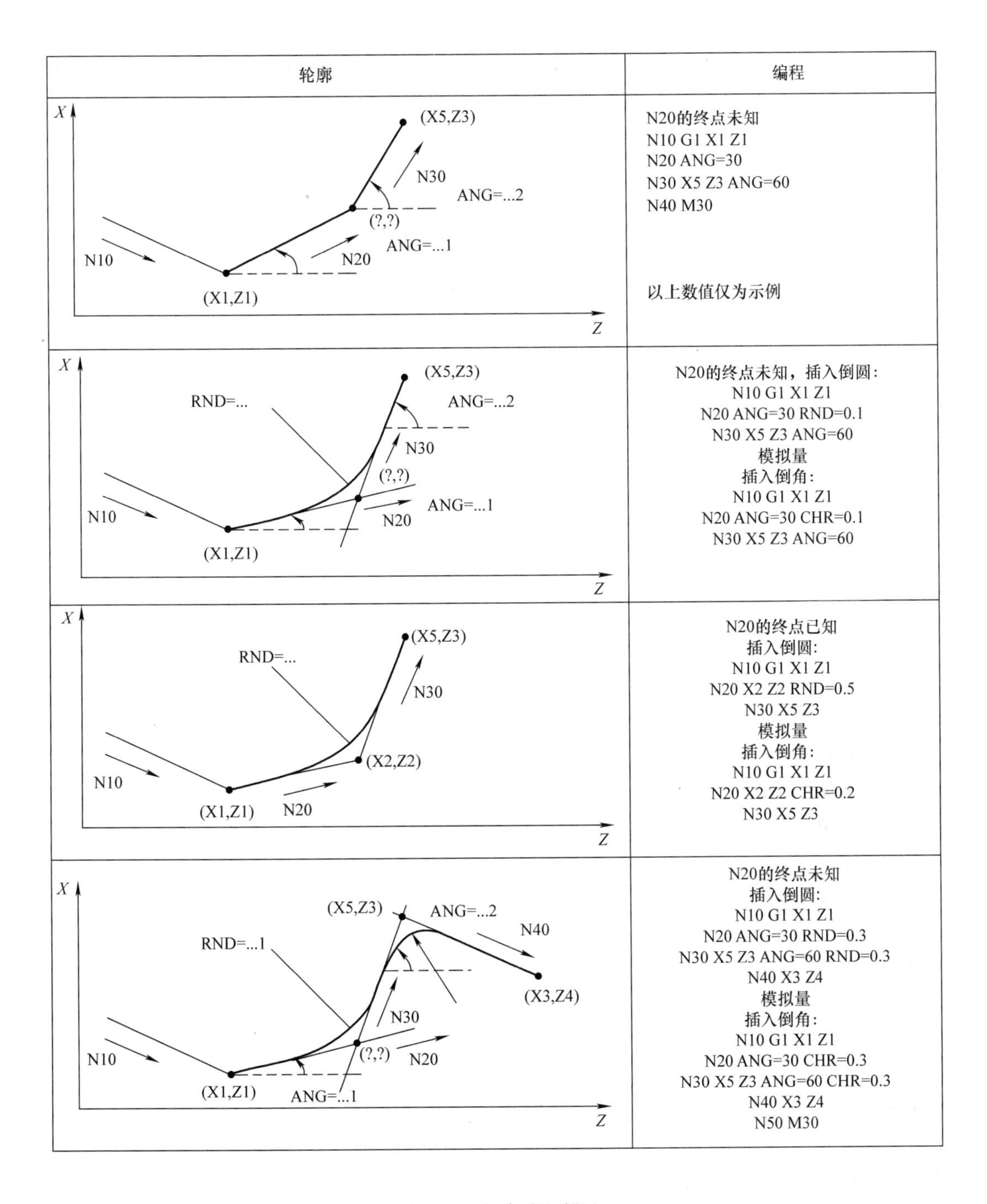

轮廓	编程
	N20的终点未知 N10 G1 X1 Z1 N20 ANG=30 N30 X5 Z3 ANG=60 N40 M30 以上数值仅为示例
	N20的终点未知，插入倒圆： N10 G1 X1 Z1 N20 ANG=30 RND=0.1 N30 X5 Z3 ANG=60 模拟量 插入倒角： N10 G1 X1 Z1 N20 ANG=30 CHR=0.1 N30 X5 Z3 ANG=60
	N20的终点已知 插入倒圆： N10 G1 X1 Z1 N20 X2 Z2 RND=0.5 N30 X5 Z3 模拟量 插入倒角： N10 G1 X1 Z1 N20 X2 Z2 CHR=0.2 N30 X5 Z3
	N20的终点未知 插入倒圆： N10 G1 X1 Z1 N20 ANG=30 RND=0.3 N30 X5 Z3 ANG=60 RND=0.3 N40 X3 Z4 模拟量 插入倒角： N10 G1 X1 Z1 N20 ANG=30 CHR=0.3 N30 X5 Z3 ANG=60 CHR=0.3 N40 X3 Z4 N50 M30

图 4-19　轮廓编程描述

4. 综合编程示例（见图 4-20）

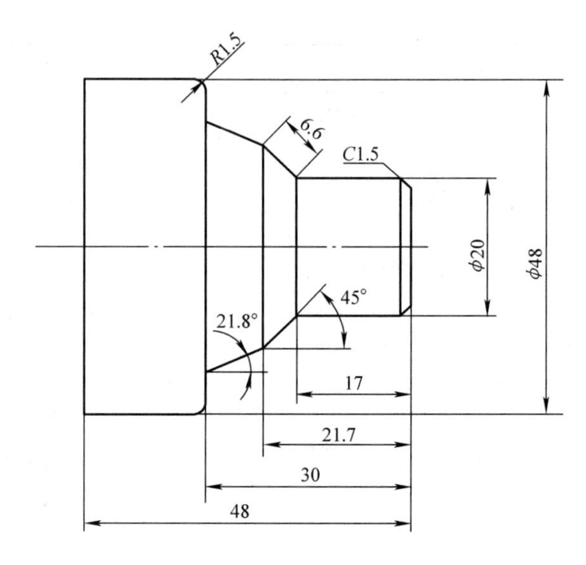

图 4-20　轮廓编程示例

精加工外轮廓：

```
G90 G54 G18 DIAMON
T1D1 G95
S1000 M03
G00X50Z2
G0 X14 Z1.5
G1 X20 Z−1.5 F0.2
Z−17
X34 CHF=6.6
Z−30  ANG=156.6
X48  R1.5
Z−48
G00 X100
Z100
M05
M30
```

4.5.6　圆弧插补：G2，G3

1. 功能

刀具在圆弧轨迹上从起点运动到终点，其方向由 G 功能指令确定，如图 4-21 所示。

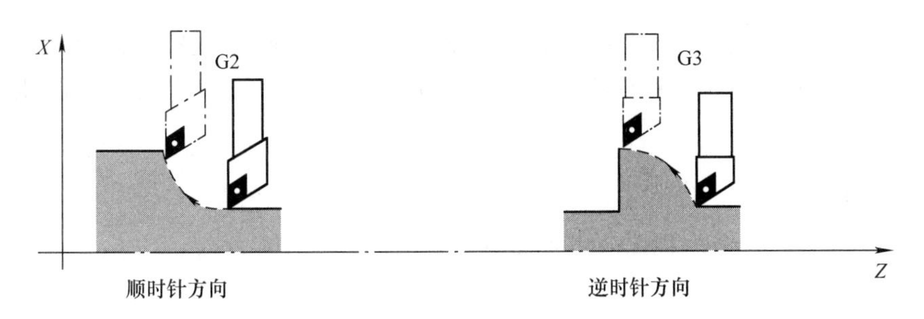

图 4-21　圆弧插补

在用圆弧插补指令编程时，可以根据已知条件，用不同的方式进行编程，如图 4-22 所示。

1）已知起点、终点和圆心编程；

2）已知起点、终点和半径编程；

3）已知起点、圆心角和圆心编程；

4）已知起点、终点和圆心角编程。

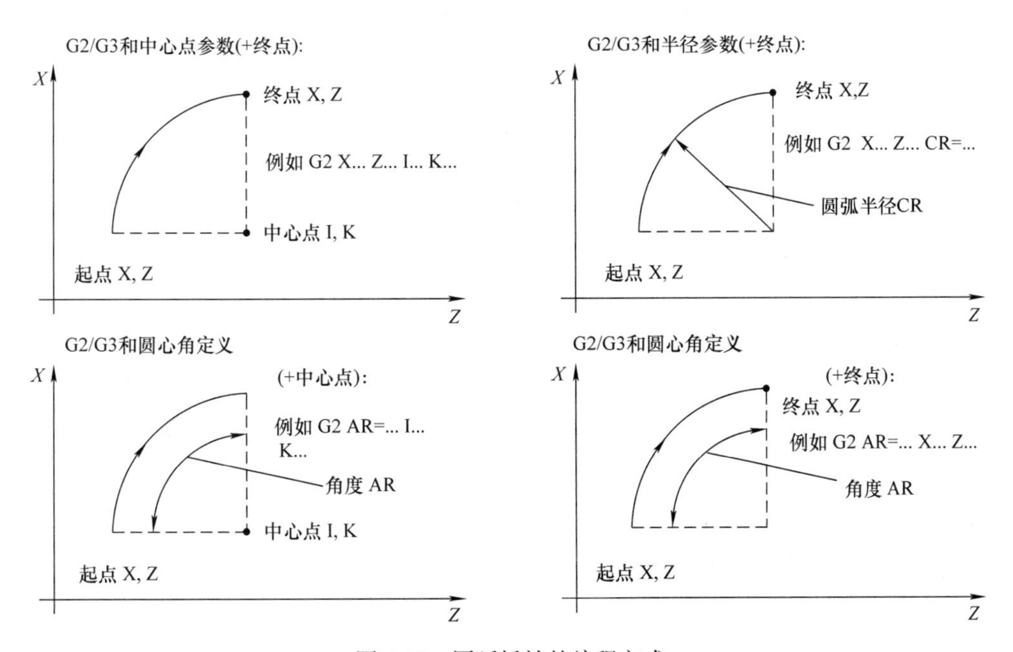

图 4-22　圆弧插补的编程方式

G2/G3 一直有效，直到被 G 功能组中其他的指令（G0, G1……）取代为止。

轨迹速度以已编程的 F 字为准。

2. 编程格式

```
G2/G3 X... Y... I... K..        ; 终点和圆心
G2/G3 CR=... X... Z...          ; 圆弧半径和终点
G2/G3 AR=... I... K...          ; 圆心和圆心角
G2/G3 AR=... X...Z...           ; 终点和圆心角
G2/G3 AP=... RP=...             ; 极坐标，以极点为圆心的圆弧
```

圆弧的输入公差：系统仅能接受公差在一定范围之内的圆弧。比较起点和终点的圆弧半径，如果差值在公差以内，则在内部精确地设定圆心，否则发出报警。公差值可以通过机床数据设置。

3. 编程示例 1

已知起点、终点、圆心编程，如图 4-23 所示。

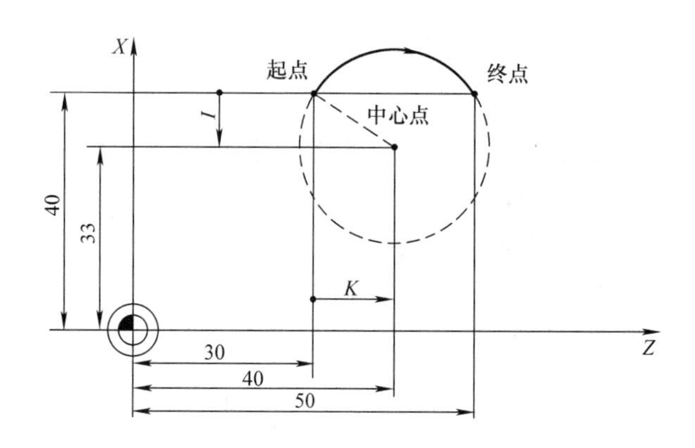

图 4-23　已知圆心和终点编程

```
N5 G90 Z30 X40              ; N10 的圆弧起点
N10 G2 Z50 X40 K10 I-7      ; 终点和圆心
```

4. 编程示例 2

已知起点、终点、半径编程，如图 4-24 所示。

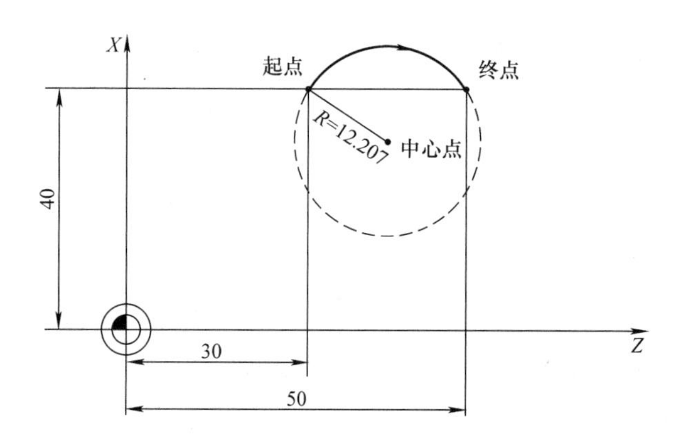

图 4-24　已知半径和终点编程

```
N5 G90 Z30 X40              ; N10 的圆弧起点
N10 G2 Z50 X40 CR=12.207    ; 终点和半径
```

说明：

CR= –...，数值前的负号表示选择了一个大于半圆的圆弧段，如图 4-25 所示。

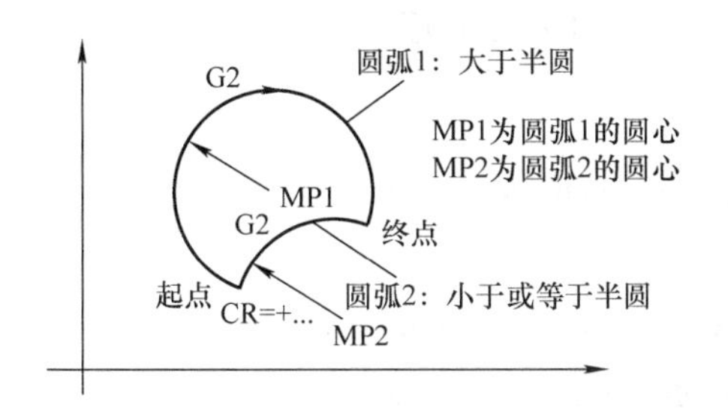

图 4-25　圆弧插补用半径编程

5. 编程示例 3

已知起点、终点、圆心角编程，如图 4-26 所示。

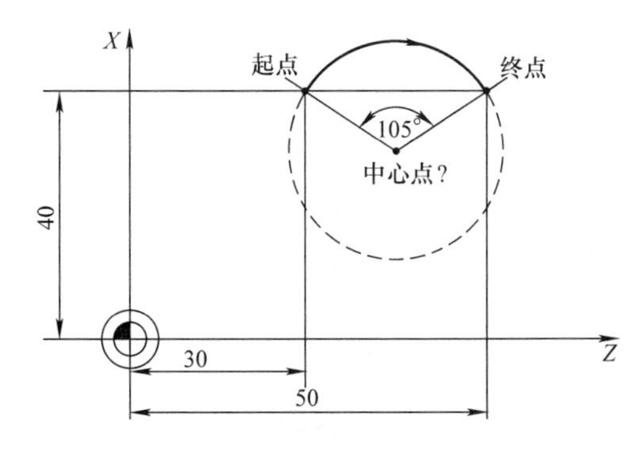

图 4-26　已知圆心角和终点编程

```
N5 G90 Z30 X40              ; N10 的圆弧起点
N10 G2 Z50 X40 AR=105       ; 终点和圆心角
```

6. 编程示例 4

已知起点、圆心角、圆心编程，如图 4-27 所示。

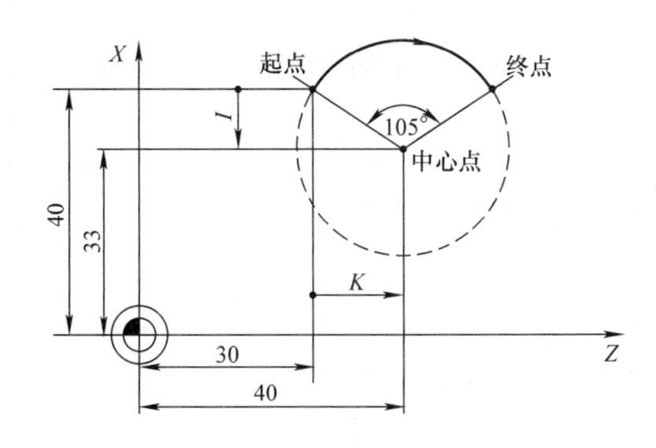

图 4-27　已知圆心和圆心角编程

```
N5 G90 Z30 X40              ; N10 的圆弧起点
N10 G2 K10 I-7 AR=105       ; 圆心和圆心角（圆心值以圆弧起点为基准）
```

4.5.7 通过中间点进行圆弧插补：CIP

1. 功能

此时，圆弧方向由中间点的位置确定（位于起点和终点之间）。中间点数据：I1=... 表示 *X* 轴，K1=... 表示 *Z* 轴。

CIP 一直有效，直到被 G 功能组中其他的指令（G0, G1……）取代为止。

编程时，CIP 指令的坐标值可使用 G90 或 G91 选择绝对或增量坐标值。

有关已知终点和中间点的圆弧的描述如图 4-28 所示。

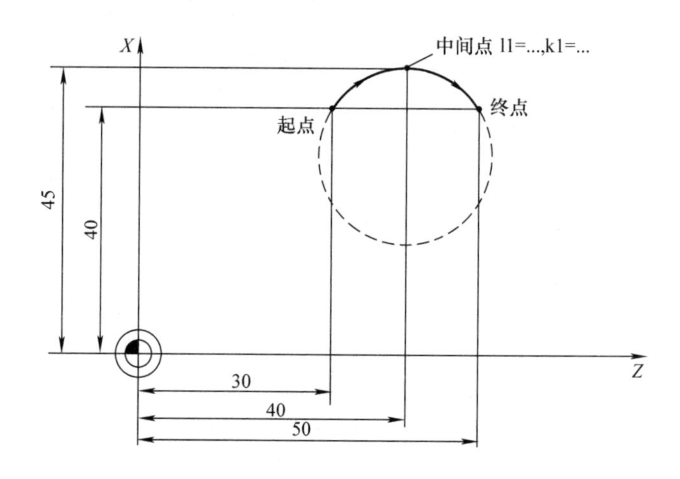

图 4-28　已知终点和中间点编程

2. 编程示例

```
N5 G90 Z30 X40                  ; N10 的圆弧起点
N10 CIP Z50 X40 K1=40 I1=45     ; 终点和中间点
```

4.5.8 切线过渡圆弧：CT

功能：

使用 CT 和当前平面（G18：平面）中编程的终点，产生正切连接到上一个轨迹（圆弧或直线）的圆弧。

圆弧的半径和圆心可以通过前一轨迹的几何特性和编程的圆弧终点确定。

有关与前一段轮廓为切线过渡的圆弧的描述如图 4-29 所示。

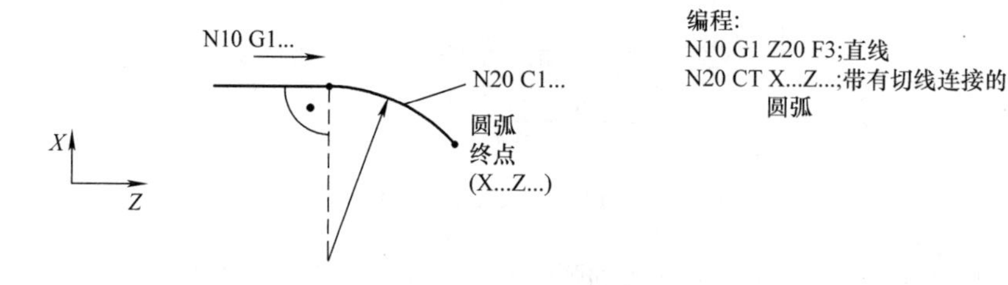

图 4-29　切线过渡圆弧编程

4.6　螺纹切削指令

螺纹切削指令是数控车床中常用的加工指令，可以用于加工直螺纹、圆锥螺纹、平面螺纹、多线螺纹和变螺距螺纹，如图 4-30 所示。

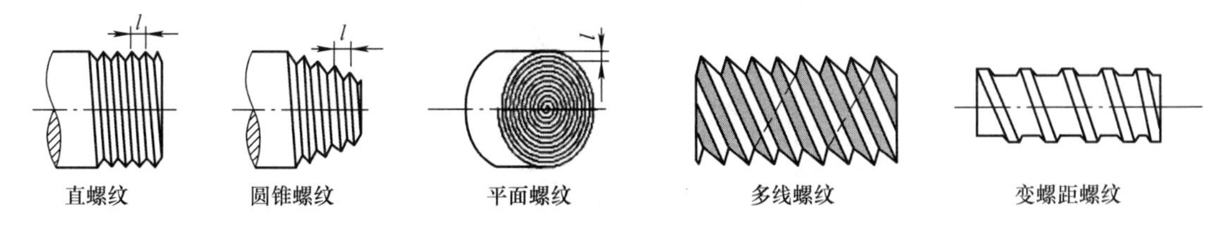

图 4-30　加工螺纹的种类

切削螺纹时的注意事项：

1）数控车床加工螺纹的前提条件是主轴有位置测量装置，如光电编码器。对于多线螺纹加工，通过加工起点偏移来实现。

2）在加工螺纹时主轴转速倍率开关应保持位置不变，进给倍率开关在该程序段中不起作用。

3）车削螺纹时不能使用恒切削速度功能，因为用恒切削速度车削时，随着工件直径的减小转速会增加，从而会导致 F 导程产生变动而出现乱牙现象。

4）在数控机床上加工螺纹时，是靠装在主轴上的编码器实时地读取主轴转速并转换为刀具的每分钟进给速度的。由于伺服系统的滞后，在主轴转速加、减过程中，会在螺纹切削的起点和终点产生不正确的导程。因此在进刀和退刀时要留一定的距离，即为空刀进入量 L_1 和退出量 L_2，如图 4-31 所示。

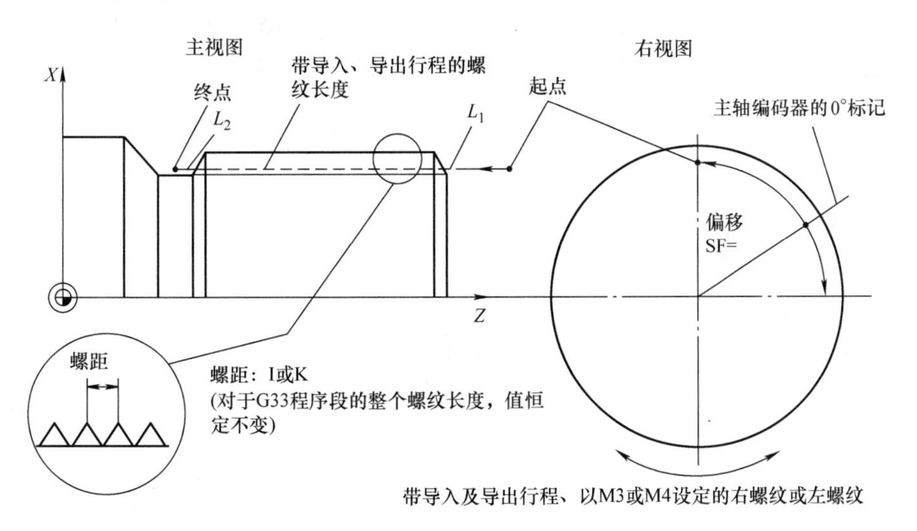

图 4-31　螺纹加工退刀量

5）螺纹牙型高度 H（螺纹总切深）是指在螺纹牙型上，牙顶到牙底之间垂直于螺纹轴线的距离，它是车削时车刀总切入深度，如图 4-32 所示。根据 GB/T 192~193—2003 普通螺纹国家标准规定，普通螺纹的牙型理论高度 H=0.866P，实际加工时，由于螺纹车刀刀尖半径的影响，螺纹的实际切深有变化。根据 GB/T 197—2018 规定螺纹车刀可在牙底最小削平高度 $H/8$ 处削平或倒圆，则螺纹实际牙型高度可按下式计算：

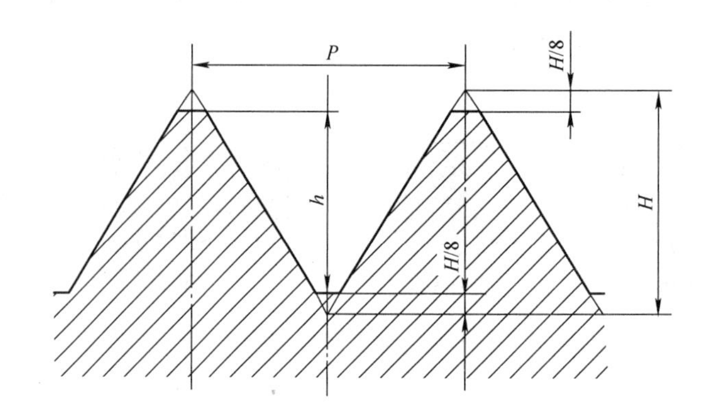

图 4-32　螺纹牙型高度

$$H=\frac{\sqrt{3}}{2}P$$

式中　H——螺纹牙型高度，H=0.866P；

P——螺距。

6）螺纹加工中，径向起点的确定决定于螺纹大径。例如要加工 M30 × 2–6g 外螺纹，由 GB/T 197—2018 知：螺纹大径基本偏差为 es=–0.038mm，公差为 T_d=0.28mm，则螺纹大径尺寸为（30–0.038）~（30–0.318）mm，所以螺纹大径应在此范围内选取，并在加工螺纹前，由外圆车削来保证。径向终点的确定决定于螺纹小径。因此编程大径确定后，螺纹总切深在加工时是由编程小径（螺纹小径）来控制的。螺纹小径的确定应考虑满足螺纹中径公差要求。设牙底由单一圆弧形状构成（圆弧半径为 R），则编程小径 d_1 可用下式计算：

$$d_1=d-2\times\frac{5}{8}H=d-1.0825P$$

式中　d——螺纹大径，单位为 mm；

d_1——螺纹小径，单位为 mm；

H——螺纹牙型高度，单位为 mm；

P——螺距，单位为 mm。

对于普通螺纹也可用粗略估算法来编制程序。通常螺纹大径 d 为公称尺寸 –0.1mm，螺纹小径根据公式 $d_1=d-2h$ 来确定。

7）如果螺纹牙型较深，螺距较大，可分几次进给。每次加工深度用螺纹深度减去精加工背吃刀量所得的差按递减规律分配，如图 4-33 所示。常用螺纹的形状和牙型角可参见表 4-2，常用螺纹规格见表 4-3，表 4-4 为常用螺纹切削进给次数与背吃刀量参考值。

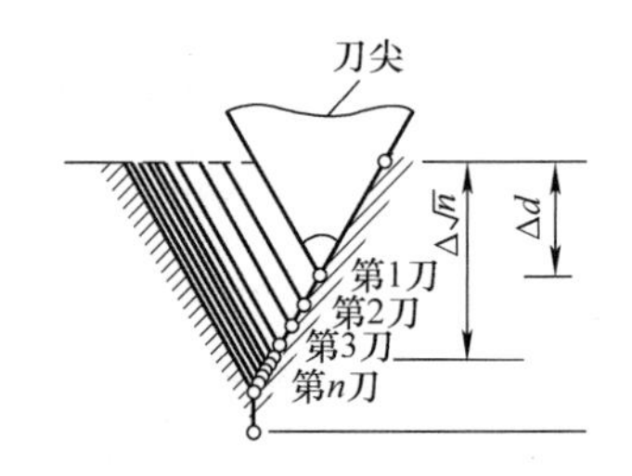

图 4-33　分段加工深度

n—粗加工次数　Δd—粗加工每次加工深度

表 4-2　常用螺纹的形状和牙型角

应用场合	刀片	螺纹形状	螺纹类型	代号
普通使用		60°	ISO metric 美国 UN	MM UN
管螺纹		55° 60°	惠氏螺纹：NPT 英国标准（BSPT）NPTF 美国标准管螺纹	WH，NT PT，NF
食品和消防		30°	Round DIN 405	RN
航空航天		60°	MJ UNJ	MJ NJ
石油和天然气		60°	API 标准圆螺纹 API 标准“V”形 60° 螺纹	RD V38，40，50
		3° 10°	API 偏梯形螺纹 VAM 特殊螺纹	BU
机械装置 普通使用		29° 30°	梯形螺纹 /DIN 103 ACME 美制短牙梯形	TR AC SA

表 4-3　常用螺纹规格　　（单位：mm）

代号	基本尺寸
D——内螺纹的基本大径（公称直径）； d——外螺纹的基本大径（公称直径）； D_2——内螺纹的基本中径； d_2——外螺纹的基本中径； D_1——内螺纹的基本小径； d_1——外螺纹的基本小径； H——牙型高度； P——螺距。	各直径的所处位置见下图，其基本尺寸值应符合下表的规定。 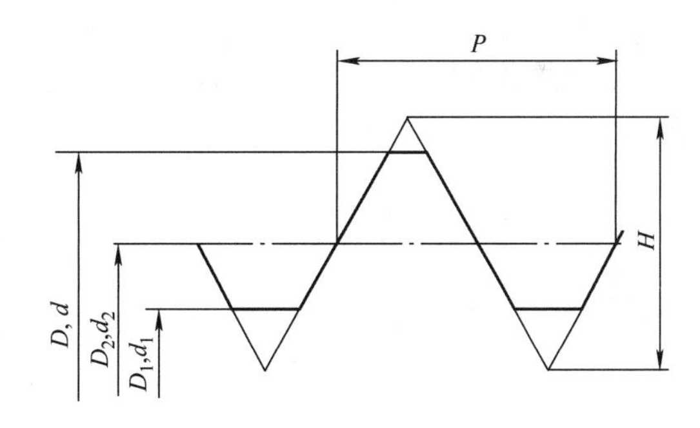

下表内的螺纹中径和小径值是按下列公式计算的，计算数值需保留到小数点后的第三位。

$$D_2=D-2\times\frac{3}{8}H=D-0.649\,5P\;;$$

$$d_2=d-2\times\frac{3}{8}H=d-0.649\,5P\;;$$

$$D_1=D-2\times\frac{5}{8}H=D-1.082\,5P\;;$$

$$d_1=d-2\times\frac{5}{8}H=d-1.082\,5P\;;$$

其中：$H=\frac{\sqrt{3}}{2}P=0.866\,025\,404P$。

（续）

公称直径（大径）D、d	螺距 P	中径 D_2、d_2	小径 D_1、d_1
1	0.25 0.2	0.838 0.870	0.729 0.783
1.1	0.25 0.2	0.938 0.970	0.829 0.883
1.2	0.25 0.2	1.038 1.070	0.929 0.933
1.4	0.3 0.2	1.205 1.270	1.075 1.183
1.6	0.35 0.2	1.373 1.470	1.221 1.383
1.8	0.35 0.2	1.573 1.670	1.421 1.583
2	0.4 0.25	1.740 1.838	1.567 1.729
2.2	0.45 0.25	1.908 2.038	1.713 1.929
2.5	0.45 0.35	2.208 2.273	2.013 2.121
3	0.5 0.35	2.675 2.773	2.459 2.621
3.5	0.6 0.35	3.110 3.273	2.850 3.121

表 4-4　常用螺纹切削进给次数与背吃刀量参考值

米制螺纹								
螺距 /mm		1.0	1.5	2.0	2.5	3.0	3.5	4.0
牙型高度 /mm		0.649	0.974	1.299	1.624	1.949	2.273	2.598
每次加工深度（直径值）/mm	1	0.7	0.8	0.9	1.0	1.2	1.5	1.5
	2	0.4	0.6	0.6	0.7	0.7	0.7	0.8
	3	0.2	0.4	0.6	0.6	0.6	0.6	0.6
	4		0.16	0.4	0.4	0.4	0.6	0.6
	5			0.1	0.4	0.4	0.4	0.4
	6				0.15	0.4	0.4	0.4
	7					0.2	0.2	0.4
	8						0.15	0.3
	9							0.2
寸制螺纹								
牙数 /（牙 /in）		24	18	16	14	12	10	8
牙型高度 /mm		0.678	0.904	1.016	1.162	1.355	1.626	2.033
每次加工深度（直径值）/mm	1	0.8	0.8	0.8	0.8	0.9	1.0	1.2
	2	0.4	0.6	0.6	0.6	0.6	0.7	0.7
	3	0.16	0.3	0.5	0.5	0.6	0.6	0.6
	4		0.11	0.14	0.3	0.4	0.4	0.5
	5				0.13	0.21	0.4	0.5
	6						0.16	0.4
	7							0.17

注：1in=25.4mm。

4.6.1　有恒定螺距的螺纹切削

1. 功能

G33 可以使用以下类型的恒定螺距加工螺纹：

- 内、外圆柱螺纹；
- 圆锥螺纹；
- 单线和多线螺纹；
- 多行螺纹（螺纹链）。

这需要带位置测量系统的主轴。

G33 一直有效，直到被 G 功能组中的其他指令（G0, G1, G2, G3 等）取代为止。

G33 可以加工内、外螺纹，如图 4-34 所示。

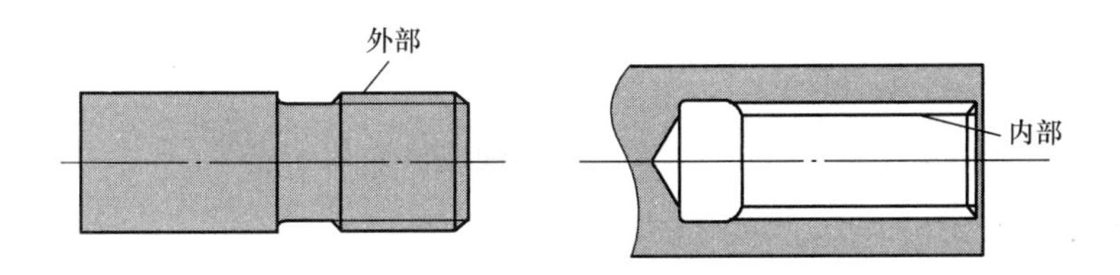

图 4-34　内、外螺纹示意图

在加工右旋螺纹或左旋螺纹时，使用主轴旋转方向设置右旋螺纹或左旋螺纹（M3 为右旋，M4 为左旋）。为此，必须在地址 S 下编程旋转值或必须设置转速，必须针对螺纹长度考虑导入和导出位移。

有关圆柱螺纹、圆锥螺纹和平面螺纹的螺距分配的描述如图 4-35 所示。

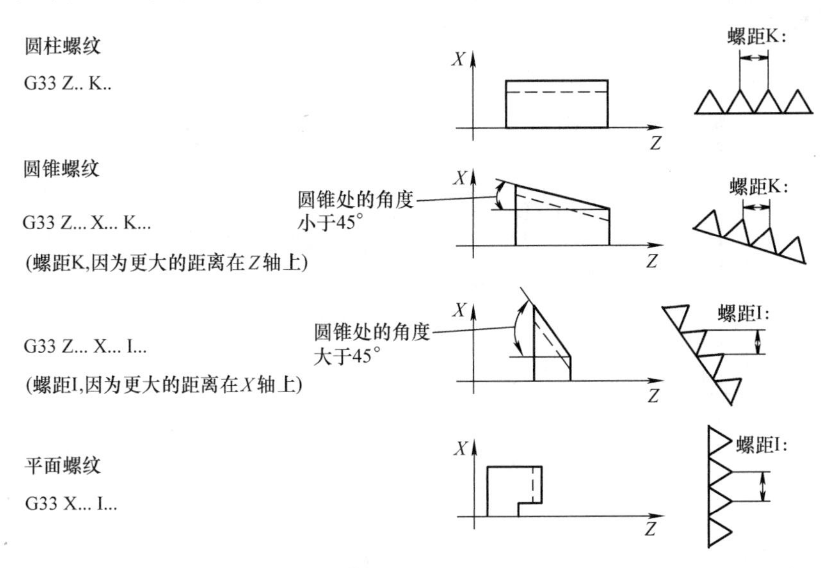

图 4-35　螺距分配的描述

对于圆锥螺纹（必须有两轴数据），螺距地址 I 和 K 必须对应行程较大的轴。

起点偏移 SF=

如果要加工多线螺纹或单线螺纹则螺纹起点需要偏移，需要在 G33 螺纹程序段中变成 SF=，用于控制螺纹的起点位置。

如果没有写入起点偏移 SF，则需将设置数据“螺纹的起始角”中的值（SD 4200: THREAD_START_ANGLE）激活。

注意，必须始终在设置数据中输入 SF 的编程值。

2. 编程示例

（1）双头圆柱螺纹

起点偏移 180°，螺纹长度（包括导入和导出）为 100mm，螺距为 4mm。

```
N10 G54 G0 G90 X50 Z0 S500 M3      ；回起点，主轴顺时针旋转
N20 G33 Z-100 K4 SF=0              ；螺距为 4mm
N30 G0 X54
N40 Z0
N50 X50
N60 G33 Z-100 K4 SF=180            ；第 2 个螺纹，偏移 180°
N70 G0 X54
N80 Z0
N90 G0X50Z50
N100 M30
```

（2）多行（段）螺纹

如果连续编程多个螺纹程序段 [多行（段）螺纹]，SF= 的偏移量只对第 1 个螺纹程序段中的起点生效。需要说明的是，在编程多段螺纹时，必须使用 G64 指令激活连续路径模式才能正常加工，否则会导致螺纹乱牙。

图 4-36 所示为多段螺纹编程示例。

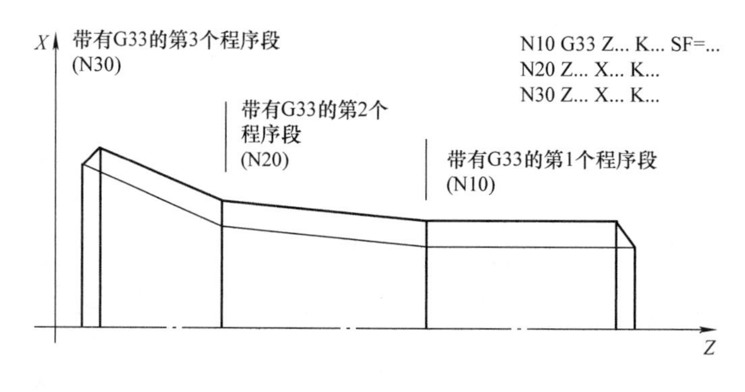

图 4-36　多段螺纹

4.6.2　G33 螺纹的导入和导出距离：DITS，DITE

1. 功能

在加工螺纹时，对于有导入或导出距离要求的螺纹，可在 G33 程序段中编程 DITS 或 DITE

实现该功能。

在数控系统执行螺纹的导入和导出距离时，需要轴快速地加、减速，考虑到实际应用和系统允许的加、减速公差，建议导入距离设置为大于 1 倍的螺距，导出距离设置为大于 0.3 倍的螺距。

如果导入距离设置太小，导致轴的加速度超过设计的运行加速度，则该轴的加速度超载，数控系统发出报警 22280，意思是“编程的导入距离过短”。该报警仅用于提示，对程序执行没有影响。

导出距离是指螺纹结束处的倒角距离，一般用于没有退刀槽工艺的螺纹或者管螺纹。

2. 编程格式

DITS=...　　　　　　　　; G33 螺纹的导入距离

DITE=...　　　　　　　　; G33 螺纹的导出距离

G33 的导入 / 导出距离参考图 4-37。

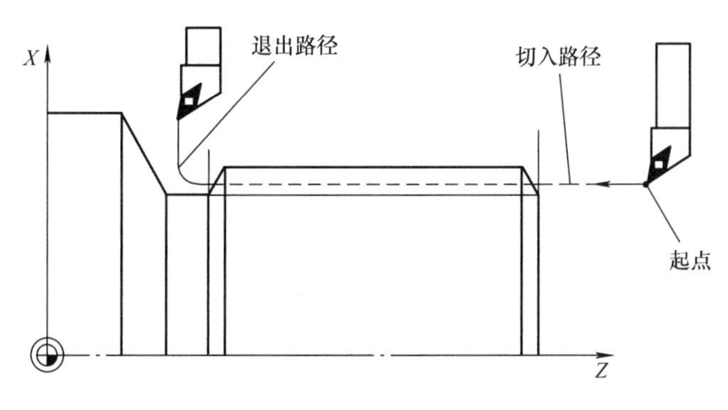

图 4-37　G33 的导入 / 导出距离

3. 编程示例

```
N10 G54
N20 G90 G0 Z100 X10 M3 S500
N30 G33 Z50 K5 SF=180 DITS=4 DITE=2    ; 导入距离 4mm，导出距离 2mm
N40 G0 X30
N50 G0 X100 Z100
N60 M5
N70 M30
```

4.6.3　变螺距的螺纹切削：G34，G35

1. 功能

用 G34 或者 G35 可以实现变螺距螺纹加工：G34 为带有（线性）递增螺距的螺纹；G35 为带有（线性）递减螺距的螺纹。

G34 或者 G35 一直有效，直到被 G 功能组中其他的指令（G0, G1, G2, G3, G33 等）取代为止。

螺距：I 或者 K；X 或者 Z 轴螺纹起始的螺距。

螺距改变：在带有 G34 或者 G35 的程序段中，地址 F 的意义是螺距改变。

F：螺距变化单位 mm/r^2。

说明：地址 F 除 G34、G35 外还包含进给速度的含义，或者在 G4 时的停留时间。

计算 F 值：

如果已知一个螺纹的起始螺距和最终螺距，那么就可以根据下面的公式计算出编程的螺距变化率：

$$F = \frac{\left|K_e^2 - K_a^2\right|}{2L_G}$$

式中 K_e——螺纹终点的螺距，单位是 mm/r；

K_a——螺纹起始螺距（在 I、K 下编程的），单位是 mm/r；

L_G——螺纹长度，单位是 mm。

2. 编程格式

G34 Z... K... F... ；带有递增螺距的圆柱螺纹

G35 X... I... F... ；带有递减螺距的平面螺纹

G35 Z... X... K... F... ；带有递减螺距的锥螺纹

3. 编程示例

圆柱螺纹，带有递减螺距；

N10 M03 S40，主轴正转；

N20 G0 G54 G90 G64 Z10 X60，回起始点；

N30 G33 Z–100 K5 SF=15，螺纹，恒定螺距 5mm/r，螺纹起点在端面 15° 位置；

N40 G35 Z–150 K5 F0.16，起点螺距为 5mm/r，终点螺距为 3mm/r，螺纹长度为 50mm，即螺距递减 F=0.16mm/r（通过以上公式得出 F=0.16mm/r）。

N50 G0 X80，在 X 方向退刀。

N60 Z120

N100 M2

4.6.4 单向攻螺纹：G331，G332

1. 功能

使用 G331 或 G332 时，主轴必须配置编码器。G331 用于正转攻螺纹，G332 用于反转攻螺纹，用 K 或 I 表示螺距。

说明：该功能必须配置西门子 V70 伺服主轴才能使用。

2. 编程举例

米制螺纹 M5，标准的螺距为 0.8mm，底孔已经预加工。

N10 G54 G0 G90 X0 Z5 ；回起点

N20 SPOS=0 ；主轴切换到位置模式

```
N30 G331 Z–25 K0.8 S600   ；螺纹加工，主轴转速为 600r/min，主轴每转一圈 Z 轴移动
                            0.8mm，Z 轴由 Z5 移动到 Z-25，Z 轴和主轴同时停止
N40 G332 Z5 K0.8          ；螺纹回退，主轴以 600r/min 反转，主轴每转一圈 Z 轴移动
                            0.8mm，Z 轴由 Z-25 移动到 Z5，Z 轴和主轴同时停止
N50 G0 X0 Z5
N60 M30
```

4.7　接近固定点（返回参考点）

4.7.1　接近固定点：G75

1. 功能

使用 G75 可以逼近机床上的固定点，例如换刀点。该位置相对于所有轴固定地存储在机床数据中。每个轴最多可以定义 4 个固定点，它不会产生偏移。每个轴的返回速度就是其快速移动速度。G75 需要一个独立的程序段，并根据程序段方式生效。机床坐标轴的名称必须要编程。在 G75 之后的程序段中原来“插补方式”组中的 G 指令（G0, G1,G2……）将再次生效。

2. 编程格式

G75　FP=<n>　X=0　Z=0

说明

FP=<n> 对应机床参数 MD30600 $MA_FIX_POINT_POS[n-1]。 如果未编程 FP，则第一个固定点生效，见表 4-5。

表 4-5　G75 指令编程格式含义

指令	含义
G75	接近固定点
FP=<n>	需要逼近的固定点，给定固定点编号：<n> <n> 的值范围：1, 2, 3, 4 如要使用固定点 3 或 4，则应设置 MD30610$NUM_FIX_POINT_POS 如果没有给定固定点编号，则自动逼近固定点 1
X=0 Z=0	需要运行到固定点的机床轴 将需要同步逼近固定点的轴设定为值“0” 每根轴以最大速度运行

3. 编程示例

```
N05 G75 FP=1 X=0          ；在 X 轴上逼近固定点 1
N10 G75 FP=2 Z=0          ；在 Z 轴上逼近固定点 2，例如用于换刀
N30 M30                   ；程序结束
```

说明：为 X0、Z0 编程的位置值（任意值，此处为 0）没有意义，但必须写入。

4.7.2 回参考点运行：G74

1. 功能

用 G74 可以在程序中执行回参考点运行。各个轴的方向和转速信息存储在机床数据中。G74 需要单独的程序段并根据程序段方式生效，且必须编程机床轴名称。在 G74 之后的程序段中原来“插补方式”组中的 G 指令（G0, G1,G2……）将再次生效。

2. 编程示例

N10 G74 X=0 Z=0

说明：忽略程序段中必须写入的 X0 和 Z0 位置值（此时为 0）。

4.8 准停 / 连续路径运行和加速度控制

4.8.1 准停 / 连续路径运行：G9，G60，G64

1. 功能

为了设置程序段分界处的运行性能以及进行程序段转换，一组 G 指令功能可用于最大程度地满足不同的要求，例如需要坐标轴快速定位，或者通过多个程序段加工路径轮廓时。

2. 编程格式

```
G60                  ；准停，模态指令
G64                  ；连续路径运行
G9                   ；准停，非模态指令
G601                 ；精准停公差
G602                 ；粗准停公差
```

1）准停 G60，G9：当准停（G60 或 G9）功能有效时，在到达准确的目标位置后，速度要在程序段结尾减小到零。如果该程序段运行结束并开始执行下一个程序段，则此时可以设定下一个模态 G 功能组。

2）G601 精准停公差：所有轴都达到“精准停公差”（该公差在机床数据设置）后，开始执行下一段程序。

3）G602 粗准停公差：所有轴都达到“粗准停公差”（该公差在机床数据设置）后，开始执行下一段程序。

在执行多个定位操作时，准停公差的选择对加工的总时间影响很大。精确调整需要较多时间。

有关 G60 和 G64 速度特性比较的描述如图 4-38 所示。

编程示例

```
N5 G602              ；粗准停公差
N10 G0 G60 Z10       ；准停，模态指令
N20 X20 Z0           ；G60 继续有效
N30 X30 Z-40
N40 M3 S1000
```

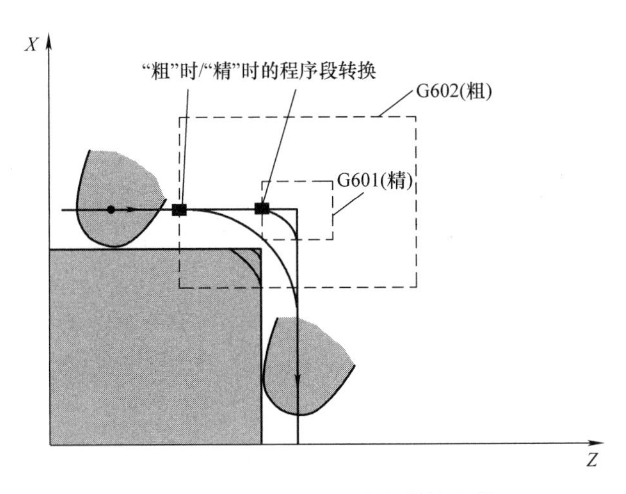

图 4-38　G60 和 G64 速度特性比较

```
N50 G1 G601 X35 Z-50 F0.12   ; 精准停公差
N60 G64 Z-65 ;
N70 X40 Z-70
N80 G0 G9 Z-80               ; 准停非模态指令，只在当前程序段中有效
N90 X45 Z-90                 ; 再次激活 G60 准停功能
N100 M30
```

说明：指令 G9 只能使其所在的程序段产生准停；G60 则一直有效，直到被 G64 取代为止。

4）连续路径运行 G64：连续路径运行的目的就是在程序段交界处避免停顿，并使其尽可能以相同的轨迹速度（切线过渡）转换到下一个程序段。该功能以预定速度控制执行多个程序段（预读功能）。

在使用 G64 的连续路径运行中，数控系统自动事先计算出多个程序段的速度控制。由此，在几个程序段的近似切线过渡中，可以加速或减速。若加工路径由程序段中几个较短的位移组成，则使用预读功能可以达到更高的速度，如图 4-39 所示。

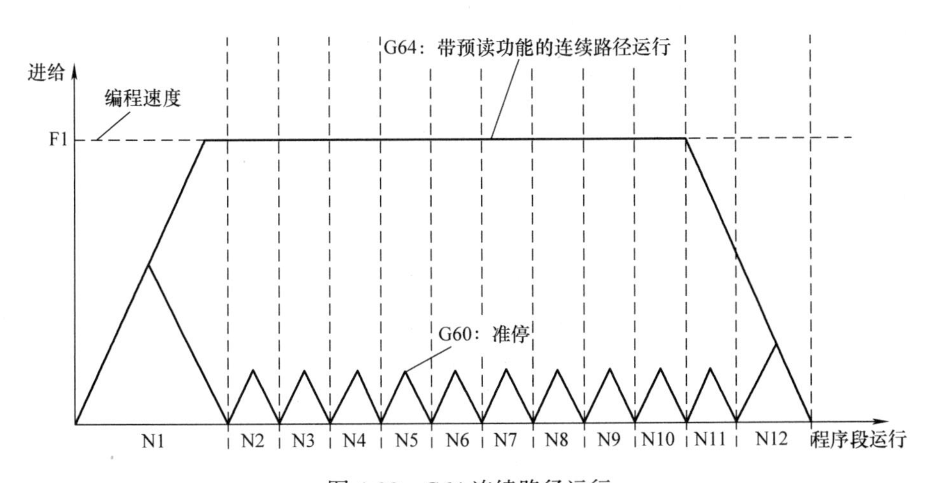

图 4-39　G64 连续路径运行

说明：当编程轨迹为非切线过渡（拐角）时，轴必须尽快降低速度，这可能会使轴的移动速度在短时间内发生较大的变化，导致急、加减速。此时建议使用 SOFT 功能指令以降低急加、减速。

编程示例：

```
N10 G64 G1 Z5 F0.15 M3 S800    ; 连续路径运行
N20 X20 Z0                     ; 再次进行连续路径运行
N30 Z-40
N40 G60 X30 Z-50               ; 转换到准停
N50 X45 Z-70
N60 M30
```

4.8.2 加速度性能：BRISK，SOFT

1. BRISK

机床坐标轴以允许的最大加速度更改其速度，直到达到最终速度。BRISK 实现了最佳时间加工，在短时间内就可达到额定速度，但在加速过程中会出现一些跳动。

2. SOFT

机床坐标轴按非线性的连续特征曲线加速，直到达到最终速度。 SOFT 通过无冲击加速，减轻了机床负担。制动时也具有相同性能。

有关 BRISK 或 SOFT 轨迹速度的基本过程的描述如图 4-40 所示。

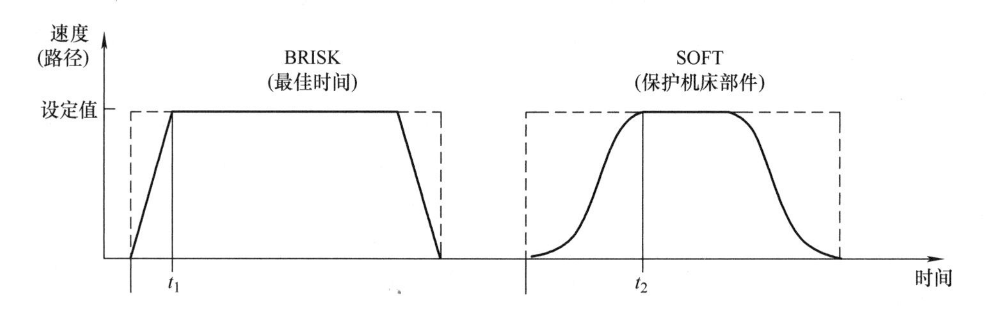

图 4-40　BRISK 和 SOFT 轨迹速度的描述

3. 编程示例

```
N10 M3 S200
N20 SOFT G1 X30 Z84 F6.5    ; 曲线路径加速
N30 X46 Z92
N40 BRISK X87 Z104          ; 线性路径加速
N50 X95 Z110
N60 M30
```

4.8.3　暂停时间：G4

1. 功能

通过插入一个 G4 单独程序段，可以在两个程序段之间使加工在定义的时间内中断，比如切削退刀槽，且单程序段有效。

F 字或者 S 字只用于在该程序段中定义时间。在此之前编程的进给速度 F 和主轴转速 S 仍然有效。

2. 编程格式

G4 F...　　　　　　　　　；暂停时间，单位为秒（s）

G4 S...　　　　　　　　　；轴暂停转数

3. 编程示例

N5 G1 F3.8 Z-50 S300 M3　；进给速度 F，主轴转速 S

N10 G4 F2.5　　　　　　　；暂停时间 2.5s

N20 Z70；

N30 G4 S30　　　　　　　　；主轴暂停 30 转，相当于在 S = 300r/min 和转速倍率为 100 % 时暂停：时间为 0.1min

N40 X20　　　　　　　　　；进给和主轴转速继续生效

N50 M30

说明：G4 S... 意思是只有在主轴受控的情况下才生效（当转速给定值同样通过 S... 编程时）。

4.9　主轴功能

4.9.1　主轴转速 S 和旋转方向

1. 功能

如果机床具有受控主轴，则可以在地址 S 下编程主轴的转速，单位转 / 分（r/min）。

而主轴旋转方向和运行起点或终点可以通过 M 指令确定。

2. 编程格式

M3；主轴顺时针旋转

M4；主轴逆时针旋转

M5；主轴停止

说明：S 值取整时可以省略小数点后的位数，例如：S270。

3. 说明

如果将 M3 或者 M4 写入包含轴运行指令的程序段中，则 M 指令在轴运行指令之前生效。

默认设置：主轴开始旋转后（M3, M4），坐标轴才开始运行。 同样，M5 也在轴运行指令之前执行。但执行此指令时并不等待主轴停止。主轴停止前坐标轴即开始运行。

欲停止主轴，可通过结束程序或按下复位键 。
程序段开始时，零主轴转速（S0）生效。
注意：其他设定可以通过机床数据进行。

4. 编程示例

```
N10 G1 X70 Z20 F3 S270 M3      ；在 X、Z 轴运行前，主轴以 270r/min 转速顺时针方向起动
N20 X90 Z0
N30 Z-40
N40 M5
N50 M4 S290
N60 G1 X100 Z50
N70 S450 Z100                  ；改变转速
N80 X150 Z150
N90 G0 Z180 M5                 ；Z 轴运行，主轴停止
N100 M30
```

4.9.2 恒定切削线速度：G96，G97

1. 功能

前提条件：必须有控制主轴。

G96 功能生效后，主轴速度可以自动适应当前工件直径（运行轴），这样的话，编程设好的切削线速度 S 就可以在刀沿上保持恒定，即主轴转速 × 直径 = 常数。

自带 G96 的程序段开始，S 字作为切削线速度。在被功能组（G94, G95, G97）的其他 G 功能指令取消前，G96 一直有效。

2. 编程格式

```
G96 S... LIMS=... F...         ；恒定切削线速度“开”
G97                            ；恒定切削线速度“关”
S                              ；切削线速度，单位为 mm/min
LIMS=                          ；G96、G97 生效的主轴转速上限
F                              ；进给速度，单位为 mm/r（对于 G95）
```

3. 说明

如果先前是 G94 而不是 G95 生效，必须写入合适的新 F 值。

有关恒定切削线速度 G96 的描述如图 4-41 所示。

快速移动：G0 快速移动时，G96 不生效（即主轴转速不变）。

转速上限 LIMS = 从大直径向小直径进行工件加工时，主轴转速急剧增大。在这种情况下，必须限定主轴转速上限 LIMS。LIMS 只对 G96 有效。

通过编程 LIMS，会覆盖设定数据（SD 43230：SPIND_MAX_VELO_LIMS）的值，如果没有写入 LIMS，则此设定数据生效。

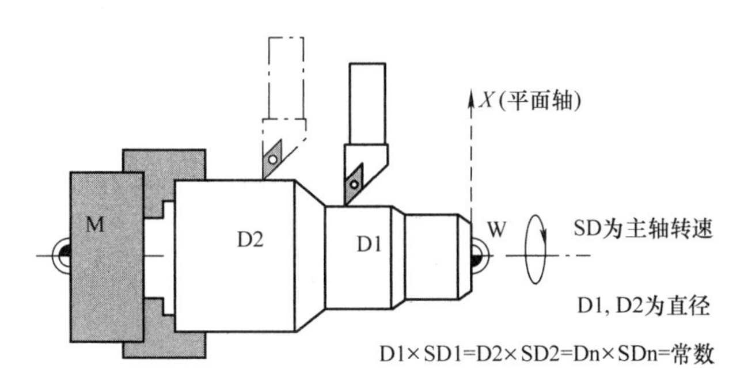

图 4-41　恒定切削线速度 G96 的描述

取消恒定切削线速度（G97）。“恒定切削线速度”功能可通过 G97 取消。如果 G97 生效，可用 S... 为主轴设定新的速度。如果没有编程设定 S 字，那么主轴最终转速则为 G96 功能生效时的设定速度。

4. 编程示例

```
N10 M3 S1000                 ；主轴旋转方向
N20 G96 S120 LIMS=2500       ；激活恒定切削线速度为 120m/min，最高转速为 2500r/min
N30 G0 X150                  ；由于 N31 程序段支持 G0，速度不变
N40 X50 Z20                  ；由于 N30 程序段支持 G0，速度不变
N50 X40                      ；沿轮廓运行，新速度自动设置为 N40 程序段开始时所需的值。
N60 G1 F0.2 X32 Z25          ；进给速度为 0.2mm/r
N70 X50 Z50
N80 G97 X10 Z20              ；取消恒定切削线速度
N90 S600                     ；新主轴转速为 600r/min。
N100 M30
```

4.10　刀具和刀具补偿

4.10.1　刀具选择功能

当一个零件要进行粗、精、螺纹、切槽等加工时，根据工艺要求需要选择相应的加工刀具，每个刀具都指定了特定的刀具号。在程序中如果指定了刀具号和刀具补偿号，便可自动换刀，调用指定的刀具和获得指定刀具补偿值，如图 4-42 所示。

格式：T× D×

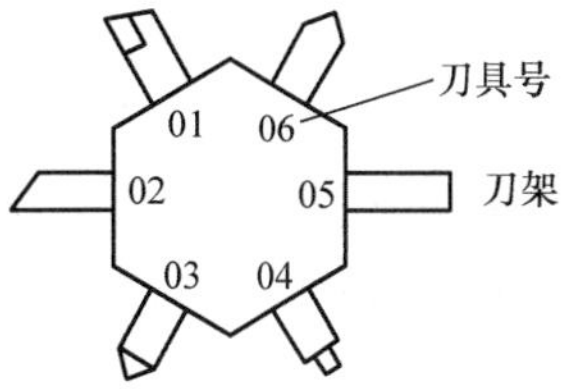

图 4-42　选择刀具

1. 刀具号：T

刀具号用 T 加数字组成，用它可以直接换刀或用刀具号（T2）预选刀具，在之后的程序中通过辅助指令 M6 进行换刀。数控系统最多可存储 64 个刀具。

2. 刀具补偿号：D

D 加一位数字组成刀具补偿号。从 D1~D9，即任何一个刀具均可以用不同的补偿号设定多个不同的补偿半径值。如果程序中没有编写刀具补偿号（即未编写 D 指令），则 D1 自动生效。如果程序中编写为 D0，则刀具补偿无效。

编程格式：

D... ；刀具补偿号为 1 ... 9, D0 表示没有补偿值生效

数控系统中最多可以同时存储刀具补偿程序段的 64 个数据字段（D 编号），如图 4-43 所示。

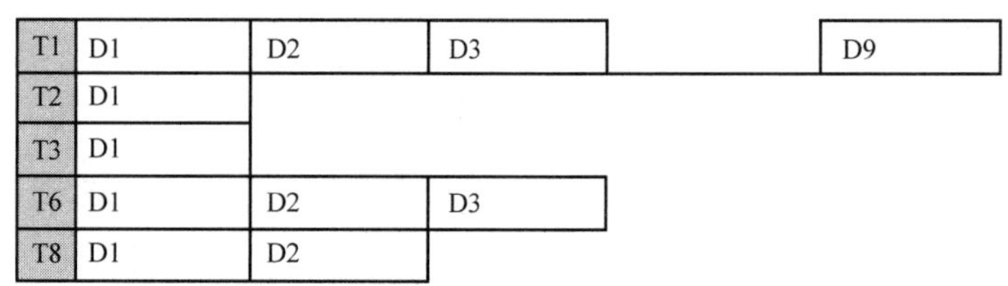

图 4-43　刀具补偿号 D

当刀具有效时，刀具长度补偿立即生效；如果没有编写任何刀具补偿号，则 D1 自动生效。最先编程的相关长度补偿轴运行时，补偿开始。此外刀具半径补偿必须另外通过 G41/G42 激活。

3. 编程示例

```
N10 T1            ；激活刀具 1 和相应的 D1
N20 G0 X100       ；覆盖长度补偿差值
N30 Z100
N40 T4 D2         ；换入刀具 4，T4 的 D2 生效
N50 X50 Z50
N60 G0 Z62
N70 D1            ；刀具 4 的 D1 生效，只更换刀沿
N80 M30
```

4. 补偿存储器的内容

（1）几何尺寸：长度，半径

尺寸包含多个分量（如几何量和磨损量）。数控系统会对各分量进行计算，再得出总尺寸（比如总长度和总半径）。各个总尺寸在激活补偿存储器时生效。

如何计算出坐标轴中的值，由刀具类型和当前平面 G17、G18、G19 来决定。

（2）刀具类型

刀具类型（钻削或车削刀具）确定所需的几何数据以及如何计算这些数据。

（3）刀沿位置

对于“车刀”，还需另外说明刀沿位置，根据图 4-44 确定车刀的刀沿位置号。

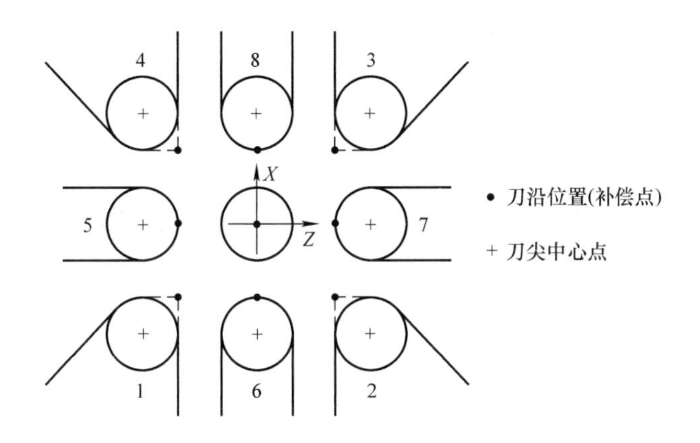

图 4-44　车刀刀沿位置图

车刀长度补偿的详细描述，如图 4-45 所示。

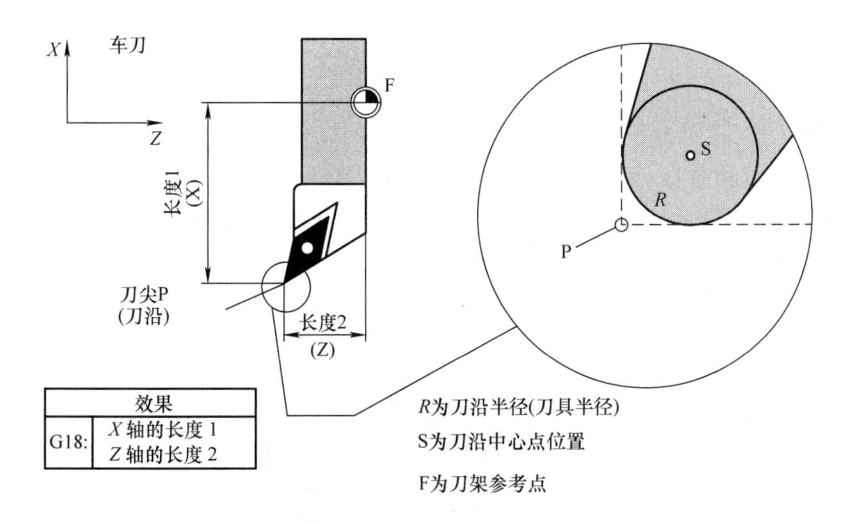

图 4-45　车刀长度补偿

有关钻头长度补偿的描述如图 4-46 所示。

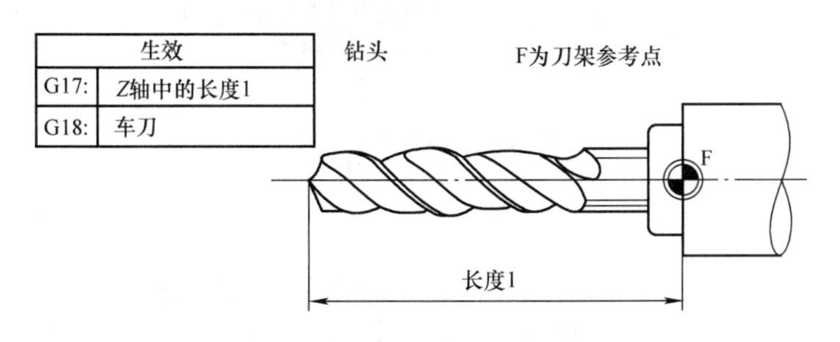

图 4-46　钻头长度补偿

中心钻（或钻头）如图 4-47 所示。使用中心钻（或钻头）时必须使用 G17 指令激活 XY 平面。则 Z 轴上钻头的长度补偿有效。钻孔结束后，用 G18 重新激活 XZ 平面。

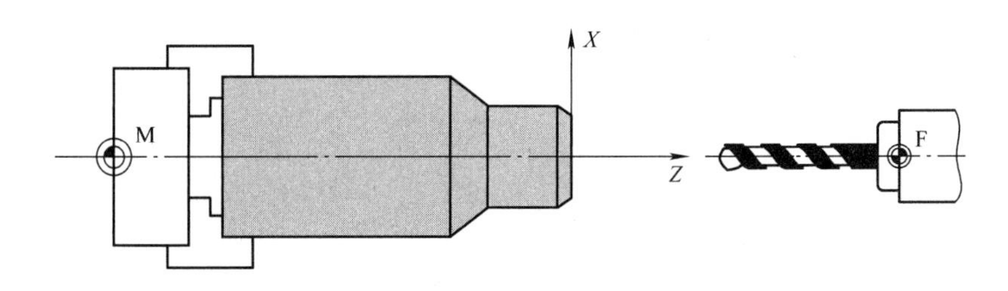

图 4-47　中心钻（或钻头）

编程示例：

```
N10 T3 D1                    ; 钻头
N20 G17 G1 F1 Z0 M3 S100     ; Z 轴上生效的长度补偿
N30 Z-15
N40 G18 M30                  ; 钻削结束
```

4.10.2　选择刀具半径补偿：G41，G42

必须先激活刀具相应 D 号，才能通过 G41/G42 使刀具半径补偿（刀沿半径补偿）生效。然后，数控系统自动计算出根据当前零件轮廓偏置一个刀具半径值的刀具轨迹（即与编程轮廓等距的一个偏置轨迹）。

G18 必须处于有效状态。有关刀具半径补偿（刀沿半径补偿）的描述如图 4-48 所示。

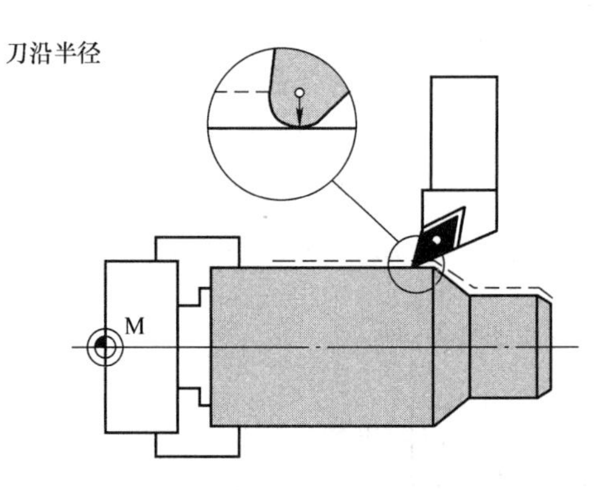

图 4-48　刀具半径补偿

1. 编程格式

```
G41 G01 X... Z...            ; 刀具半径补偿，左补偿，从第三轴的正方向看过去
G42 G01 X... Z...            ; 刀具半径补偿，右补偿，从第三轴的正方向看过去
```

建立刀径补偿的过程，必须是直线程序段，不能是圆弧。

编程两个坐标轴。如果只给出一个坐标轴的尺寸，则第二个坐标轴自动地以此前最后编程的尺寸赋值。

2. G41/G42 用法判断

从第三轴的正方向看过去，沿着走刀方向向前看，刀具偏置在零件的右边就是右刀补，刀具偏置在零件的左边就是左刀补。

如图 4-49 所示，后刀架、车削外圆的情况为右刀补，后刀架镗内孔的情况为左刀补。

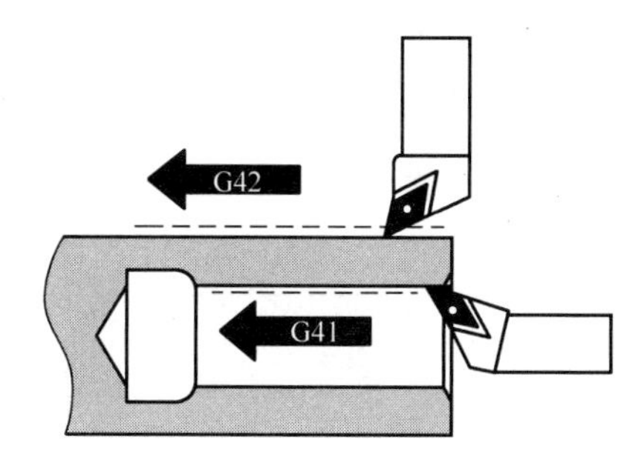

图 4-49　工件轮廓上的左边 - 右边补偿

建立刀具补偿：刀具以直线接近零件轮廓，然后在轮廓起点与零件轮廓切向或垂直进刀。要选择合适的起点，建立刀补的路径长度大于刀具半径，确保刀具运行过程中不发生碰撞。

如图 4-50 所示为右刀补的刀具轨迹，用 G42 进行刀具半径补偿，刀沿位置为 3。

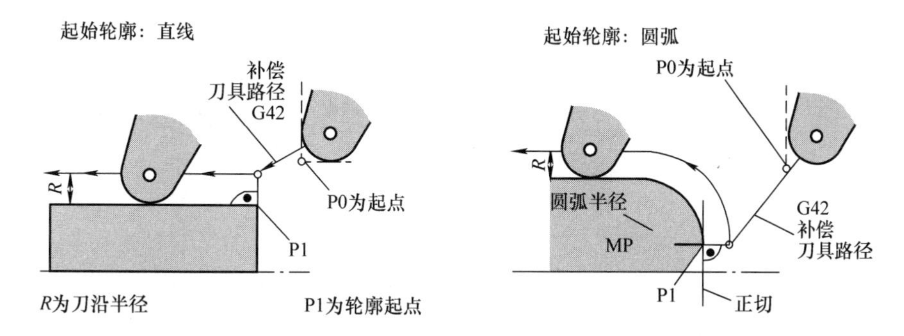

图 4-50　刀具补偿轨迹

3. 编程示例

```
N10 T4 D1 M3 S1000 F0.15
N20 G0 X50 Z50              ; P0 起点
N30 G1 G42 X40 Z0           ; 工件轮廓右边补偿，P1
N40 Z-50
N50 X50
N40 G0 G40 X0 Z0            ; 起始轮廓为圆弧或直线
N50 M30
```

4.10.3　拐角特性：G450，G451

1. 功能

在 G41/G42 有效的情况下，刀具半径补偿后轮廓交点处的刀具轨迹可以通过 G450 和 G451 指令控制、以圆弧或直线过渡。

由数控系统自动识别内角和外角。如为内角，则必须要回到等距轨迹的交点。

2. 编程格式

```
G450                        ; 圆弧过渡
G451                        ; 直线过渡
```

有关外角拐角特性的描述如图 4-51 所示。

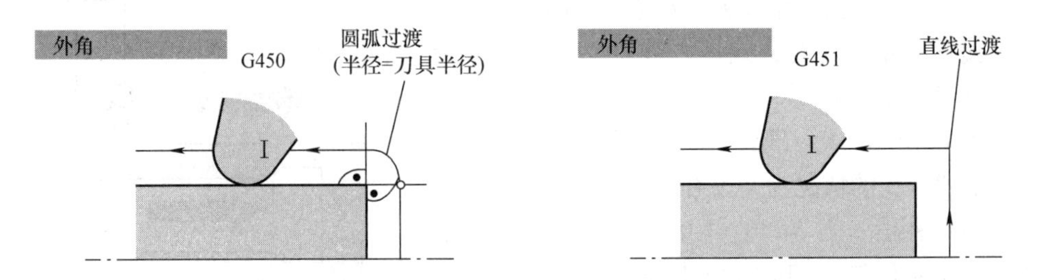

图 4-51　外角拐角特性

有关内角拐角特性的描述如图 4-52 所示。

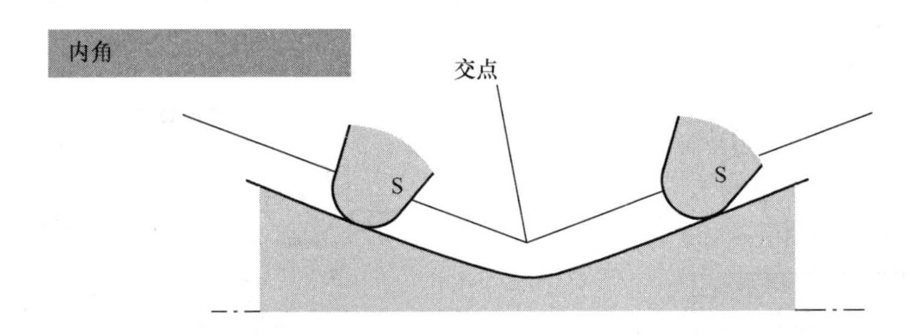

图 4-52　内角拐角特性

（1）圆弧过渡 G450

刀具中心点以圆弧形状绕行工件外拐角，圆弧半径为刀具半径。

（2）直线过渡 G451

在刀具中心轨迹（圆弧或直线）形成等距交点。

4.10.4　取消刀具半径补偿：G40

1. 功能

用 G40 取消补偿运行（G41/G42）。G40 也是编程开始时所处的状态。刀具在 G40 之前的程序段以正常方式结束（结束时补偿矢量垂直于轨迹终点处的切线），与起始角无关。G40 生效时，参考点即为刀尖。这样在取消补偿时，刀尖返回编程点。在选择 G40 程序段编程终点时要始终确保运行中不会发生碰撞！

2. 编程格式

G40 X... Z...　　　　　　；取消刀具半径补偿

只有在直线插补（G0，G1）的情况下才可以取消补偿运行。

编程两个坐标轴。如果你只给出一个坐标轴的尺寸，则第二个坐标轴自动地以此前最后编程的尺寸赋值。

有关用 G40 取消刀具半径补偿的描述如图 4-53 所示。

最终轮廓：直线
S
G40
R
P2
P1
R为刀沿半径
P1为终点，带G42的程序段
P2为终点，带G40的程序段

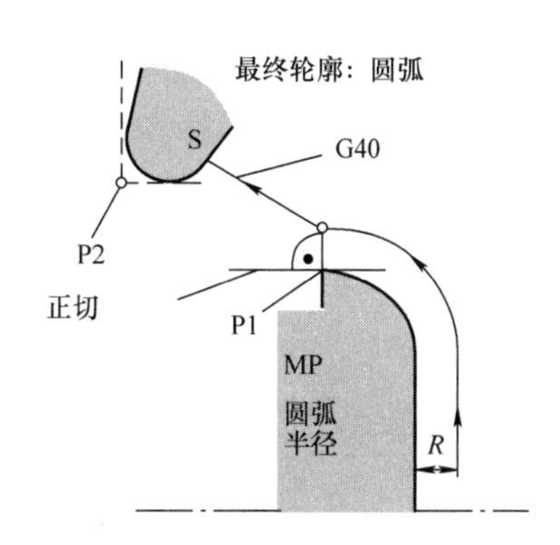

图 4-53　G40 取消刀具半径补偿

3. 编程示例

```
N10 T4 D1 M3 S1000 F0.1
N20 G0 X50 Z50
N30 G1 G42 X30 Z0          ；激活 G42 补偿
N40 G3 X40 Z-5 CR=5
N50 G1 Z-50
N60 G40 G1 X50 Z-50        ；取消刀具半径补偿
N70 M30
```

4.10.5　刀具半径补偿的特殊情况

1. 补偿方向的转换

补偿方向 G41 与 G42 可以互相转换，无须在其中写入 G40 指令。

原补偿方向的最后程序段在其轨迹终点处按补偿矢量的正常状态结束，然后按新的补偿方向开始进行补偿（在起点处以正常状态）。

2. 重复 G41 或者 G42

重复执行相同的补偿方式时可以直接进行新的编程而无须在其中写入 G40 指令。

新补偿调用之前的最后程序段在其轨迹终点处以补偿矢量的正常状态结束，然后开始进行新的补偿（特性与补偿方向的转换一样）。

3. 补偿号 D 的更换

补偿号 D 可以在补偿运行时更换。刀具半径改变后，自新 D 号所在的程序段开始处生效。但整个变化需等到程序段结束后才能完成。这些修改值由整个程序段连续执行，在圆弧插补时也一样。

通过 M2 结束补偿。如果通过 M2（程序结束），而不是用 G40 指令结束补偿运行，则最后的程序段以补偿矢量正常位置的坐标结束，这时不会出现补偿动作，程序在此刀具位置结束。

4. 临界加工情况

在编程时特别要注意下列情况：内角过渡时轮廓位移小于刀具半径；在两个相连内角处轮

廓位移小于刀具直径。检查多个程序段，使轮廓中不要含有“瓶颈”。如果进行测试 / 试运行，请选用可供选择的最大刀具半径。

5. 轮廓尖角

如果在 G451 直线过渡有效时出现尖角，则会自动转换到圆弧过渡，这可以避免较长的空行程。

4.10.6 刀具半径补偿举例

图 4-54 所示为刀具半径补偿的示例（图中将刀具半径放大，以形象说明）。

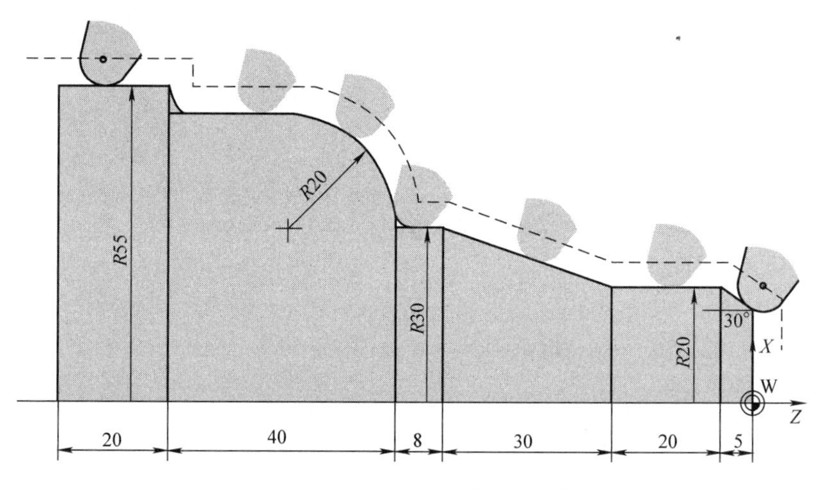

图 4-54　刀具半径补偿编程实例

编程示例：

```
N1                             ; 轮廓切削
N2 T1                          ; 刀具 1，补偿号 D1
N10 DIAMOF F0.15 S1000 M3      ; 半径尺寸，工艺值
N15 G54 G0 G90 X100 Z15
N20 X0 Z6
N30 G1 G42 G451 X0 Z0          ; 开始补偿模式
N40 G91 X20 CHF=（5* 1.1223）; 插入倒角，30° 增量编程模式
N50 Z-25
N60 X10 Z-30
N70 Z-8
N80 G3 X20 Z-20 CR=20
N90 G1 Z-20
N95 X5
N100 Z-25
N110 G40 G0 G90 X100           ; 结束补偿模式
N120 M30
```

4.10.7　刀具补偿的特殊情况

1. 设定数据的影响

操作者 / 编程者使用下列设定数据，会影响到如何使用刀具的长度补偿值：

- SD 42940: TOOL_LENGTH_CONST（将刀具长度分量分配到几何轴）；
- SD 42950: TOOL_LENGTH_TYP（刀具长度分量的分配与刀具类型无关）。

2. 说明

修改的设定数据将在选择新刀沿时生效。

3. 举例

（1）SD 42950：TOOL_LENGTH_TYPE =2

在长度补偿中将所使用的铣刀当作车刀进行计算：

- G17: 长度 1 位于 Y 轴，长度 2 位于 X 轴
- G18: 长度 1 位于 X 轴，长度 2 位于 Z 轴
- G19: 长度 1 位于 Z 轴，长度 2 位于 Y 轴

（2）SD 42940：TOOL_LENGTH_CONST =18

G17 和 G19 中的长度分配与 G18 的相同：

- 长度 1 位于 X 轴，长度 2 位于 Z 轴

4. 程序中的设定数据

除了操作时定义设定数据，也可以在程序中设定。

编程示例：

```
N10 $MC_TOOL_LENGTH_TYPE=2
N20 $MC_TOOL_LENGTH_CONST=18
```

4.11　辅助功能 M

辅助功能 M 指令又称 M 功能或 M 代码。该功能主要是为数控机床加工、操作而设定的工艺性指令，如主轴的正反转及冷却液的开、关等。数控机床档次越高，M 功能就用得越多。

1. M 代码的定义

M 代码由地址符 M 后跟 2 位数字组成，从 M00 至 M99 共 100 种。

（1）程序停止指令 M00、M01、M02、M30

M00 为程序停止。在完成该程序段其他指令后，用以停止主轴转动、进给和切削液，以便执行某一固定的手动操作，如手动变速、手动换刀等。此后需重新启动才能继续执行以下程序。

M01 为计划（任选）停止。与 M00 相似，但必须经操作员预先按下操作面板上的任选停止按钮确认这个指令后才能生效，否则此指令不起作用，继续执行以下程序。

M02 为程序结束。放在最后一条程序段中，用以表示加工结束。它使主轴、进给、冷却都停止，并使数控系统处于复位状态。

M30 为纸带结束。M30 除与 M02 的作用相同外，还可使程序返回至开始位置。

（2）主轴控制指令 M03、M04、M05

M03、M04、M05 分别命令主轴正转、反转和停转。所谓主轴正转是从主轴往正 Z 方向看去，主轴顺时针方向旋转。逆时针方向为反转。主轴停止旋转是在该程序段及其他指令执行完后才停止。一般在主轴停止的同时，进行制动和关闭切削液。

（3）换刀指令 M06

M06 为换刀指令，常用于加工中心机床刀库换刀前的准备动作。

（4）冷却液控制指令 M07、M08、M09

M07、M08 分别命令 2 级冷却液（雾状）及 1 级冷却液（液状）开（冷却泵起动）。

M09 为冷却液关闭。

（5）运动部件夹紧和松开指令 M10、M11

M10、M11 为运动部件的夹紧及松开。

2. 辅助功能 M 的用法

1）一小部分的 M 功能已经由数控系统制造商预置，作为固定功能占用，其他功能供机床生产厂商使用。在一个程序段中最多可以有 5 个 M 功能生效。

2）在坐标轴运行程序段中的作用。

如果 M00、M01、M02 功能位于一个有坐标轴运行指令的程序段中，则这些 M 功能只有在坐标轴运行之后才会有效。

而 M03、M04、M05 功能则在坐标轴运行之前信号就输出到内部的匹配数控系统（PLC）上。只有当受控主轴在 M03 或 M04 启动之后，坐标轴才开始运行。在执行 M05 指令时并不等待主轴停止。坐标轴在主轴停止之前已经开始运动（标准设置）。

其他的 M 功能信号与坐标轴运行信号一起输出到 PLC 上。

如果您想在坐标轴运行之前或之后对一个 M 功能进行编程，则必须插入一个独立的 M 功能程序段。

说明：

除了 M 功能和 H 功能之外，T、D 和 S 功能也可以传送到 PLC（可编程逻辑控制器）上。每个程序段中最多可以写入 10 个这样的功能指令。

编程示例

```
N10 S1000
N20 G1 X50 F0.1 M03            ；程序段中的 M 功能，有轴运动，在 X 轴运行之前主轴
                               快速运行
N30 M78 M67 M10 M12 M37        ；程序段中最多有 5 个 M 功能
N40 M30
```

第 5 章

程序运行控制和特殊编程指令

5.1 子程序编程

5.1.1 概述

在程序中，若某一固定的加工操作重复出现时，可把这部分操作编写成子程序，然后根据需要调用，这样可使程序变得非常简洁。调用第一层子程序的指令所在的加工程序称为主程序。一个子程序调用语句，可以多次重复调用子程序。

从原则上讲主程序和子程序之间并没有区别。如图 5-1 所示，子程序的结构与主程序的结构一样，也是在最后一个程序段中使用 M02/M17/RET（程序结束）结束运行。如果程序使用 G64 指令，为保证不中断 G64 连续路径功能，必须使用 RET 指令结束子程序。

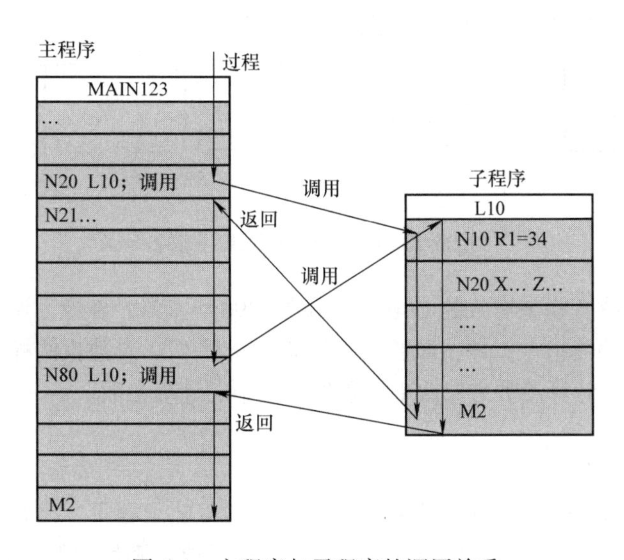

图 5-1　主程序与子程序的调用关系

1）子程序名称规定。为了能够从众多的子程序中挑选出一个确定的子程序，则子程序必须要有自己的名称。在编制程序时可以自由选择名称，但是必须符合规定。其适用主程序命名的规则。

示例：BUCHSE7。另外，在子程序中还可以使用地址字 L…。其值可以是 7 位数（仅为整数）。注意，地址 L 中，数字前的零有意义，用于区别。

示例：L128 不是 L0128 或 L00128 。以上表示 3 个不同的子程序。

说明：

子程序名称 LL6 预留给刀具更换。

2）子程序调用。在一个程序中（主程序或子程序）可以直接用程序名调用子程序，为此需要使用一个独立的程序段。

示例：

```
N10 L785                ; 调用子程序 L785
N20 WELLE7              ; 调用子程序 WELLE7
```

3）程序重复 P…。如果要求多次连续地执行某一子程序，则编程时必须在所调用子程序的程序后写入调用次数，最多可以运行 9999 次，即 P1…P9999。

示例：

```
N10 L785 P3             ; 调用子程序 L785，运行 3 次
```

4）嵌套深度。子程序不仅可以在一个主程序中调用，而且还可以在另一个子程序中调用。这样的嵌套调用总共有 8 个程序层可供使用，包括主程序层。有关 8 个程序层的调用过程的描述如图 5-2 所示。

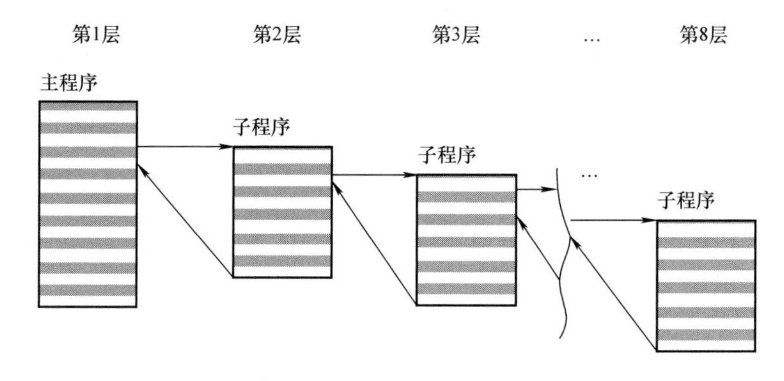

图 5-2　子程序的多重调用结构

在子程序中可以改变模态有效的 G 功能，比如 G90 -> G91。在返回调用程序时请注意检查一下所有模态有效的功能指令，并按照要求进行调整。对于 R 参数也同样需要注意，防止用上级程序界面中所使用的计算参数来修改下级程序界面中的计算参数。

5.1.2　调用加工循环

在数控车床中，循环就是用于实现特定加工过程的工艺子程序，比如钻孔循环、轮廓循环等都是子程序。根据实际情况在调用循环时进行相应的赋值来满足加工要求。

编程示例：

```
N10 DEF REAL RTP, RFP, SDIS, DP, DTB
N20 G18 X100 Z100
N30 M3 S100 F0.1
N40 G17 X0
N50 CYCLE83（110, 90, 0, -80, 0, -10, 0,0, 0, 0, 1, 0）；调用循环 83；直接传送数值
```

单独程序段

N60 G0 X100 Z100

N70 RTP=100 RFP= 95.5 SDIS=2.4, DP=−20,DTB=3　　；设定循环 82 的传送参数

N80 CYCLE82（RTP, RFP,SDIS, DP, DTB）　　；调用循环 82，单独程序段

N90 M30

5.2　计算参数 R

如果一个 NC 程序不是固定数值，或者必须要计算出数值，则可以使用计算 R 参数编程。在程序运行时，可以通过数控系统计算或者设置所需要的数值。另一个方法就是通过操作设定计算参数值。如果计算参数赋值，则它们可以在程序中赋值其他数值可设定的 NC 地址。在数控车床中，对于非圆曲线图形的编程可以采用计算参数 R 编程的方法。

编程格式：

R0=... 到 R299=...　　；赋值计算参数

R[R0]=...　　；间接赋值计算参数

赋值范围：

计算参数有以下的赋值范围：±（0.000 0001~9999 9999）。

在整数值中，小数点和正号可以不用写。

编程示例：

R0=3.5678　R1=−37.3　R2=2　R3=−7　R4=−45678.123

使用指数表示法可以赋值更大的数值范围如 ±（10^{-300}~10^{+300}），指数数值写在 EX 符号之后；最大的字符数为 10（包括符号和小数点），EX 的值范围为 −300~+300。

示例：

R0=−0.1EX−5；意义为 R0 = −0.000 001；

R1=1.874EX8；意义为 R1 = 187 400 000

说明：

一个程序段中可以有几个赋值指令，也可以赋值计算表达式。

给其他地址赋值一个 NC 程序的灵活性主要体现在：可以把这些计算参数或者计算表达式用计算参数赋值给其他的 NC 地址。可以用数值、算术表达式或 R 参数对任意 NC 地址赋值，地址 N、G 和 L 例外。在赋值时，在地址符之后写符号“=”。也可以带一个负号赋值。如果给一个轴地址赋值（运行指令），则需要一个独立的程序段。

编程示例：

N10 G0 X=R2　　；赋值 X 轴

计算操作 / 计算功能，在使用运算符 / 计算功能时，必须要遵守通常的数学运算规则。优先执行的过程通过圆括号设置。其他情况下，按照先乘除后加减的运算法则。在三角函数中单位使用“°”。

（1）使用 R 参数计算

编程示例：

N10 R1= R1+1　　；新的 R1 等于旧的 R1 加 1

N20 R1=R2+R3　R4=R5−R6　R7=R8*R9　R10=R11/R12

```
N30 R13=SIN（25.3）        ; R13 等同于正弦 25.3°
N40 R14=R1*R2+R3          ; 先乘除后加减 R14=（R1*R2）+R3
N50 R14=R3+R2*R1          ; 结果与程序段 N40 相同
N60 R15=SQRT（R1*R1+R2*R2） ; 计算√(R1²+R2²)
N70 R1= –R1               ; 新的 R1 为旧 R1 的负值。
```

（2）用 R 参数为坐标轴赋值

编程示例：

```
N10 G1 G91 G94 X=R1 Z=R2 F300   ; 单独程序段（运行程序段）
N20 Z=R3
N30 X=–R4
N40 Z= SIN（25.3）–R5           ; 带算术运算
M30
```

（3）间接编程

编程示例：

```
N10 R1=5                        ; 直接赋值 5（整数）给 R1
R2=6
R1=R2–1
N100 R[R1]=27.123               ; 间接赋值 27.123 给 R5
M30
```

5.3 程序跳转

5.3.1 绝对程序跳转

1. 功能

NC 程序在运行时按写入时的顺序执行程序段。程序在运行时可以通过插入程序跳转指令改变执行顺序。跳转目标只能是有标记符或一个程序段号的程序段。该程序段必须在此程序之内。绝对跳转指令必须占用一个独立的程序段。

2. 编程格式

```
GOTOF LABEL          ; 向前跳转（向程序结束的方向）
GOTOB LABEL          ; 向后跳转（向程序开始的方向）
```

标记符为所选择标记符的字符顺序（跳转标记）或程序段号。

图 5-3 为绝对跳转的示例。

5.3.2 有条件程序跳转

1. 功能

跳转条件在 IF 指令之后产生。如果满足跳转条件（值不为零），则会进行跳转，跳转目标只能是有标记符或一个程序段号的程序段，该程序段必须在此程序之内。条件跳转指令必须占用一个独立的程序段，数个条件跳转指令可位于同一程序段。如果必要，通过有条件程序跳转还可以大幅缩减程序。

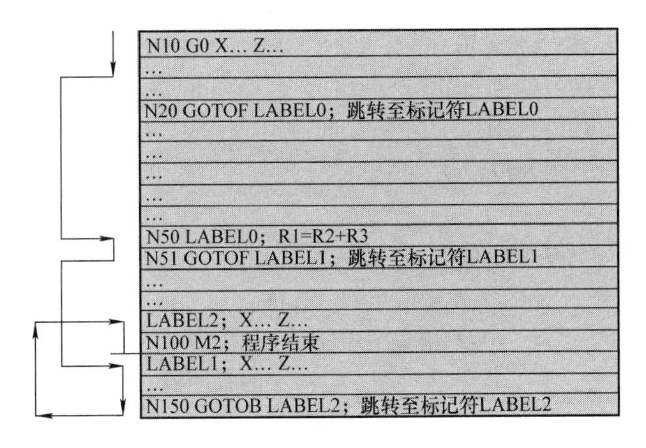

图 5-3　程序跳转结构

2. 编程格式

IF 条件 GOTOF 标记符；向前跳转

IF 条件 GOTOB 标记符；向后跳转

GOTOF 为向前跳转（向程序结束的方向）；

GOTOB 为向后跳转（向程序开始的方向）；

标记符为所选择标记符的字符顺序（跳转标记）或程序段号；

IF 为跳转条件；

条件为计算参数、条件生成计算表达式。

图 5-4 所示为比较运算符及其含义。

运算符	含义
==	等于
<>	不等
>	大于
<	小于
>=	大于等于
<=	小于等于

图 5-4　运算符及其含义

比较运算可以生成跳转条件，计算表达式同样可以比较。

比较运算结果为“满足”或“不满足”，“不满足”的值为零。

程序运算的编程示例

R1>1　　　　; R1 大于 1

1 < R1　　　　; 1 小于 R1

R1<R2+R3　　　　; R1 小于 R2 与 R3 之和

R6>=SIN（ R7*R7）　　　　; R6 大于等于 SIN（$R7^2$）

3. 编程示例

```
N10 IF R1<1 GOTOF LABEL1            ；如果 R1 不为空，则跳转至 LABEL1 的程序段
G0 X30 Z30
N90 LABEL1: G0 X50 Z50
N100 IF R1>1 GOTOF LABEL2           ；如果 R1 大于 1，则跳转至 LABEL2 的程序段
G0 X40 Z40
N150 LABEL2: G0 X60 Z60
G0 X70 Z70
N800 LABEL3: G0 X80 Z80
G0 X100 Z100
N1000 IF R45==R7+1 GOTOB LABEL3     ；如果 R45 等于 R7 与 1 之和，则跳转至 LABEL3
                                      的程序段
M30
```

4. 程序段中的数个条件跳转

```
N10 MC1: G0 X20 Z20
N20 G0 X0 Z0
N30 IF R1==1 GOTOB MC1 IF R1==2 GOTOF MA2 ...
N40 G0 X10 Z10
N50 MA2: G0 X50 Z50
N60 M30
```

5. 说明

第一次满足条件时执行跳转。

5.3.3 程序跳转举例

任务：圆弧上点的移动。

已知：起始角度 R1 为 30°；圆弧半径 R2 为 32mm；位置间距 R3 为 10°；点数 R4 为 11；*Z* 轴上的圆心位置 R5 为 50mm；*X* 轴上的圆心位置 R6 为 20mm；有关在圆弧上线性运行至各点的描述如图 5-5 所示。

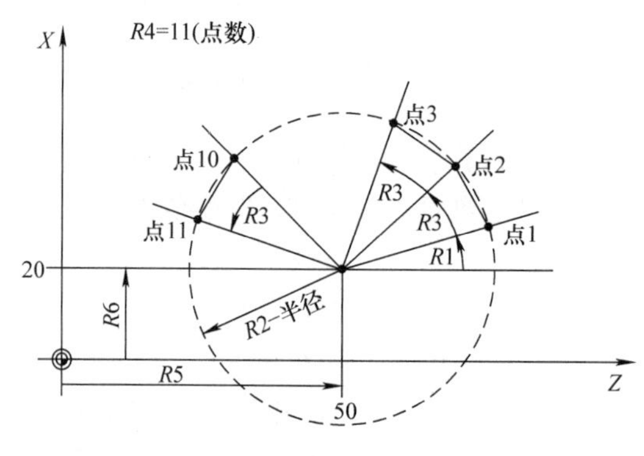

图 5-5 圆弧上点的移动

1. 编程示例

```
N10 R1=30 R2=32 R3=10 R4=11 R5=50 R6=20                  ；初始值赋值
N20 MC1: G0 Z=R2*COS（R1）+R5  X=R2*SIN（R1）+R6         ；计算以及轴地址赋值
N30 R1=R1+R3 R4= R4-1                                   ；点的角度值改变
N40 IF R4 > 0 GOTOB MC1                                 ；如果 R4>0，则跳转到 N20
                                                          程序段，继续执行程序，
                                                          若 R4 ≤ 0，则执行 N50 程
                                                          序段，即程序结束。
N50 M2
```

2. 说明

程序段 N10 为相应的计算参数赋值。在 N20 中计算坐标轴 X 和 Z 的数值并进行赋值处理。在程序段 N30 中，R1 增加 R3 间距角，R4 减少数值 1。如果 R4 > 0，重新执行 N20，否则运行 N50，程序结束。

5.3.4　程序跳转的跳转目标

1. 功能

标记符或程序段号用于标记程序中所跳转的目标程序段。用跳转功能可以实现程序运行分支。标记符可以自由选取，但必须由 2~8 个字母或数字组成，其中开始两个符号必须是字母或下划线。跳转目标程序段中标记符后面必须以冒号结束。标记符始终位于程序段段首。如果程序段有段号，则标记符紧跟着段号。在一个程序中，各标记符必须具有唯一性。

2. 编程示例

```
N10 LABEL1: G1 X20        ；LABEL1 为标记符，跳转目标
N20 G0 X10 Z10 ；
TR789: G0 X10 Z20         ；TR789 为标记符，跳转目标
G0 X30 Z30                ；无段号
N100 G0 X40 Z40
M30
```

5.4　综合实例

5.4.1　实例（一）：椭圆零件加工

如图 5-6 所示，编程零点为零件右端面的回转中心。

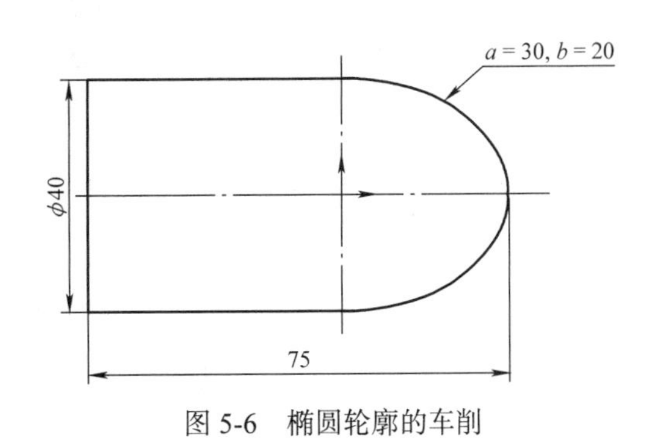

图 5-6　椭圆轮廓的车削

程序：

```
N10 T1D1                          ；调用 1 号刀
N20 M3S1000                       ；主轴正转转速为 1000 转 / 分（r/min）
N30 G99G0X50Z50                   ；快速定位
N40 X40Z1                         ；
N50 R4=40                         ；参数赋值，X 变量初值为 40
N60 HH:                           ；设定标识符，X 变量是否到终点的返回标志
N70 R1=0                          ；参数赋值，角度变量初值为 0
N80 G0X=R4                        ；X 方向进给
N90 SS:                           ；设定标识符，角度变量是否到终点的返回标志
N100 R2=20*SIN（R1）              ；计算标准椭圆的 X 值
N110 R3=30*COS（R1）              ；计算标准椭圆的 Z 值
N120 G1X=R2*2+R4Z=R3-30F0.2       ；进给到所计算的坐标点位置
N130 R1=R1+1                      ；角度变量增加 1°
N140 IF R1<=90 GOTOB SS           ；判断角度是否到终点？如没有则返回到标志 SS 处
N150 G0X=R2*2+R4+2                ；X 方向退刀
N160 Z1                           ；Z 方向退刀
N170 R4=R4-2                      ；X 变量减小 2, 即 X 方向进 2mm
N180 IF R4>=0 GOTOB HH            ；判断 X 是否进到 0 ？如没有则返回到标志 HH 处
N190 G0X50                        ；X 方向退到 50
N200 Z50                          ；Z 方向退到 50
N210 M05                          ；主轴停转
N220 M30                          ；程序结束
```

以上加工程序运行后，刀具车削轨迹如图 5-7 所示。

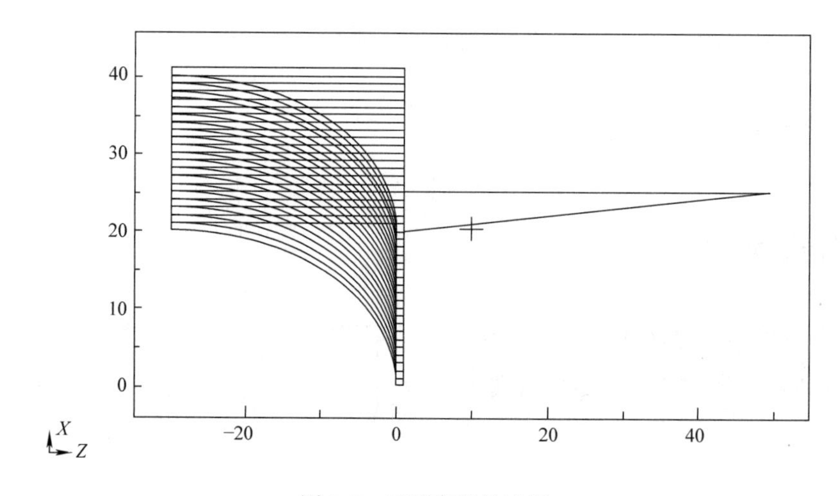

图 5-7　刀具车削轨迹图

5.4.2　实例（二）：圆弧轮廓上车削螺纹零件

如图 5-8 所示，编程零点为零件右端面的回转中心。

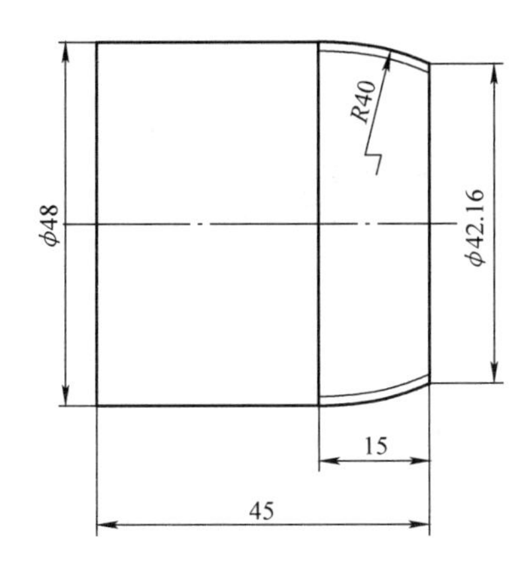

图 5-8　加工零件示意图

程序：

```
N10 T1D1                            ; 调用 1 号刀
N20 M3S800                          ; 主轴正转转速为 800 转 / 分
N30 G0X55Z20                        ; 快速定位
N40 R5=0                            ; 参数 R5 置 0
N50 SS:                             ; 设置标志符
N60 X=42.16+R5Z3                    ; 快进到 X（42.16+R5），Z3
N70 R1=15                           ; 参数 R1，即置 Z 初值为 15
N80 HH:                             ; 设置标志符
N90 R2=SQRT（40*40-R1*R1）          ; 计算 X 值
N100 G33X=2*R2-32+R5Z=R1-15K5       ; 用 G33 车螺纹
N120 R1=R1-0.5                      ; 车螺纹 Z 方向终点减小 0.5
N130 IF R1>=0 GOTOB HH              ; 判断 Z 方向终点是否到 0？
N140 G0X50                          ; X 方向退刀
N150 Z3                             ; Z 方向退刀
N160 R5=R5-0.5                      ; R5 减小 0.5，即 X 方向进 0.5
N170 IF R5>=-3 GOTOB SS             ; 判断 X 方向的加工总深度
N180 G0X55                          ; X 方向退刀
N190 Z20                            ; Z 方向退刀
N200 M30                            ; 程序结束
```

以上加工程序运行后，刀具车削轨迹如图 5-9 所示。

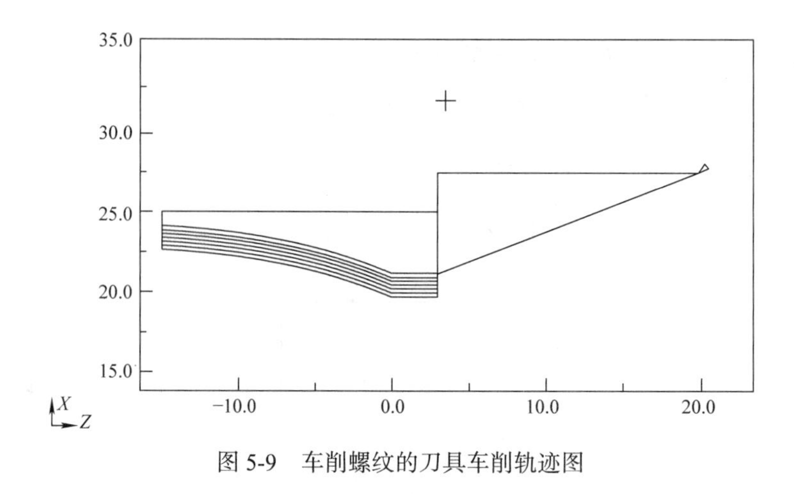

图 5-9　车削螺纹的刀具车削轨迹图

5.5　车铣复合加工

5.5.1　铣削车削件（TRANSMIT）

1. 功能

TRANSMIT 可以用于以下情况。

- 车削件的端面加工（钻孔加工，轮廓加工），车铣加工示意图如图 5-10 所示。
- 对于加工编程可以使用一个直角坐标系。
- 数控系统将编程的 Y 轴坐标转换成实际的主轴旋转的角度运行（标准情况）。
- 支持使用刀具长度补偿，及刀具半径补偿（G41, G42）进行加工。

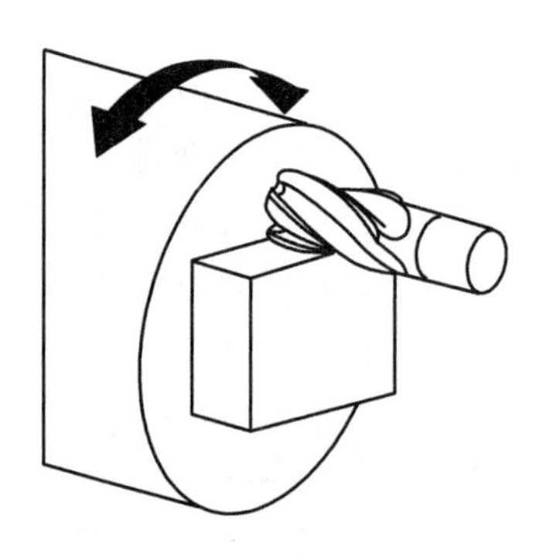

图 5-10　端面铣加工示意图

2. 编程格式

TRANSMIT　　　　；激活 TRANSMIT 功能，该功能也被称为极转换

TRAFOOF　　　　；关闭当前有效的转换

OFFN　　　　　　；轮廓偏移，端面实际刀具轨迹与编程刀具轨迹的间距

注意：此时不能编程回转轴，因为它被一个几何轴占用，并因此作为通道轴不能被直接编程。

如果在相应的通道中激活其余转换指令（如 TRACYL），则当前的 TRANSMIT 会被中断。

3. 程序代码注释（见图 5-11）

```
N10 T1 D1 G54 G17 G90 F1000 G94        ；刀具选择
N20 G0 X20 Z10 SPOS=45                 ；返回初始位置
N30 SETMS（2）                         ；设置第二主轴作为主主轴
N40 M3 S2000                           ；运行主轴
N50 TRANSMIT                           ；激活 TRANSMIT 功能
N60 ROT RPL=-45                        ；设置框架
N70 DIAMOF
N80 G1 X10 Y-10 G41 OFFN=1             ；粗加工四边形，加工余量为 1mm
N90 X-10
N100 Y10
N110 X10
N120 Y-10
N130 G1 Z20 G40 OFFN=0
N140 T2 D1 X15 Y-15                    ；换刀
N150 Z10 G41
N160 G1 X10 Y-10                       ；精加工四边形
N170 X-10
N180 Y10
N190 X10
N200 Y-10
N210 Z20 G40                           ；撤销框架选择
N220 TRAFOOF
N230 SETMS（1）                        ；设置第一主轴
N240 G0 X20 Z10 SPOS=45                ；返回初始位置
N250 M30
```

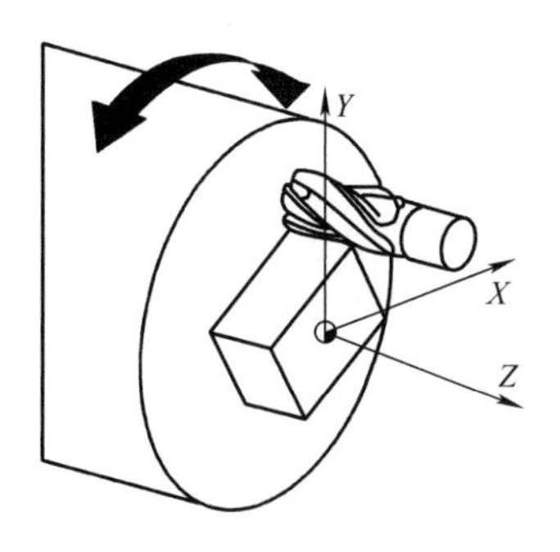

图 5-11　车铣加工示意图

4. 说明

作为极点，车削中心用 X0/Y0 表示。不建议在极点的附近加工工件，因为在一些情况下，要求进给速度迅速变化以防止回转轴过载。如果刀具正好在极点处，不要选择 TRANSMIT 功能。避免 X0/Y0 极点和刀具中心点位移相交。

5.5.2 车削件的柱面铣削（TRACYL）

1. 功能

- 圆柱表面曲线转换指令 TRACYL 可以用于加工（见图 5-12）圆柱体上的槽，槽的编程尺寸要根据展开成平面的圆柱表面来编程。
- 数控系统将编程的 *Y* 轴坐标转换成实际主轴旋转的角度运行（标准情况）。
- 不带实际 *Y* 轴的车床，不支持使用刀具半径补偿（ G41/G42）进行加工，即槽宽需要等于刀具直径。

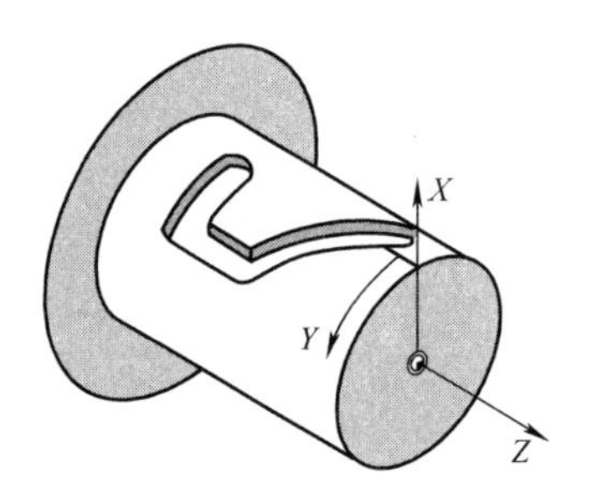

图 5-12　柱面加工

2. 编程格式

TRACYL（d）　　　　；无槽壁补偿，d 参数用于加工直径

TRAFOOF　　　　　　；关闭当前有效的转换

注意，此时不能编程回转轴，因为它被用于替换虚拟的 *Y* 轴。

如果在相应的通道中激活其他转换指令（例如 TRANSMIT），则当前的 TRACYL 会被中断。

3. 编程示例（图纸如图 5-13）

示例：在 ϕ30 圆柱面上加工一个深 2mm 的 L 形槽。

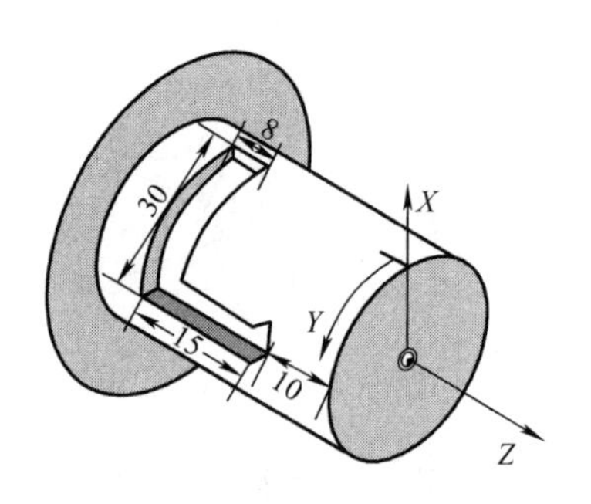

图 5-13　圆柱表面 L 形槽

所需刀具为 T1 铣削刀具，半径为 4mm，刀沿位置为 8mm。

程序代码注释

```
N10 G90 G40
N20 T1D1                    ；选择 1 号刀具
N30 SETMS（1）              ；设置 1 号主轴为主主轴
N40 SPOPS=0                 ；1 号主轴定位到 0°
N50 SETMS（2）              ；设置 2 号主轴为主主轴
N60 M03 S2000               ; 2 号主轴起动
N70 DIAMOF                  ；激活 X 轴半径编程
N80 G0 X50 Z50              ；定位到换刀点
N90 G0 X18 Z-25             ；定位到进刀点
N100 TRACYL（30）           ；激活轴转换
N110 Y0                     ；Y 轴坐标转换为 1 号主轴移动，定位到 0°
N120 G1 X13 F50             ；X 轴进刀，加工深度为 2mm
N130 Y30 F200               ；Y 轴转换为 1 号主轴旋转
N140 Z-10                   ；Z 轴移动
N150 X18                    ；X 轴退刀
N160 TRAFOOF                ；关闭 TRACYL 指令
N170 G0 X50                 ；X 轴退刀
N180 Z50                    ；Z 轴退刀
N190 DIANON                 ；激活 X 轴直径编程
N20 M30                     ；程序结束
```

4. 说明

本节主要说明不带 *Y* 轴车床的柱面铣削加工，该机床配置在使用 TRACYL（d）指令时，不支持刀具半径补偿。即在加工柱面槽时，刀具直径需等于槽的宽度。

第 6 章

西门子标准车削循环指令

6.1　标准工艺循环指令的特点

SINUMERIK 808D 数控系统在提供数控系统基本指令的同时，还将数控编程语言与参数化工艺循环进行了完美结合，为用户提供了一些极为有用的、针对标准坐标系的标准工艺循环编程指令。标准工艺循环是指用于特定加工过程的工艺子程序。

1. 使用循环指令编程操作的基本步骤

1）确定编程图样。所要编程的图样具有与循环指令参数相匹配的特点和尺寸数据。

2）建立加工工件目录，在“程序管理”方式下建立加工程序文件。

3）根据加工工艺要求，在新建的加工程序文件中输入“程序头”所应包含的程序段及内容，如调用刀具、偏置、G 指令初始化、刀具初始位置、切削初始参数等及辅助功能 M 指令等。

4）按照工艺安排选择相应的循环类型（在屏幕下方的水平软键中选择），如轮廓编程、钻削循环、车削循环等。

5）按照工艺顺序，在屏幕右侧的垂直软键中选择相应的循环指令。

6）根据加工工艺要求，输入加工切削完成后的刀具位置及状态参数。

7）输入程序结束指令。

2. 编写工艺循环指令的注意事项

对于用于特定加工过程的标准工艺循环指令也可以称为带参数传递的工艺子程序，通过所提供的参数可以使工艺循环和具体的加工要求相符。编写工艺循环指令需要注意以下几点事项：

1）调用和返回条件。G 指令和可编程偏移在循环调用前后一直有效。循环调用前，必须定义加工平面 G17/G18/G19。

2）刀具轴始终是当前所选平面的第三轴。

3）铣削循环独立于特定的坐标轴而编程。在调用铣削循环之前，必须激活一个刀具补偿。如果在铣削循环中未提供某些参数，例如进给速度、主轴速度和主轴旋转方向等，则必须在循环调用之前的程序中给予指定。

4）循环指令的编写有其规定的顺序，至少对初学者来说，规范编程是必要的。

6.2　钻削循环指令编程

6.2.1　CYCLE81：钻中心孔循环

1. 功能

以程序写入的主轴转速和进给速度钻削给定的孔位置，该循环只实现孔的定位钻削。

2. 编译后的程序格式

CYCLE81（RTP，RFP，SDIS，DP，DPR）

3. 编程操作界面

钻中心孔循环尺寸标注图样及参数对话框如图 6-1 所示，编程操作界面说明见表 6-1。

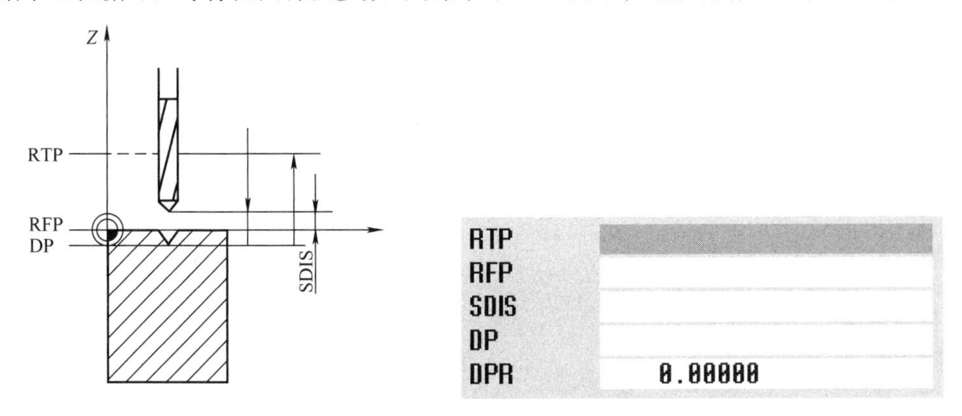

图 6-1　钻中心孔循环尺寸标注图样及参数对话框

表 6-1　中心孔钻削循环编程操作界面说明

序号	对话框参数	编程操作	说　　明
1	RTP	输入返回平面的高度	RTP 返回平面，通常称为安全平面
2	RFP	输入参考平面的高度	参考平面即孔所在的平面
3	SDIS	输入安全距离	安全距离平面即开始钻孔的平面
4	DP	输入孔的深度，绝对值	孔深度绝对值
5	DPR	输入孔的深度，相对值	孔相对于参考平面的深度

4. 编程示例

鉴于数控车床的机械结构，只能在工件的端面中心钻一个孔，故本例只针对车床讲解 CYCLE 81 的编程格式。

1）单击 PPU 上的“程序管理”按键 > 系统“新建”软按键，输入程序名“SS”，单击“确认”软按键。

2）输入程序头。

G17G94

T1D1

M3S1000

G0X0Z150

F100

3）单击系统“钻孔”>“钻中心孔”软按键，根据零件图（见图 6-2 左图）设置 CYCLE81 的循环参数（见图 6-2 右图），参数设置完成后单击“确认”软按键。

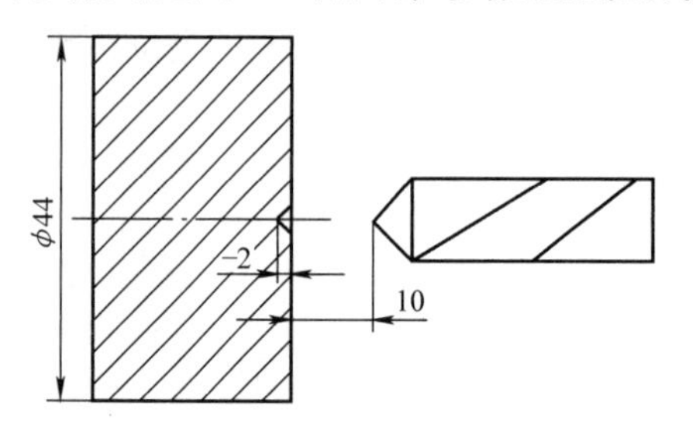

RTP	10.00000
RFP	0.00000
SDIS	2.00000
DP	-2.00000
DPR	0.00000

图 6-2　零件图和循环参数设置

4）输入程序尾。

G0Z150

M05

M30

5. 程序解释

G17G94	；选择 G17 平面，切换系统进给速度为每分钟进给
T1D1	；选择中心钻，T1 号刀及 D1 号刀补生效
M3S1000	；主轴正转，转速为 1000r/min
G0X0Z150	；刀具定位到安全点，准备钻孔
F100	；钻孔速度 100mm/min
CYCLE81（10, 0, 2, -2, 0）	；开始钻孔
G0Z150	；钻孔结束，退刀到安全点
M05	；主轴停转
M30	；程序结束

6.2.2　CYCLE82：钻沉孔循环

1. 功能

以程序写入的主轴转速和进给速度钻削给定的孔位置，该循环可实现台阶孔的钻削，与 CYCLE81 的区别在于，它可以在孔底设置一个暂停时间。

2. 编译后的程序格式

CYCLE82（RTP, RFP, SDIS, DP, DPR, DTB）

3. 编程操作界面

钻沉孔循环尺寸标注图样及参数对话框如图 6-3 所示，编程操作界面说明见表 6-2。

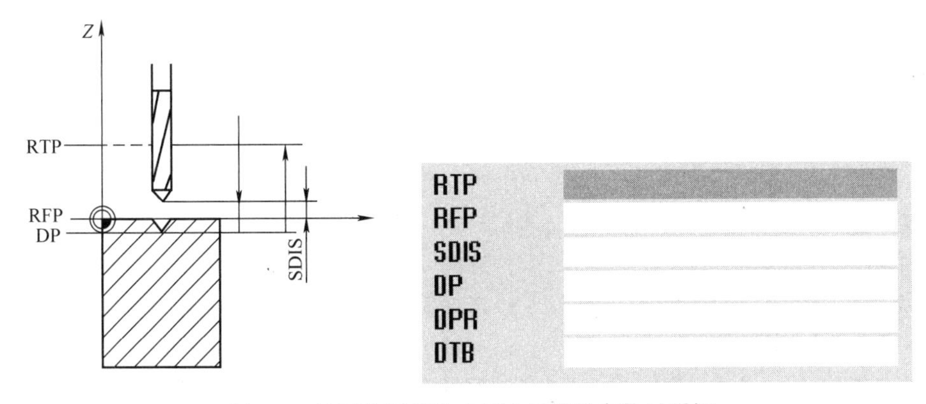

图 6-3　钻沉孔循环尺寸标注图样及参数对话框

表 6-2　钻沉孔钻削循环编程操作界面说明

序号	对话框参数	编程操作	说　明
1	RTP	输入返回平面的高度	RTP 返回平面，通常称为安全平面
2	RFP	输入参考平面的高度	参考平面即孔所在的平面
3	SDIS	输入安全距离	安全距离平面即开始钻孔的平面
4	DP	输入孔的深度，绝对值	孔深度绝对值
5	DPR	输入孔的深度，相对值	孔相对于参考平面的深度
6	DTB	输入孔底的暂停时间	在孔最终深度的暂停时间

4. 编程示例

鉴于数控车床的机械结构，只能在工件的端面中心钻一个孔，故本例只针对车床讲解 CYCLE 82 的编程格式。

1）单击 PPU“程序管理”按键 > 系统“新建”软按键，输入程序名“SS”，单击“确认”软按键。

2）输入程序头。

G17G94

T1D1

M3S1000

G0X0Z150

F100

3）单击系统“钻孔”>“钻削沉孔”>“钻削沉孔”软按键，根据零件图（见图 6-4 左图）设置 CYCLE82 的循环参数（见图 6-4 右图），参数设置完成后单击“确认”软按键。

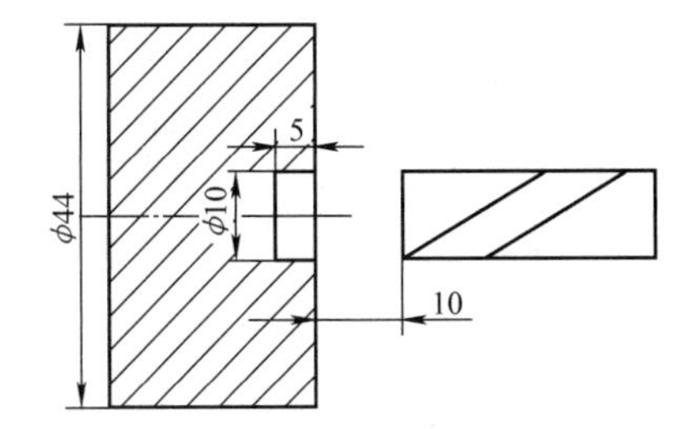

RTP	10.00000
RFP	0.00000
SDIS	2.00000
DP	-5.00000
DPR	0.00000
DTB	2.00000

图 6-4　零件图和循环参数设置

4）输入程序尾。

```
G0Z150
M05
M30
```

5. 程序解释

```
G17G94                          ；选择 G17 平面，切换系统进给速度为每分钟进给
T1D1                            ；选择铣刀，T1 号刀及 D1 号刀补生效
M3S1000                         ；主轴正转，转速为 1000r/min
G0X0Z150                        ；刀具定位到安全点，准备钻孔
F100                            ；钻孔速度 100mm/min
CYCLE82（10, 0, 2, -5, 0, 2）   ；开始钻孔
G0Z150                          ；钻孔结束，退刀到安全点
M05                             ；主轴停转
M30                             ；程序结束
```

6.2.3　CYCLE83：钻深孔循环

1. 功能

以程序写入的主轴转速和进给速度钻削给定的孔位置。钻削时，可以设置不同的进给速度和不同的进给深度，使深孔钻削更高效、安全。

2. 编译后的程序格式

CYCLE83（RTP, RFP, SDIS, DP, DPR, FDEP, FDPR, DAM, DTB, DTS, FRF, VARI, AXN, MDEP, VRT, DTD, DIS1）

3. 编程操作界面

钻深孔循环尺寸标注图样及参数对话框如图 6-5 所示，编程操作界面说明见表 6-3。

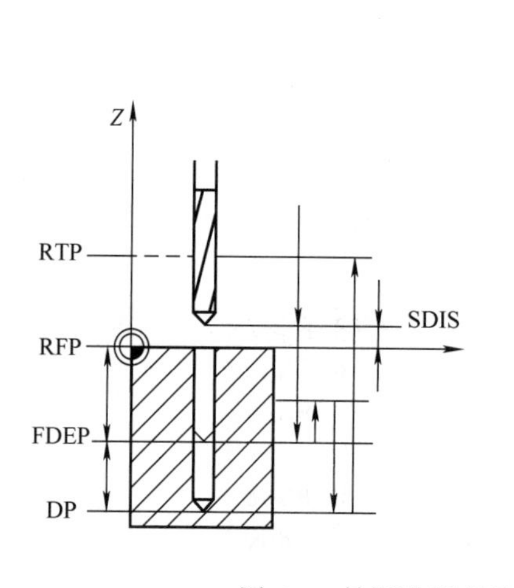

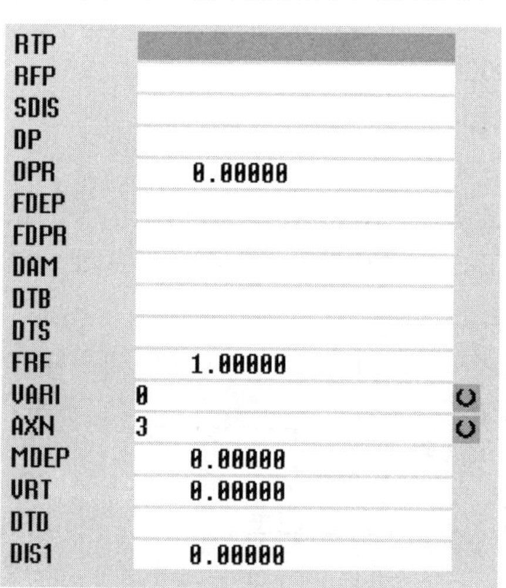

图 6-5　钻深孔循环尺寸标注图样及参数对话框

表 6-3　深孔钻削循环编程操作界面说明

序号	对话框参数	编程操作	说　明
1	RTP	输入返回平面的高度	RTP 返回平面，通常称为安全平面
2	RFP	输入参考平面的高度	参考平面即孔所在的平面
3	SDIS	输入安全距离	安全距离平面即开始钻孔的平面
4	DP	输入孔的深度，绝对值	孔深度绝对值
5	DPR	输入孔的深度，相对值	孔相对于参考平面的深度
6	FDEP	输入第一次钻削深度，绝对值	第一次的钻削深度
7	FDPR	输入第一次钻削深度，相对值	第一次的钻削深度
8	DAM	输入递减量	基于第一次钻削深度开始递减
9	DTB	输入每次钻削深度的暂停时间	间歇钻削的暂停
10	DTS	输入起点处的暂停时间	开始钻孔时的暂停
11	FRF	输入第一钻深的进给速度系数	该值为编程进给速度的百分比
12	VARI	：0 为断屑 ：1 为排屑	间歇钻孔时，为 0，则钻头回退 VRT 设置的距离实现断屑，为 1，则钻头回退到 SDIS 设置的距离，实现排屑
13	AXN	：1 为 *X* 轴为刀具轴 ：2 为 *Y* 轴为刀具轴 ：3 为 *Z* 轴为刀具轴	根据实际的钻削轴，选择 1 或 2 或 3
14	MDEP	输入最小钻削深度	当递减后的钻削深度小于 MDEP 设定值时，以 MDEP 作为每次钻深
15	VRT	输入回退距离，用于断削	当 VARI 为“0”时，该值生效
16	DTD	输入最终深度的暂停时间	当钻削到 DP 设置的最终深度时，该值生效
17	DIS1	输入再次插入时的最大距离	当 VARI 为“1”时，该值生效

4. 编程示例

鉴于数控车床的机械结构，只能在工件的端面中心钻一个孔，故本例只针对车床讲解 CYCLE83 的编程格式。

1）单击 PPU“程序管理”按键 > 系统“新建”软按键，输入程序名“SS”，单击“确认”软按键。

2）输入程序头。

G17G94

T1D1

M3S1000

G0X0Z150

F100

3）单击系统“钻孔” > “深孔钻”软按键，根据零件图（见图 6-6 左图）设置 CYCLE83 的循环参数（见图 6-6 右图），参数设置完成后，单击“确认”。

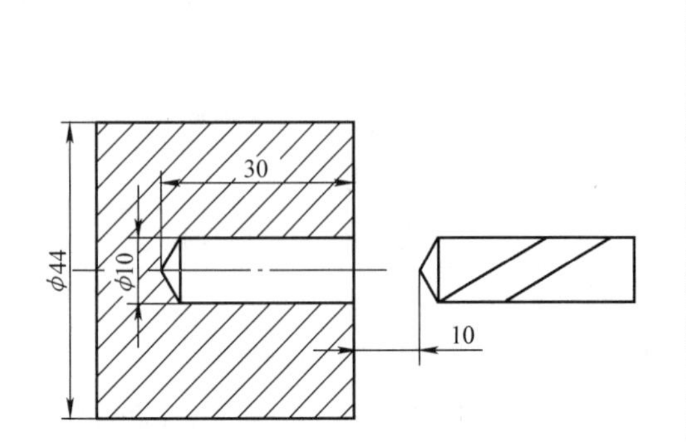

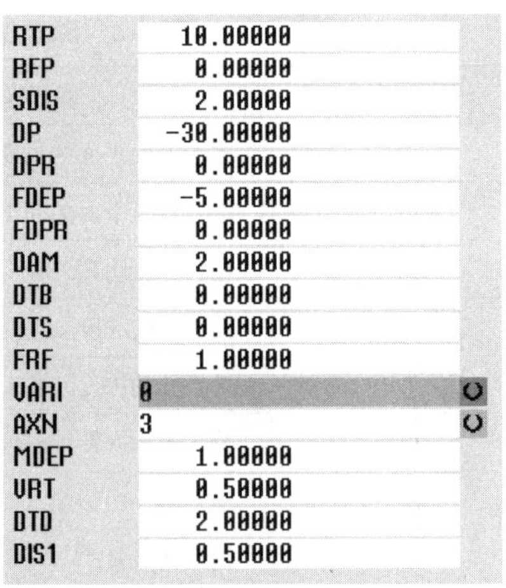

图 6-6　零件图和循环参数设置

4）输入程序尾。

G0Z150

M05

M30

5）程序解释。

G17G94　　；选择 G17 平面，切换系统进给速度为每分钟进给

T1D1　　；选择铣刀，T1 号刀及 D1 号刀补生效

M3S1000　　；主轴正转，转速为 1000r/min

G0X0Z150　　；刀具定位到安全点，准备钻孔

F100　　；钻孔速度为 100mm/min

CYCLE83（10, 0, 2, –30, 0, –5, 0, 2, 0, 0, 1, 0, 3, 1, 0.5, 2.0, 0.5）　　；开始钻孔

G0Z150　　；钻孔结束，退刀到安全点

M05　　；主轴停转

M30　　；程序结束

6.2.4　CYCLE84：攻螺纹循环（刚性和非刚性攻螺纹）

1. 功能

以程序写入的主轴转速和螺距实现自动攻螺纹循环。通过设置循环参数，可以实现间歇攻螺纹、孔底暂停和排削攻螺纹等。

2. 编译后的程序格式

CYCLE84（RTP, RFP, SDIS, DP, DPR, DTB, SDAC, MPIT, PIT, POSS, SST, SST1, AXN, VARI, DAM, VRT）

3. 编程操作界面

攻螺纹循环尺寸标注图样及参数对话框如图 6-7 所示，编程操作界面说明见表 6-4。

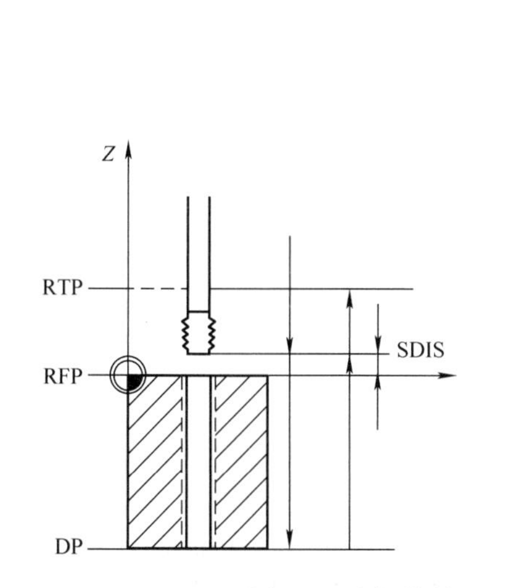

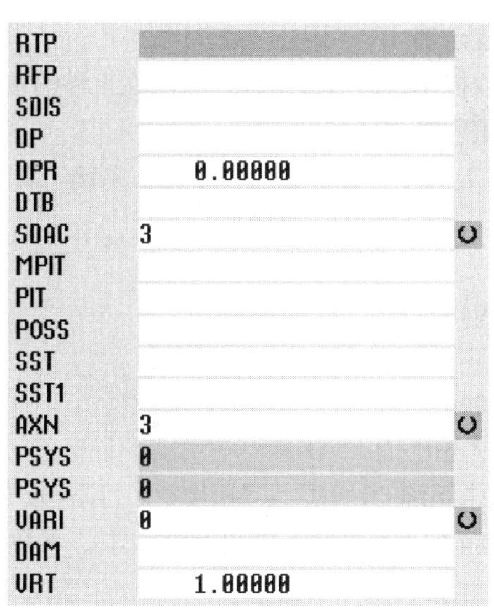

图 6-7　攻螺纹循环尺寸标注图样及参数对话框

表 6-4　攻螺纹循环编程操作界面说明

序号	对话框参数	编程操作	说　明
1	RTP	输入返回平面的高度	RTP 返回平面，通常称为安全平面
2	RFP	输入参考平面的高度	参考平面即孔所在的平面
3	SDIS	输入安全距离	安全距离平面即开始钻孔的平面
4	DP	输入孔的深度，绝对值	孔深度绝对值
5	DPR	输入孔的深度，相对值	孔相对于参考平面的深度
6	DTB	输入每次钻削深度的暂停时间	间歇钻削的暂停
7	SDAC	攻螺纹结束后主轴的旋转方向 ：3 为主轴正转 ：4 为主轴反转 ：5 为主轴停止	通过选择键，选择主轴攻螺纹结束后的状态
8	MPIT	输入米制螺纹尺寸	如果是标准米制螺纹，直接写入直径即可，如果是非标准米制螺纹，不写该参数
9	PIT	输入螺距	螺纹的螺距
10	POSS	输入主轴停止角度	开始攻螺纹前，主轴的定位角度
11	SST	输入攻螺纹时的主轴转速	丝锥攻入时的主轴转速
12	SST1	输入返回时的主轴转速	丝锥退出时的主轴转速
13	AXN	：1 为 *X* 轴为刀具轴 ：2 为 *Y* 轴为刀具轴 ：3 为 *Z* 轴为刀具轴	根据实际的钻削轴，选择 1 或 2 或 3
14	VARI	：0 为一刀到底 ：1 为断屑 ：2 为排屑	为“0”时，正转攻入“DP”深度，反转退出“SDIS”安全距离；为“1”时，正转攻入“DAM”深度，反转退出“VRT”距离，并重复该动作；为“2”时，正转攻入“DAM”深度，反转退出“SDIS”安全距离，并重复该动作
15	DAM	输入每次钻削深度	当“VARI”为“1”或“2”时，该值生效
16	VRT	输入回退距离，用于断削	当“VARI”为“1”时，该值生效

4. 编程示例

鉴于数控车床的机械结构，只能在工件的端面中心攻一个丝，故本例只针对车床讲解 CYCLE84 的编程格式。

1）单击 PPU“程序管理”按键 > 系统“新建”软按键，输入程序名“SS”，单击“确认”软按键。

2）输入程序头。

G17G94

T1D1

M3S1000

G0X0Z150

3）单击系统“钻孔” > “螺纹” > “刚性攻螺纹”软按键，根据零件图（见图 6-8 左图）设置 CYCLE84 的循环参数（见图 6-8 右图），参数设置完成后，单击“确认”软按键。

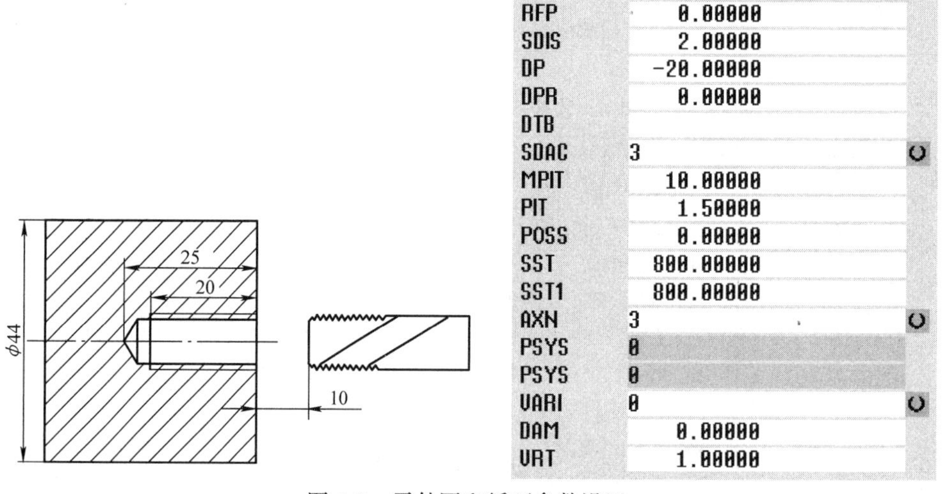

图 6-8 零件图和循环参数设置

4）输入程序尾。

G0Z150

M05

M30

5. 程序解释

G17G94 ；选择 G17 平面，切换系统进给速度为每分钟进给

T1D1 ；选择铣刀，T1 号刀及 D1 号刀补生效

M3S1000 ；主轴正转，转速为 1000r/min

G0X0Z150 ；刀具定位到安全点，准备钻孔

CYCLE84（10, 0, 2, −20, 0, ,3, 10, 1.5, 0, 800, 800, 3, 0, 0, 0, 0, 1） ；开始攻螺纹

G0Z150 ；钻孔结束，退刀到安全点

M05 ；主轴停转

M30 ；程序结束

6.2.5　CYCLE85：铰孔循环

1. 功能

以程序写入的主轴转速和进给速度实现自动铰孔循环。通过设置循环参数，可以分别设置孔底暂停、切入速度和切出速度等工艺数据。

2. 编译后的程序格式

CYCLE85（RTP, RFP, SDIS, DP, DPR, DTB, FFR, RFF）

3. 编程操作界面

铰孔循环尺寸标注图样及参数对话框如图 6-9 所示，编程操作界面说明见表 6-5。

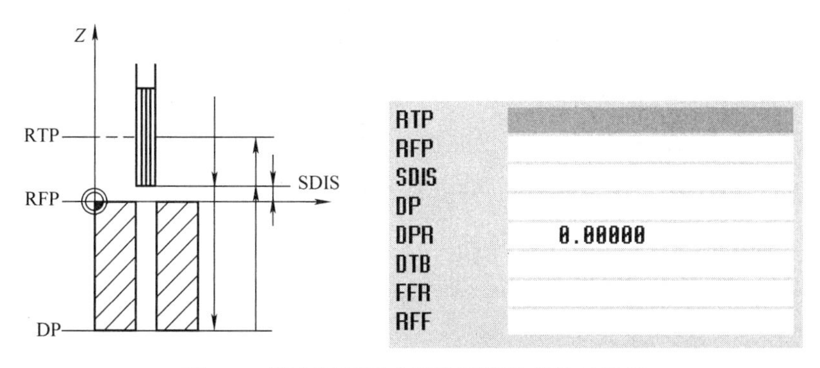

图 6-9　铰孔循环尺寸标注图样及参数对话框

表 6-5　铰孔钻削循环编程操作界面说明

序号	对话框参数	编程操作	说　明
1	RTP	输入返回平面的高度	RTP 返回平面，通常称为安全平面
2	RFP	输入参考平面的高度	参考平面即孔所在的平面
3	SDIS	输入安全距离	安全距离平面即开始钻孔的平面
4	DP	输入孔的深度，绝对值	孔深度绝对值
5	DPR	输入孔的深度，相对值	孔相对于参考平面的深度
6	DTB	输入孔底的暂停时间	孔最终深度的暂停时间
7	FFR	输入铰入的进给速度	铰孔切入的进给速度
8	RFF	输入铰出的进给速度	铰孔切出的进给速度

4. 编程示例

鉴于数控车床的机械结构，只能在工件的端面中心钻一个孔，故本例只针对车床讲解 CYCLE85 的编程格式。

1）单击 PPU“程序管理”按键 > 系统“新建”软按键，输入程序名“SS”，单击“确认”软按键。

2）输入程序头。

G17G94

T1D1

M3S1000

G0X0Z150

3）单击系统“钻孔”>“钻削沉孔”>“铰孔”软按键，根据零件图（见图 6-10 左图）设置 CYCLE85 的循环参数（见图 6-10 右图），参数设置完成后，单击“确认”软按键。

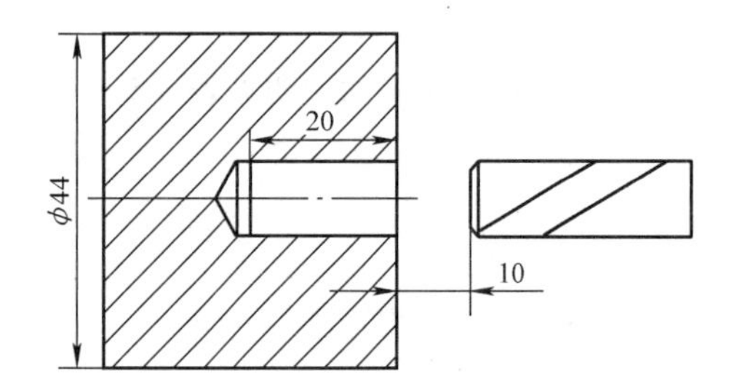

RTP	10.00000
RFP	0.00000
SDIS	2.00000
DP	-20.00000
DPR	0.00000
DTB	0.00000
FFR	100.00000
RFF	100.00000

图 6-10　零件图和循环参数设置

4）输入程序尾。

G0Z150

M05

M30

5. 程序解释

G17G94	；选择 G17 平面，切换系统进给速度为每分钟进给
T1D1	；选择铣刀，T1 号刀及 D1 号刀补生效
M3S1000	；主轴正转，转速为 1000r/min
G0X0Z150	；刀具定位到安全点，准备铰孔
CYCLE85（10, 0, 2, –20, 0, 0, 100, 100）	；开始铰孔
G0Z150	；铰孔结束，退刀到安全点
M05	；主轴停转
M30	；程序结束

6.2.6　CYCLE86：镗孔循环

1. 功能

以程序写入的主轴转速和进给速度实现自动镗孔循环。

2. 编译后的程序格式

CYCLE86（RTP, RFP, SDIS, DP, DPR, DTB, SDIR, RPA, RPAP, POSS）

3. 编程操作界面

镗孔循环尺寸标注图样及参数对话框如图 6-11 所示，编程操作界面说明见表 6-6。

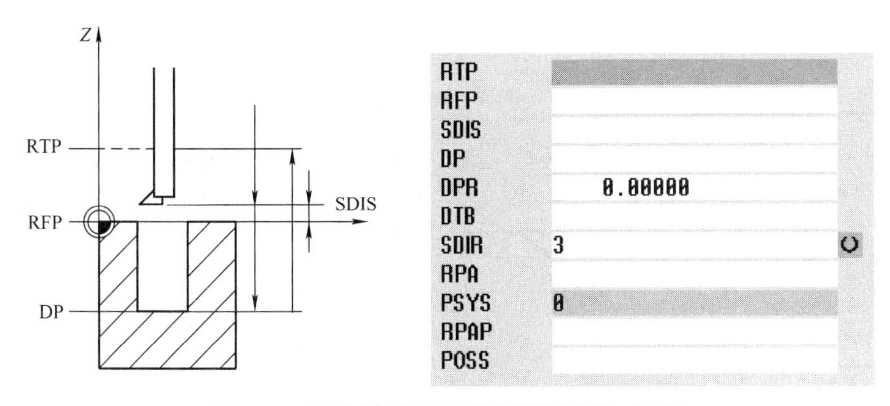

图 6-11　镗孔循环尺寸标注图样及参数对话框

表 6-6　镗孔循环编程操作界面说明

序号	对话框参数	编程操作	说　明
1	RTP	输入返回平面的高度	RTP 返回平面，通常称为安全平面
2	RFP	输入参考平面的高度	参考平面即孔所在的平面
3	SDIS	输入安全距离	安全距离平面即开始钻孔的平面
4	DP	输入孔的深度，绝对值	孔深度绝对值
5	DPR	输入孔的深度，相对值	孔相对于参考平面的深度
6	DTB	输入孔底的暂停时间	孔最终深度的暂停时间
7	SDIR	镗孔时主轴的旋转方向 ：3 为主轴正转 ：4 为主轴反转	通过选择键选择镗孔时主轴的旋转方向
8	RPA	输入沿 X 轴方向的返回距离	镗刀镗到“DP”深度后，主轴以“POSS”定位，然后 X 轴移动“RPA”的距离，Z 轴移动“RPAP”距离，然后 Z 轴退出，避免镗刀划伤孔壁
9	RPAP	输入沿 Z 轴方向的返回距离	
10	POSS	输入主轴停止定位角度	

4. 编程示例

鉴于数控车床的机械结构，只能在工件的端面中心镗一个孔，故本例只针对车床讲解 CYCLE86 的编程格式。

1）单击 PPU“程序管理”按键 > 系统“新建”软按键，输入程序名“SS”，单击“确认”软按键。

2）输入程序头。

G17G94

T1D1

M3S1000

G0X0Z150

F100

3）单击系统“钻孔” > “镗孔”软按键，根据零件图（见图 6-12 左图）设置 CYCLE85 的循环参数（见图 6-12 右图），参数设置完成，单击“确认”软按键。

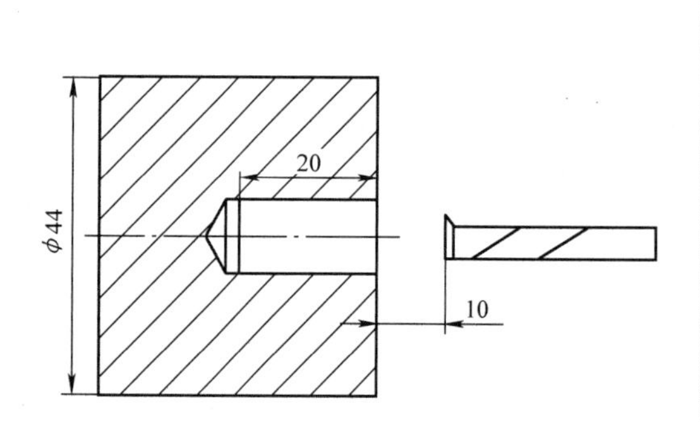

RTP	10.00000
RFP	0.00000
SDIS	2.00000
DP	-20.00000
DPR	0.00000
DTB	0.00000
SDIR	3
RPA	2.00000
PSYS	0
RPAP	2.00000
POSS	100.00000

图 6-12　零件图和循环参数设置

4）输入程序尾。

G0Z150

M05

M30

5. 程序解释

G17G94	；选择 G17 平面，切换系统进给速度为每分钟进给
T1D1	；选择铣刀，T1 号刀及 D1 号刀补生效
M3S1000	；主轴正转，转速为 1000r/min
G0X0Z150	；刀具定位到安全点，准备钻孔
F100	；镗孔速度为 100mm/min
CYCLE86（10, 0, 2, -20, 0, 0, 3, 2, 0, 2, 100）	；开始镗孔
G0Z150	；镗孔结束，退刀到安全点
M05	；主轴停转
M30	；程序结束

6.3　车削循环指令编程

6.3.1　CYCLE95：轮廓车削循环

1. 功能

西门子的 CYCLE95 循环指令整合了 ISO 模式下的 G70/G71/G72/ 正反向车削等车削工艺，使用非常灵活、简便。

2. 编译后的程序格式

CYCLE95（NPP, MID, FALZ, FALX, FAL, FF1, FF2, FF3, VARI, DT, DAM, _VRT）

3. 编程操作界面

轮廓车削循环尺寸标注图样及参数对话框如图 6-13 所示，编程操作界面说明见表 6-7。

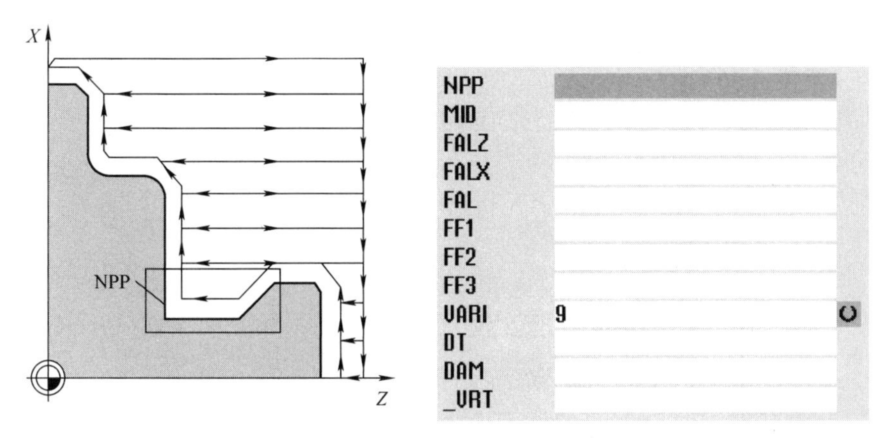

图 6-13　轮廓车削循环尺寸标注图样及参数对话框

表 6-7　轮廓车削循环编程操作界面说明

序号	对话框参数	编程操作	说　明
1	NPP	创建轮廓子程序	系统提供了两种方式：1）新建一个子程序编写待加工的轮廓；2）在当前程序中以标记的方式编写待加工的程序
2	MID	进给深度，无符号	*X* 轴每次的进刀深度
3	FALZ	*Z* 轴精加工余量	余量预留方式为加工轮廓整体沿 *Z* 轴平移
4	FALX	*X* 轴精加工余量	余量预留方式为加工轮廓整体沿 *X* 轴平移
5	FAL	轮廓精加工余量	轮廓余量预留方式为沿轮廓的法线方向等距 FAL 设定的值
6	FF1	无底切的粗加工进给速度	粗加工进给速度
	FF2	插入底切的进给速度	如上图 6-13 左，方框部分为底切单元，在车削该单元时，需要车刀沿 *X* 轴方向扎入工件，该参数即为扎入时的进给速度
	FF3	精加工进给速度	精加工的进给速度
7	VARI	选择加工方式 ：1 为外轮廓轴向粗加工 ：2 为外轮廓径向粗加工 ：3 为内轮廓轴向粗加工 ：4 为内轮廓径向粗加工 ：5 为外轮廓轴向精加工 ：6 为外轮廓径向精加工 ：7 为内轮廓轴向精加工 ：8 为内轮廓径向精加工 ：9 为外轮廓轴向粗精加工 ：10 为外轮廓径向粗精加工 ：11 为内轮廓轴向粗精加工 ：12 为内轮廓径向粗精加工	根据实际的加工工艺安排，选择不同的加工方式
8	DT	粗加工暂停时间，用于断屑	DT 与 DAM 需配合使用，只在粗加工时生效，在粗加工时，当以轴向车削时，则 *Z* 轴移动 DAM（mm）后，暂停 DT（s），以实现断屑
9	DAM	粗加工暂停距离，用于断屑	
10	_VRT	离开轮廓的返回距离，相对值	*X* 轴的返回距离

4. 编程示例

1）毛坯：铝棒 ϕ50×100mm。

2）工件装夹：工件端面到卡盘端面的距离大于 65mm。

3）内轮廓底孔：ϕ26×55mm。

4）车削如图 6-14 所示的工件，刀具及切削用量见表 6-8。

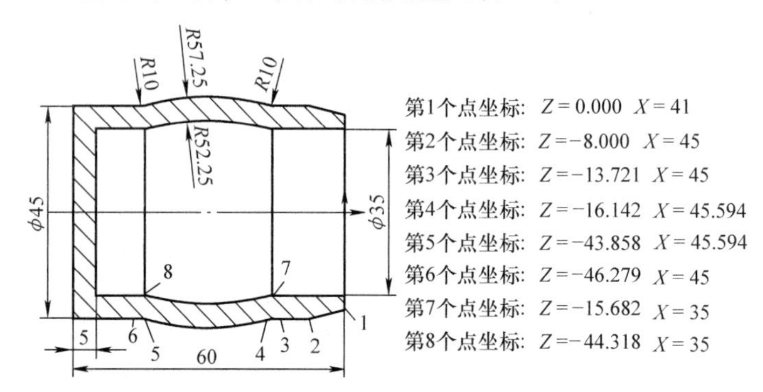

图 6-14　待车削工件

表 6-8　刀具及切削用量

刀具名称	刀号和补偿号	转速 / (r/min)		进给速度 / (mm/r)		X 轴单边切深 / mm	换刀点 / mm	说明
		粗	精	粗	精			
35° 左偏刀	T1D1	1200	1800	0.2	0.1	1	X100 Z150	粗精车外轮廓
内孔镗刀	T2D1	1000	1200	0.2	0.1	1	X50 Z150	粗精镗内轮廓

注：对刀方法请参见编程操作手册。

程序编辑步骤如下：

1）单击 PPU 中的“程序管理”按键。

2）单击屏幕左下角的“NC”软按键 NC。

3）单击屏幕右上角的“新建”软按键 新建，输入程序名“SSSS”。

4）单击屏幕右下角的“确认”软按键 确认，系统切换到编辑程序界面（见图 6-15），输入程序（见图 6-16）。

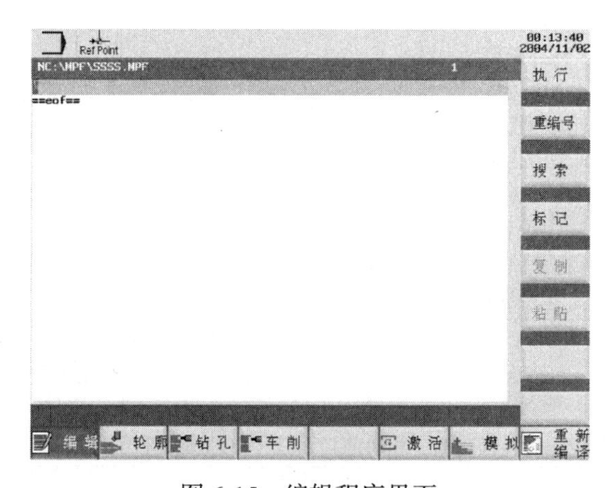

图 6-15　编辑程序界面

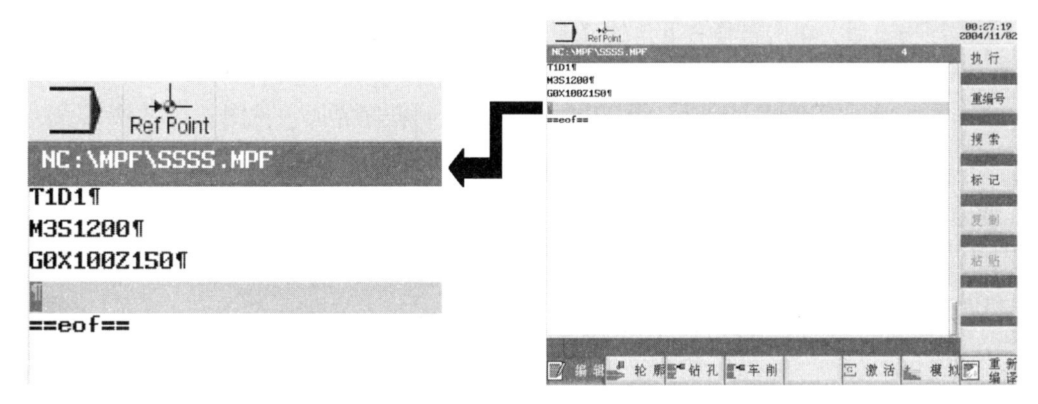

图 6-16　输入程序

5）单击屏幕中下方的“车削”软按键。

6）单击屏幕右上角的“轮廓车削”软按键，显示 CYCLE95 参数设置界面，并按图 6-17 右图输入参数。

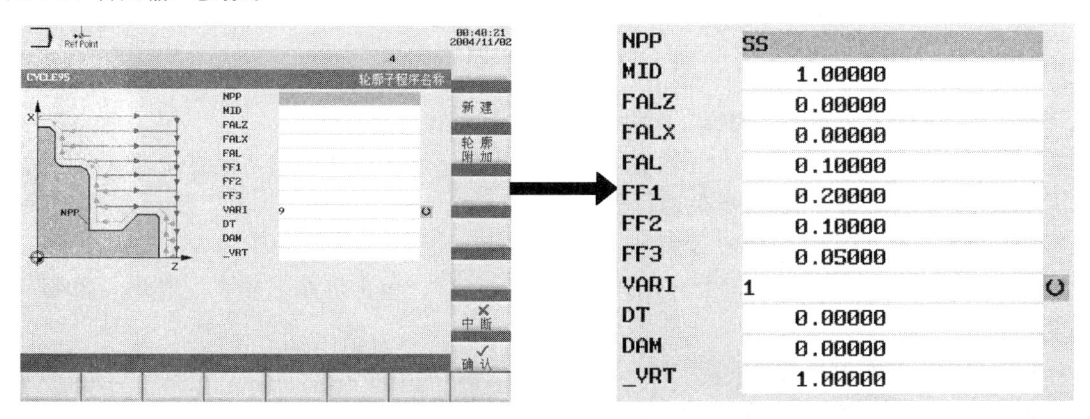

图 6-17　参数设置

7）参数设置完成后，将橘色光标调到第一行（见图 6-17 右图）。此时，单击屏幕右上角的“轮廓附加”软按键，显示图 6-18 右图所示的界面，并按图样输入外轮廓程序（见图 6-18 左图）。

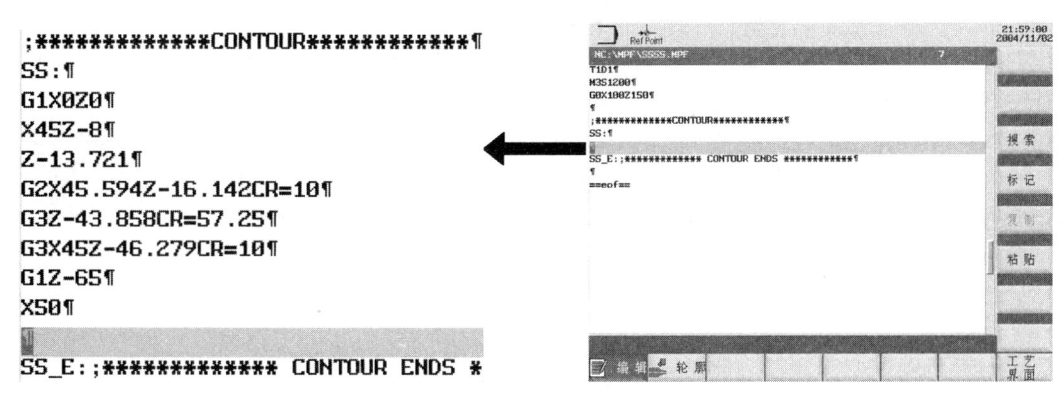

图 6-18　输入外轮廓程序

8）程序输完后，单击屏幕右下角的“工艺界面”软按键，回到 CYCLE95 的参数设置界面。

9）单击屏幕右下角的“确认”软按键，回到程序界面（见图 6-19 右图），接着在 CYCLE95 的下一行输入“M3S1800”（见图 6-19 左图）。

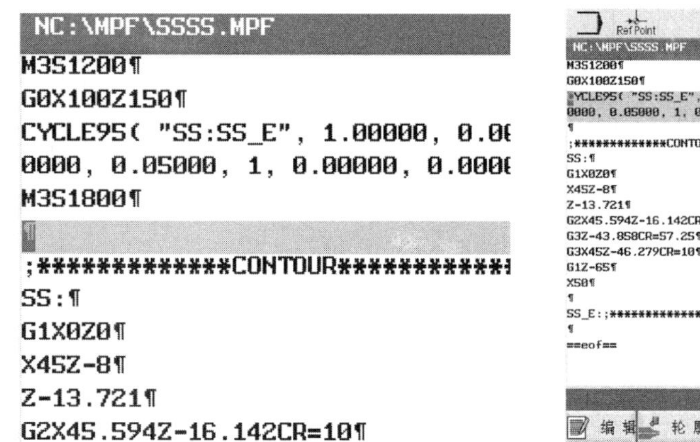

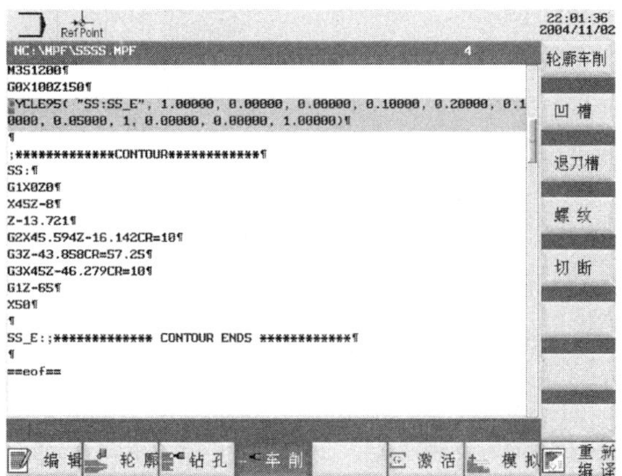

图 6-19　输入“M3S1800”

10）单击屏幕左下角的“编辑”软按键，回到程序编辑界面。

11）将暗红色光标调到 CYLCE95 的 C 上，单击屏幕右中的“标记”软按键，通过按上下左右方向键，将 CYCLE95 的两行程序都选中。

12）单击屏幕右中的“复制”软按键。

13）然后将暗红色光标调到“M3S1800”的下一行，单击屏幕右中的“粘贴”软按键。

14）单击屏幕右下角的“重新编译”软按键，显示如下界面（见图 6-20 左图）将加工方式由“1”改为“5”（见图 6-20 右图）。

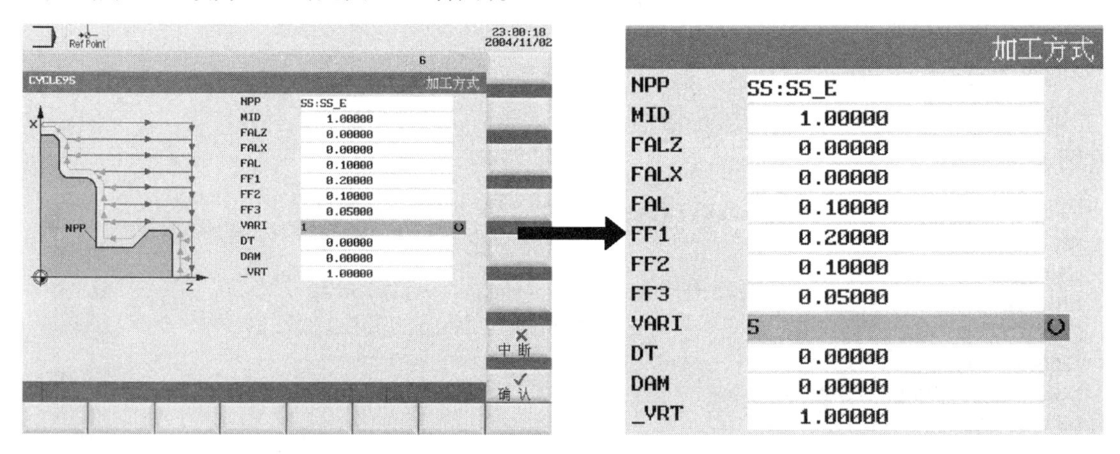

图 6-20　修改加工方式

15）单击屏幕右下角的“确认”软按键，回到程序编辑界面，接着输入程序（见图 6-21）。

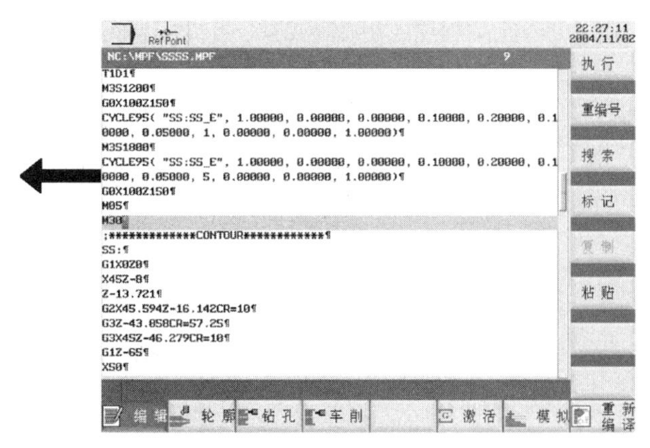

图 6-21　输入程序

16）单击屏幕右上角的“执行”软按键 执行。在刀具、补偿都设置好且正确装夹毛坯的前提下，按 MCP 右下角的“循环启动”按键，开始加工。

注：1）关于轮廓程序。轮廓程序是以子程序的形式被 CYCLE95 调用的，所以轮廓程序不能写在主程序中，必须写在主程序结束之后，即 M30/M02 之后。

2）关于刀具半径补偿。CYCLE95 在调用轮廓子程序时，会自动补偿刀具半径，所以无须在轮廓子程序中加 G41/G42，补偿的前提是，需要在选择刀具列表 > 几何数据 > 半径后，输入刀尖半径。

5. 附加

（1）外轮廓程序（见图 6-22）

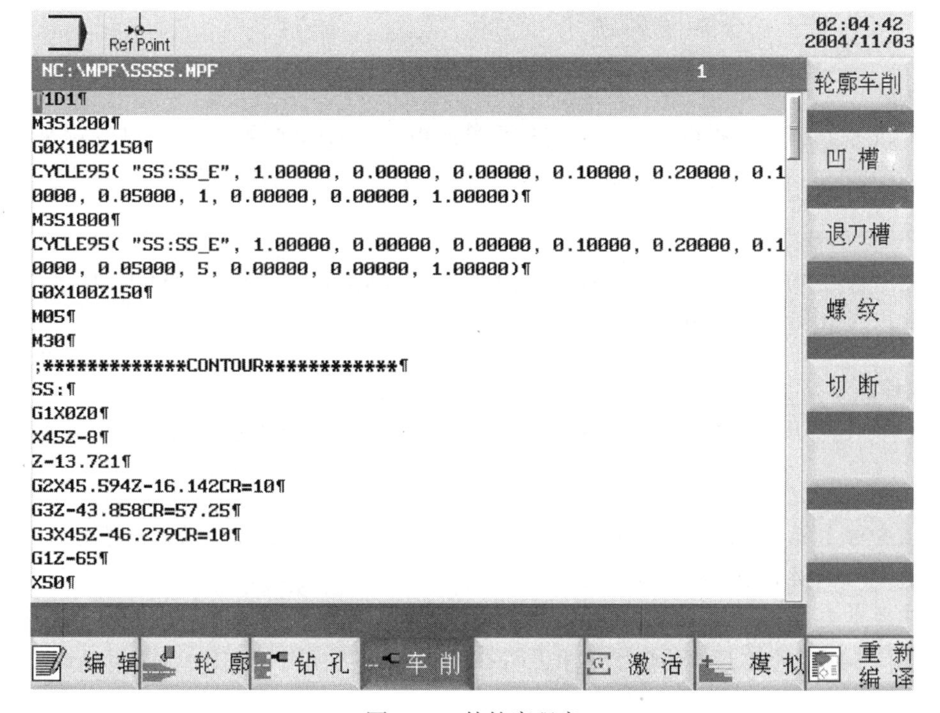

图 6-22　外轮廓程序

（2）内轮廓程序（见图 6-23）

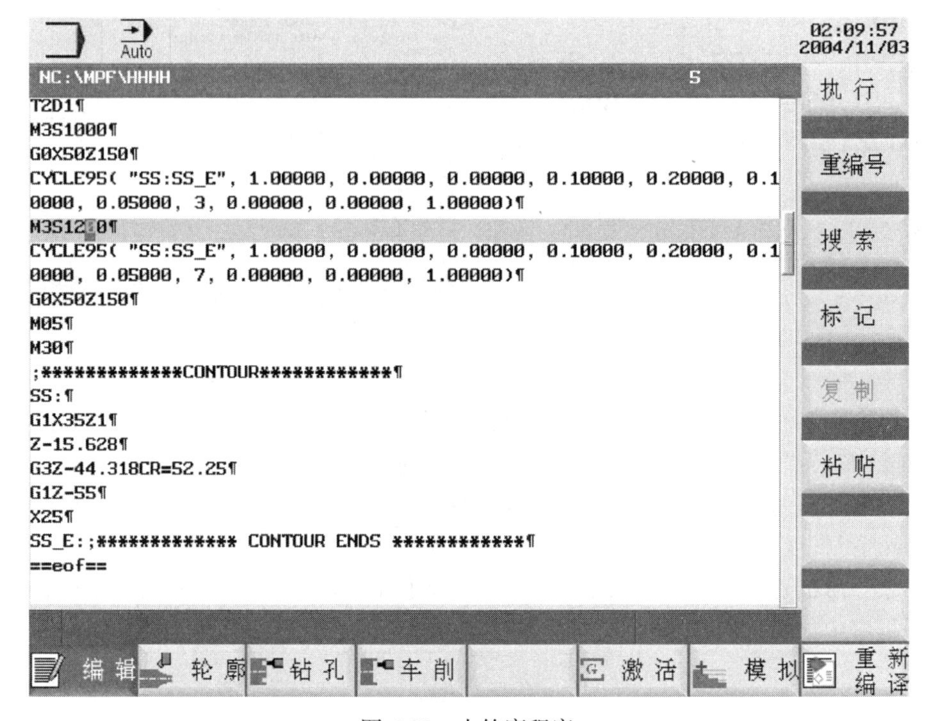

图 6-23　内轮廓程序

6.3.2　CYCLE93：凹槽车削循环

1. 功能

西门子的 CYCLE93 指令，可以实现 V 形槽或矩形槽的车削循环，特别是针对 V 形槽，无须机床 V 形槽的各个坐标点，只需输入 V 形槽的几何数据，即可进行车削，非常方便快捷。

2. 编译后的程序格式

CYCLE93（SPD, SPL, WIDG, DIAG, STA1, ANG1, ANG2, RCO1, RCO2, RCI1, RCI2, FAL1, FAL2, IDEP, DTB, VARI, _VRT）

3. 编程操作界面

凹槽车削循环尺寸标注图样及参数对话框如图 6-24 所示，编程操作界面说明见表 6-9。

4. 编程示例

CYCLE93 主要用于槽加工，例如 V 形槽、矩形槽及斜面上的 V 形或矩形槽等。

1）毛坯：铝棒 $\phi 45 \times 100$mm。

2）工件装夹：工件端面到卡盘端面的距离大于 65mm。

以图 6-25 所示的 V 形槽为例，简单说明 CYCLE93 的使用，表 6-10 为刀具及切削用量。

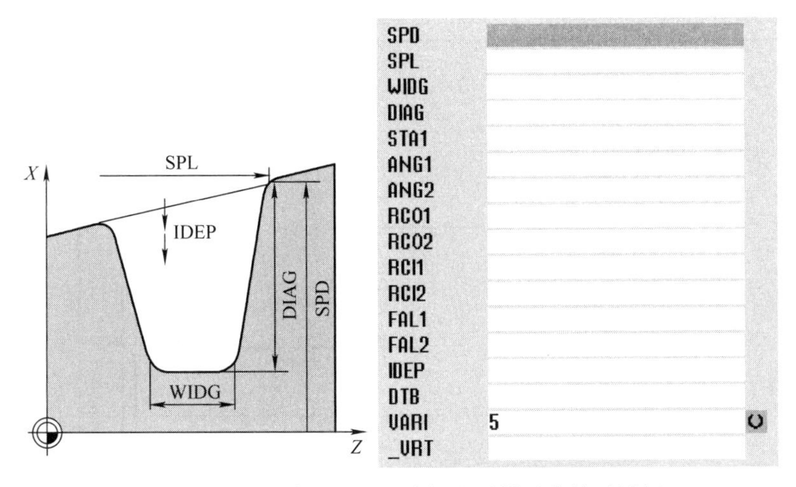

图 6-24　凹槽车削循环尺寸标注图样及参数对话框

表 6-9　凹槽车削循环编程操作界面说明

序号	对话框参数	编程操作	说　明
1	SPD	起点 *X* 轴坐标	凹槽基准点 *X* 轴坐标
2	SPL	起点 *Z* 轴坐标	凹槽基准点 *Z* 轴坐标
3	WIDG	凹槽宽度，无符号	槽底的宽度值
4	DIAG	凹槽深度，无符号	槽的深度，该值为半径
5	STA1	槽顶与轴线的角度	0° 时为柱面槽 90° 时为端面槽
6	ANG1	凹槽第一侧面与 *X* 轴的夹角	如果是矩形槽，该值为 0，如果是 V 形槽，根据图样实际角度输入该值
7	ANG2	凹槽第二侧面与 *X* 轴的夹角	
8	RCO1	凹槽顶部 1 倒角（负）倒圆（正）	凹槽底部的两个角倒圆角或倒平角
9	RCO2	凹槽顶部 2 倒角（负）倒圆（正）	
10	RCI1	凹槽底部 1 倒角（负）倒圆（正）	凹槽底部的两个角倒圆角或倒平角
11	RCI2	凹槽底部 2 倒角（负）倒圆（正）	
12	FAL1	凹槽底部的精加工余量	该值为单边值
13	FAL2	凹槽边沿的精加工余量	
14	IDEP	进给深度，无符号	*X* 轴每次的切入深度
15	DTB	凹槽底部的暂停时间	*X* 轴切入到凹槽底部的暂停时间
16	VARI（见右图）	VARI=1/11　VARI=2/12 VARI=3/13　VARI=4/14 VARI=5/15　VARI=6/16 VARI=7/17　VARI=8/18	根据实际的加工工艺安排，选择不同的加工方式 1~8 和 11~18 主要区别在于，1~8 在计算倒平角的时候，是以倒角所形成的等腰三角形的底边长度计算倒角，而 11~18 在计算倒平角的时候，是以倒角所形成的等腰三角形的腰长计算倒角
17	_VRT	加工凹槽时的可变返回距离	*X* 轴的返回距离，需大于 IDEP 的值

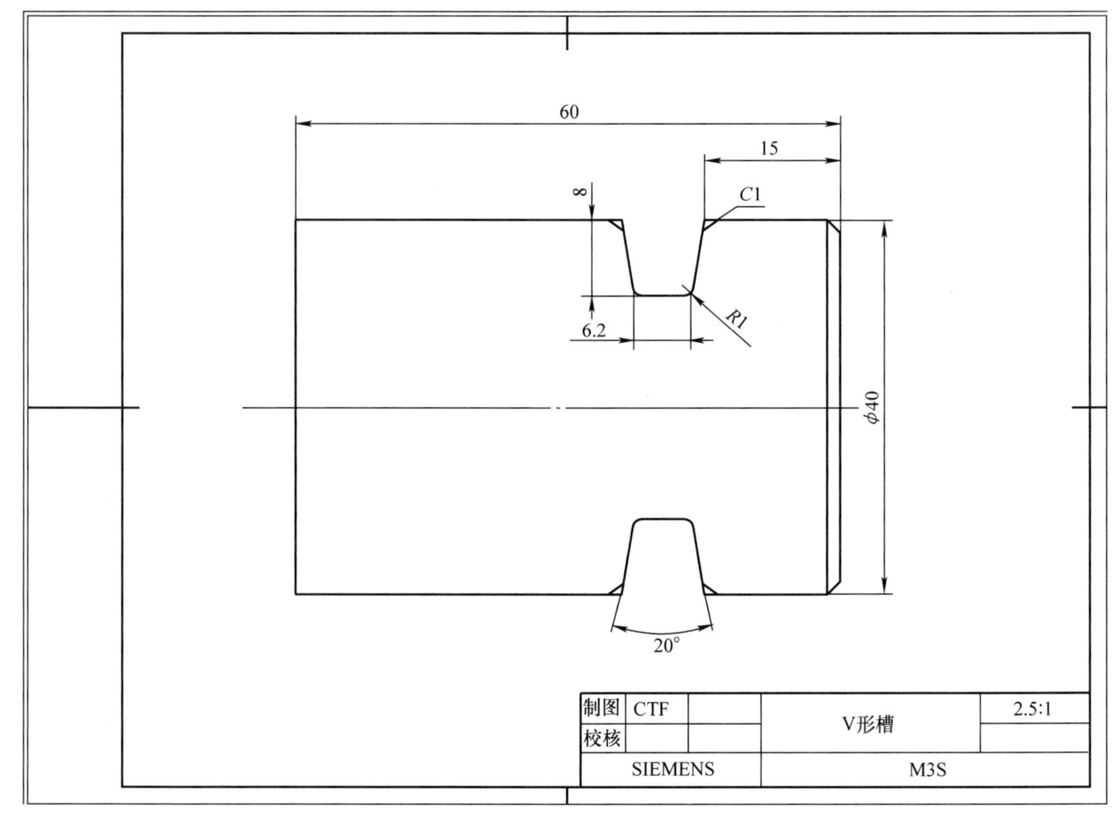

图 6-25　待车削工件

表 6-10　刀具及切削用量

刀具名称	刀号和补偿号	转速 /（r/min）		进给速度 /（mm/r）		X 轴单边切深 / mm	换刀点 / mm	说明
		粗	精	粗	精			
3.0 切槽刀	T1D1	600	600	0.1	0.1	1.5	X100 Z150	粗精车 V 形槽

注：1. 需选择 PPU 上的“偏置”按键 > 系统“刀具列表”软按键，新建一把切槽刀，切槽刀宽度设置为 3mm，否则无法正常切削。

2. 对刀方法请参见编程操作手册。

程序编辑步骤如下：

1）单击 PPU 中的“程序管理”按键 。

2）单击屏幕左下角的“NC”软按键 。

3）单击屏幕右上角的“新建”软按键 ，输入程序名“SSSS”。

4）单击屏幕右下角的“确认”软按键 ，系统切换到编辑程序界面（见图 6-26），输入程序（见图 6-27）。

5）单击屏幕中下方的“车削”软按键 。

6）单击屏幕右上角的“凹槽”软按键 ，进入参数设置界面（见图 6-28）。

7）参数设置完成后，单击“确认”软按键 ，回到程序界面，接着输入程序，如图 6-29 所示。

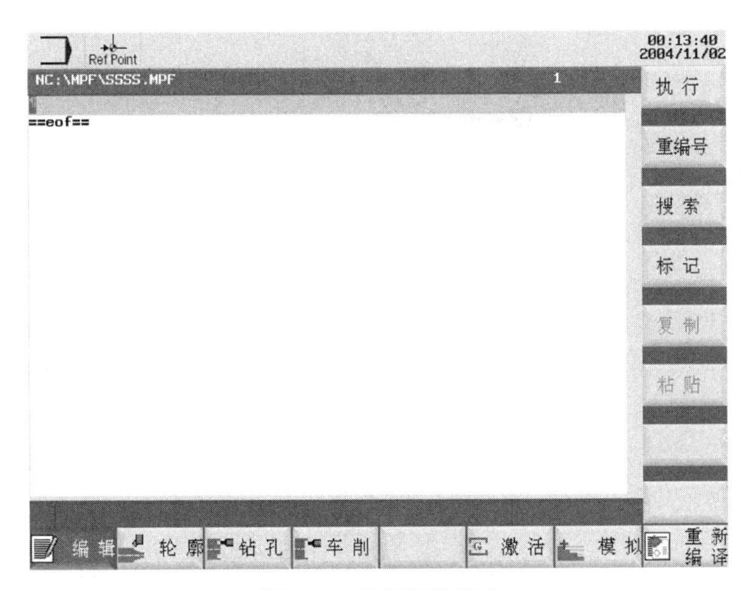

图 6-26　编辑程序界面

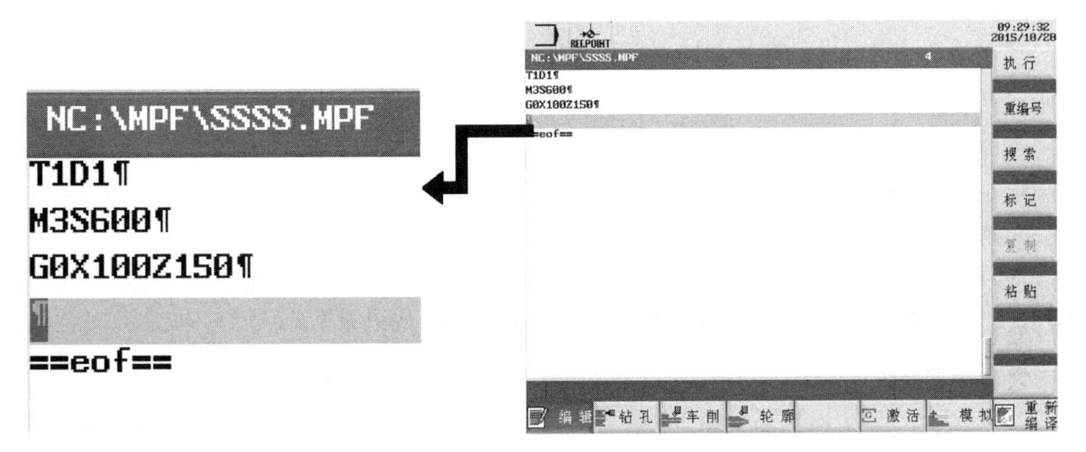

图 6-27　输入程序

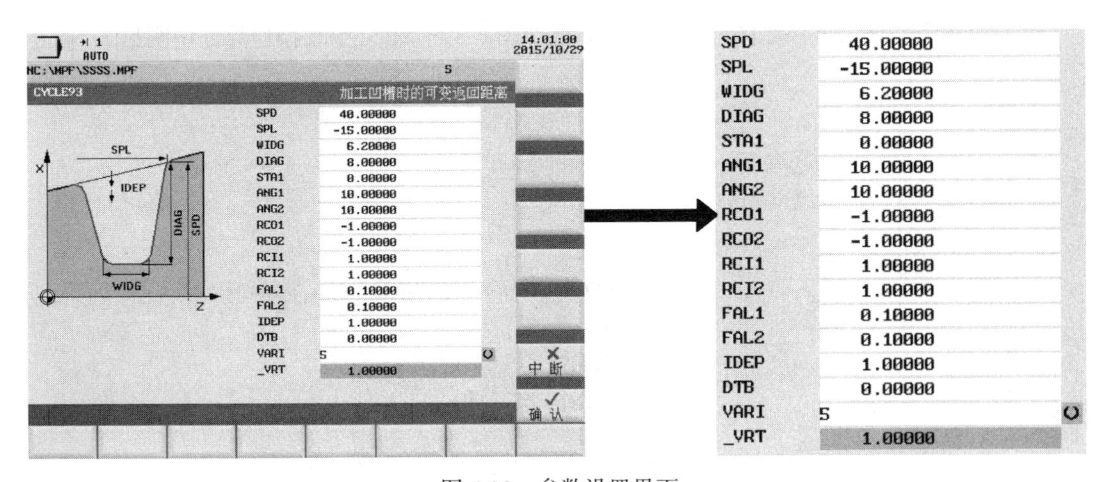

图 6-28　参数设置界面

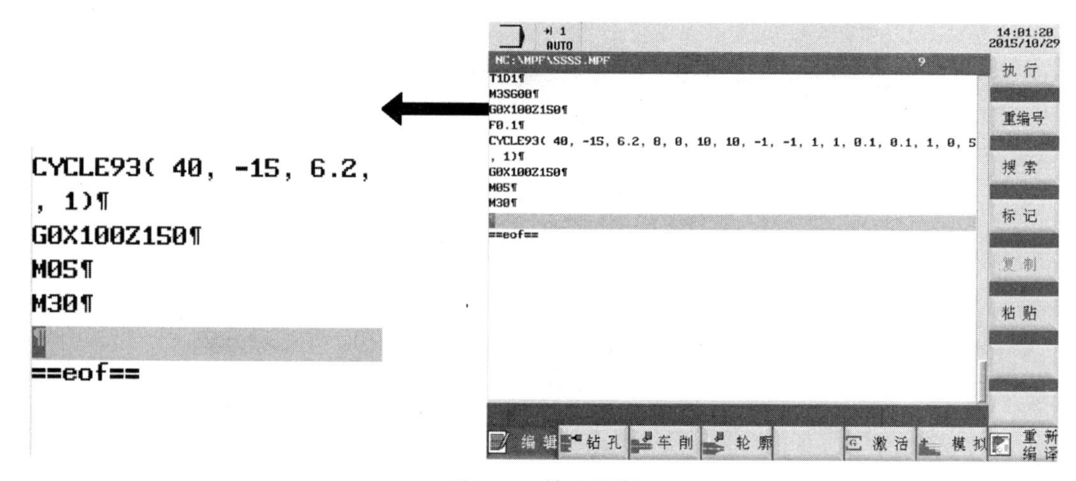

图 6-29　输入程序

8）程序输完后，单击屏幕左下角的“编辑”软按键 ，回到编辑模式。

9）在单击屏幕右上角的“执行”软按键 ，机床自动跳到“自动”模式，即可开始加工。

在刀具、补偿都设置好且正确装夹毛坯的前提下，按 MCP 右下角的“循环启动”按键，开始加工。

6.3.3　CYCLE94：标准退刀槽车削循环

1. 功能

西门子的 CYCLE94 螺纹退刀槽循环指令可以实现退刀槽的快速编程，只需输入一个 X、Z 坐标，即可生成加工程序，该循环只能车削直径大于 3mm 的退刀槽。

2. 编译后的程序格式

CYCLE94（SPD, SPL, FORM, VARI）

3. 编程操作界面

退刀槽车削循环尺寸标注图样及参数对话框如图 6-30 所示，编程操作界面说明见表 6-11。

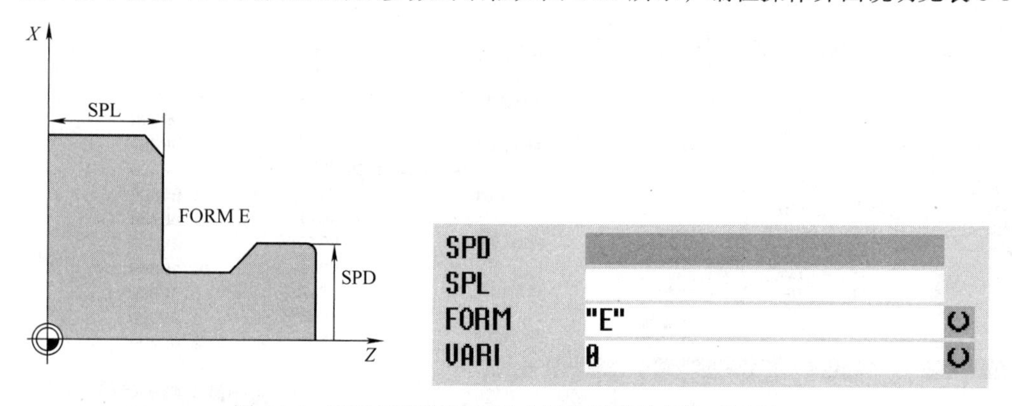

图 6-30　退刀槽车削循环尺寸标注图样及参数对话框

表 6-11　退刀槽车削循环编程操作界面说明

序号	对话框参数	编程操作	说　明
1	SPD	起点 X 轴坐标	凹槽基准点 X 轴坐标
2	SPL	起点 Z 轴坐标	凹槽基准点 Z 轴坐标
3	FORM	退刀槽形状： : E 为 E 形退刀槽 : F 为 F 形退刀槽	若加工 F 形退刀槽，需注意车刀的形状和装夹位置，避免车削时，刀具干涉
4	VARI	退刀槽位置： : 0 为根据生效的刀沿号确定位置 : 1 为反向车削内螺纹退刀槽 : 2 为正向车削内螺纹退刀槽 : 3 为正向车削外螺纹退刀槽 : 4 为反向车削外螺纹退刀槽	退刀槽的位置

4. 编程示例

以图 6-31 所示的 M30×1.5mm 外螺纹的退刀槽为例，简单说明 CYCLE94 的使用，刀具及切削用量见表 6-12。

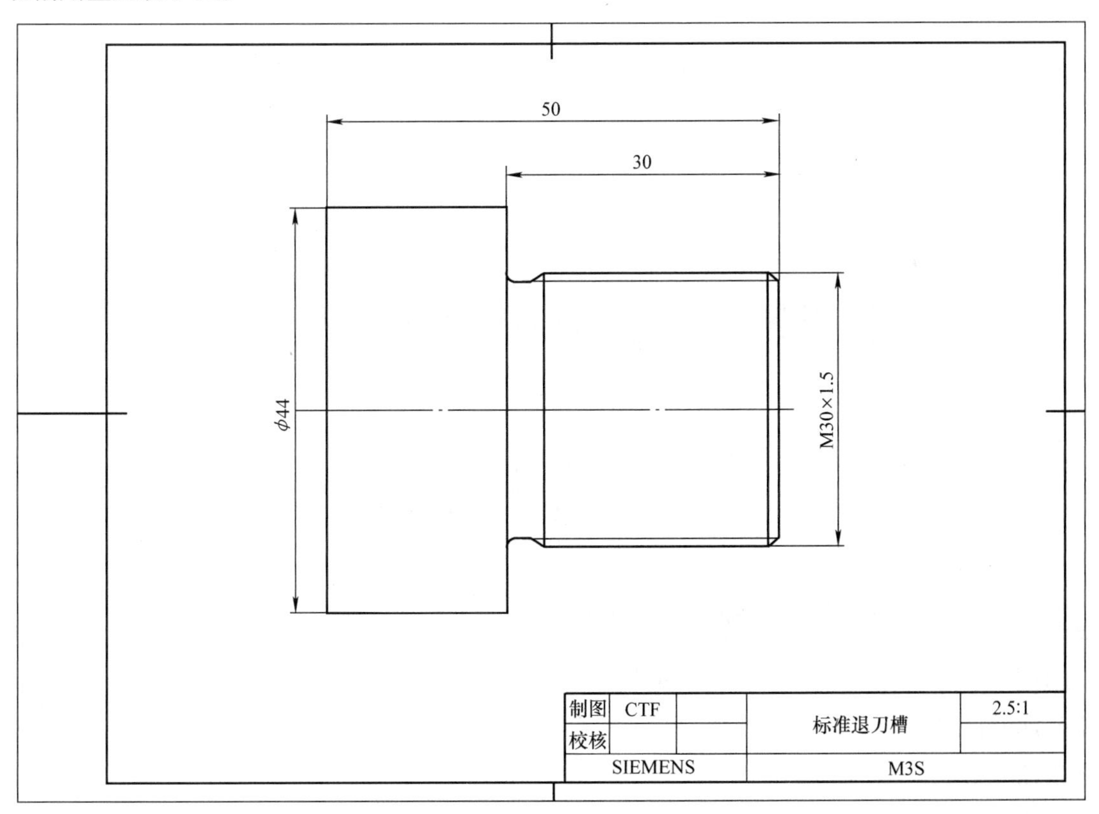

图 6-31　待车削工件

1）毛坯：铝棒 $\phi 45 \times 100$mm。

2）工件装夹：工件端面到卡盘端面的距离大于 65mm。

表 6-12　刀具及切削用量

刀具名称	刀号和补偿号	转速 /(r/min)		进给速度 /(mm/r)		X 轴单边切深 /mm	换刀点 /mm	说明
		粗	精	粗	精			
35° 左偏刀	T1D1	1200	1800	0.2	0.1	1	*X*100 *Z*150	精车螺纹退刀槽

注：对刀方法请参见编程操作手册。

程序编辑步骤如下：

1）单击 PPU 中的“程序管理”按键 。

2）单击屏幕左下角的“NC”软按键 NC 。

3）单击屏幕右上角的“新建”软按键 新建 ，输入程序名“SSSS”。

4）单击屏幕右下角的“确认”软按键 确认 ，系统切换到编辑程序界面（见图 6-32），输入程序（见图 6-33）。

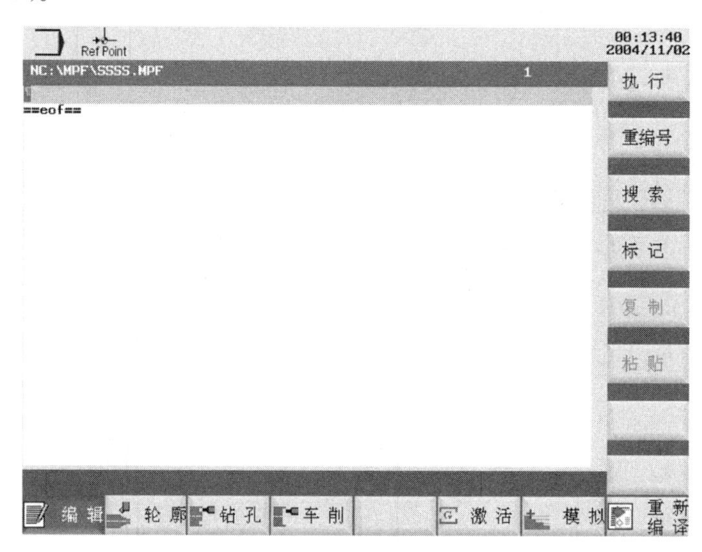

图 6-32　编辑程序界面

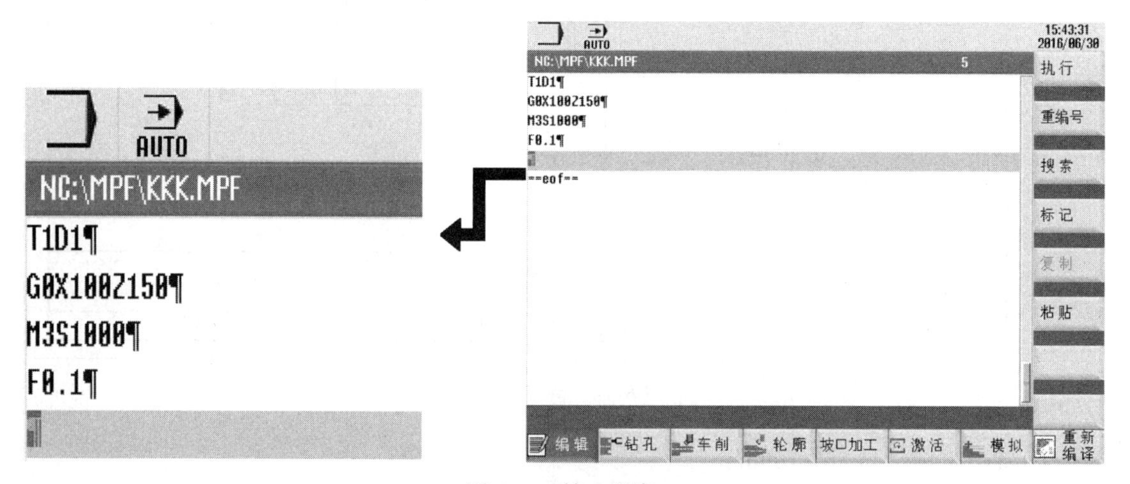

图 6-33　输入程序

5）单击屏幕中下方的“车削”软按键 。

6）单击屏幕右上角的“退刀槽”软按键 ，显示 CYCLE94 参数设置界面，并按图 6-34 右图输入参数。

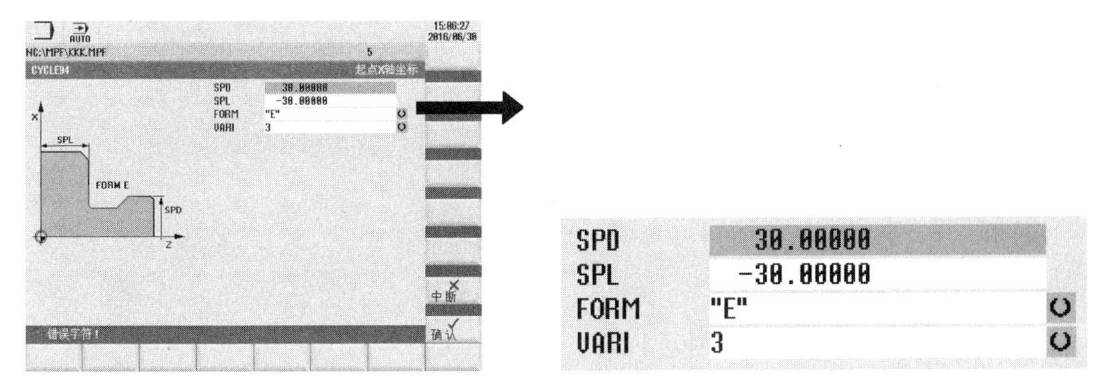

图 6-34　参数设置界面

7）参数设置完成后，单击“确认”软按键 ，回到程序界面，接着输入程序，见图 6-35。

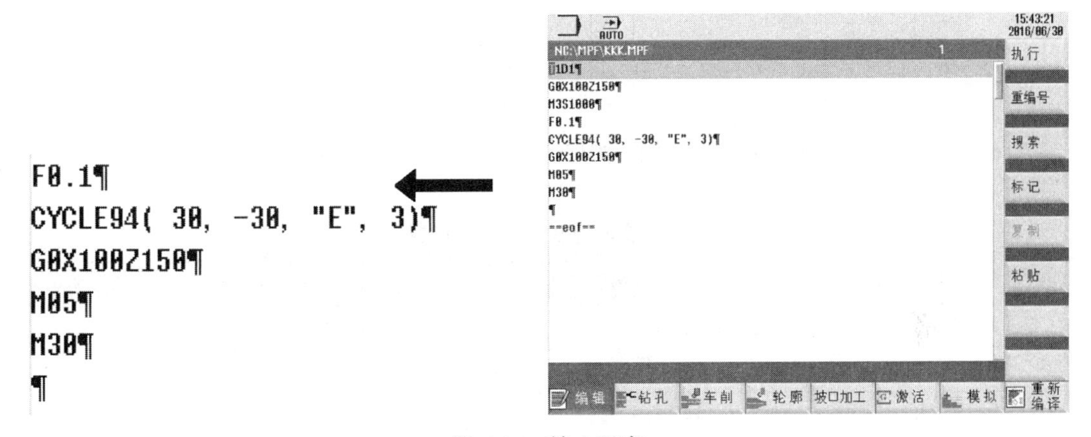

图 6-35　输入程序

8）程序输完后，单击屏幕左下角的“编辑”软按键 ，回到编辑模式。

9）在单击屏幕右上角的“执行”软按键 ，机床自动跳到“自动”模式，即可开始加工。

在刀具、补偿都设置好且正确装夹毛坯的前提下，按 MCP 右下角的“循环启动”按键，开始加工。

6.3.4　CYCLE99：螺纹车削循环

1. 功能

西门子的 CYCLE99 指令基本上集合了所有的螺纹工艺，包括米制螺纹、寸制螺纹、单线螺纹、多线螺纹、直螺纹、圆锥螺纹和螺纹链等，使用 CYCLE99 指令车削螺纹无须计算 *X* 轴每次的切削深度，只需设置螺纹深度及需要切削的次数，使用非常灵活方便。

2. 编译后的程序格式

CYCLE99（SPL, DM1, FPL, DM2, APP, ROP, TDEP, FAL, IANG, NSP, NRC, NID, PIT, VARI, NUMTH, _VRT, PITA）

3. 编程操作界面

螺纹车削循环尺寸标注图样及参数对话框如图 6-36 所示，编程操作界面说明见表 6-13。

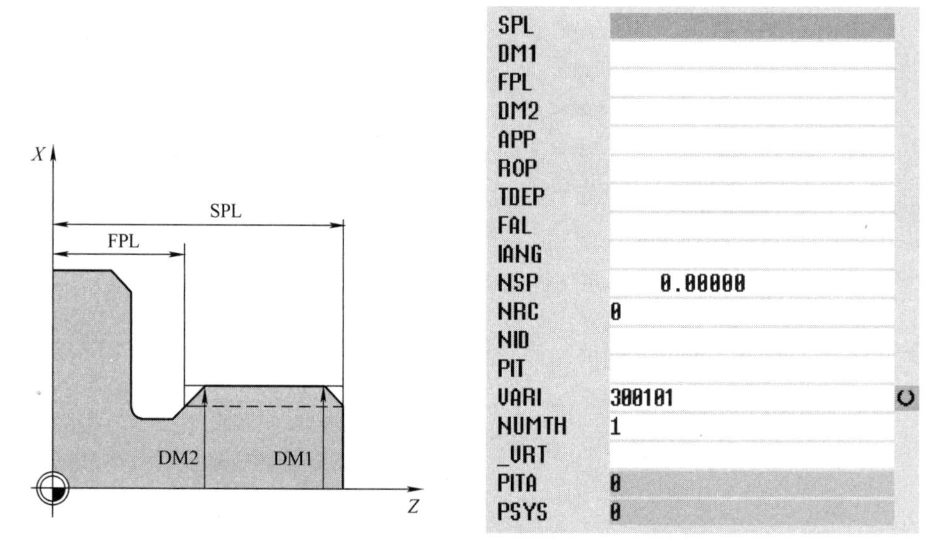

图 6-36　螺纹车削循环尺寸标注图样及参数对话框

表 6-13　螺纹车削循环编程操作界面说明

序号	对话框参数	编程操作	说　明
1	SPL	螺纹起点 Z 轴坐标	根据图样输入 Z 轴起点坐标
2	DM1	螺纹起点处直径	根据图样输入螺纹直径
3	FPL	螺纹终点 Z 轴坐标	根据图样输入 Z 轴终点坐标
4	DM2	螺纹终点处直径	根据图样输入螺纹直径
5	APP	螺纹导入距离，无符号	Z 轴开始切入的实际距离
6	ROP	螺纹导出距离，无符号	X 轴开始退刀的实际距离
7	TDEP	螺纹深度，无符号	螺纹深度理论计算值 0.65P
8	FAL	螺纹精加工余量	螺纹精加工余量单边值
9	IANG	螺纹进给角度	以牙形角为 60° 说明： 30 为以牙形后齿面进刀 0 为以牙形角中线进刀 –30 为以牙形角前齿面进刀
10	NSP	螺纹起点的偏移角度	螺纹在柱面开始的角度，通常为“0”
11	NRC	粗加工次数	螺纹粗加工次数
12	NID	空切次数	螺纹在最终深度的加工次数
13	PIT	螺距	螺纹螺距

（续）

序号	对话框参数	编程操作	说　明
14	VARI	螺纹加工 X 轴进刀方式： ：300101 为外螺纹线性进刀 ：300102 为内螺纹线性进刀 ：300103 为外螺纹递减进刀 ：300104 为内螺纹递减进刀	一般情况下，建议选择递减进刀方式车削螺纹
15	NUMTH	螺纹头数	螺纹头数
16	_VRT	X 轴的返回距离，大于 TDEP 值	X 轴返回距离
17	PITA	PIT 螺距的单位 ：1 为米制 ：2 为英制	若选择寸制，之前的 PIT 表示牙数

4. 编程示例

本例主要以直螺纹为例说明，对于锥螺纹、螺纹链循环的参数设置和直螺纹基本一致，这里不再一一举例。

车削如图 6-37 所示的工件，刀具及切削用量见表 6-14。

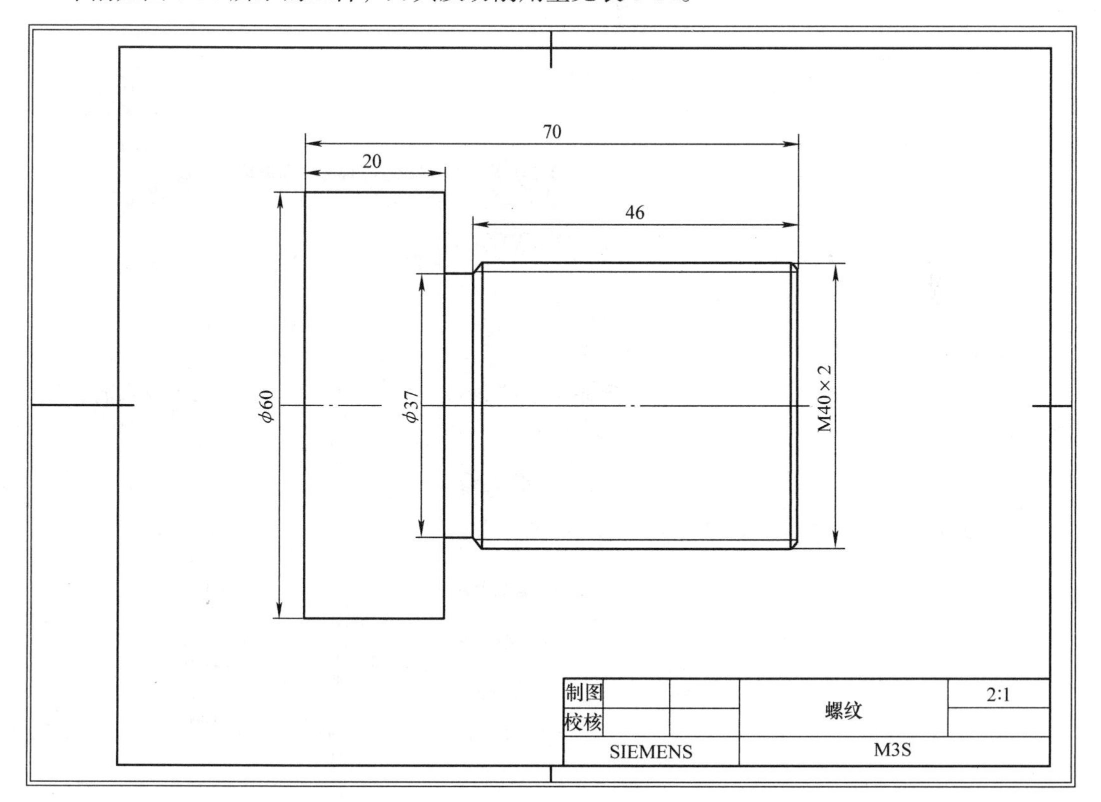

图 6-37　待车削工件

1）毛坯：铝棒 $\phi 65 \times 100$mm。

2）工件装夹：工件端面到卡盘端面的距离大于 75mm。

表 6-14　刀具及切削用量

刀具名称	刀号和补偿号	转速 /(r/min)		进给速度 /(mm/r)		X 轴单边切深 /mm	换刀点 /mm	说明
		粗	精	粗	精			
2.0 螺纹刀	T1D1	600	600	2	2	/	X100 Z150	粗精车螺纹

注：对刀方法请参见编程操作手册。

程序编辑步骤如下：

1）单击 PPU 中的“程序管理”按键。

2）单击屏幕左下角的“NC”软按键。

3）单击屏幕右上角的“新建”软按键，输入程序名“SSSS”。

4）单击屏幕右下角的“确认”软按键，系统切换到编辑程序界面，输入程序（见图 6-38）。

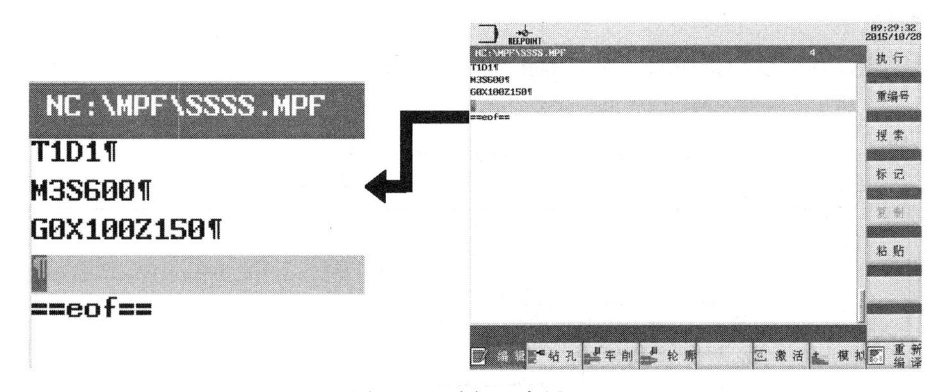

图 6-38　编辑程序界面

5）单击屏幕中下方的“车削”软按键。

6）单击屏幕右上角的“螺纹”软按键。

7）单击“直螺纹”软按键，系统显示螺纹参数设置界面，按照图 6-39 输入需设置的螺纹参数。

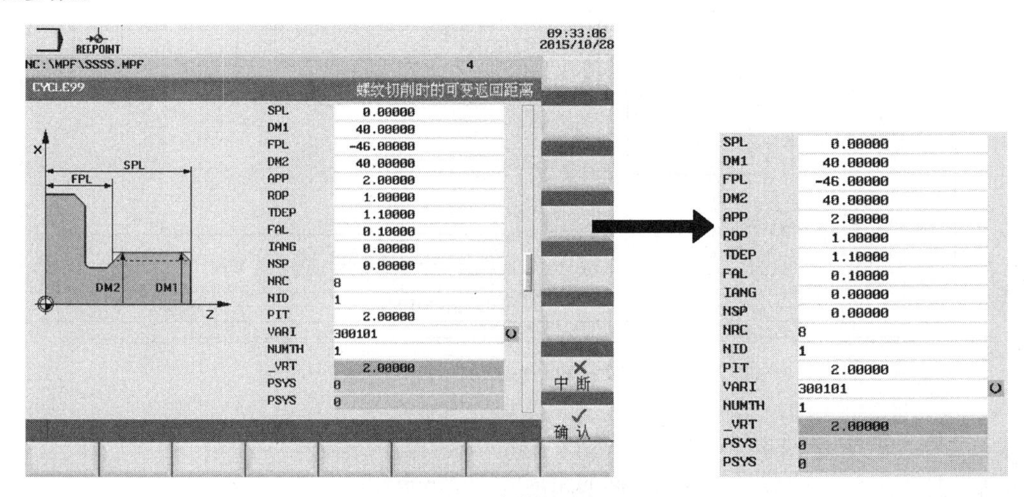

图 6-39　参数设置界面

8）参数设置完成后，单击“确认”软按键 ，回到程序界面，接着输入程序，如图 6-40 所示。

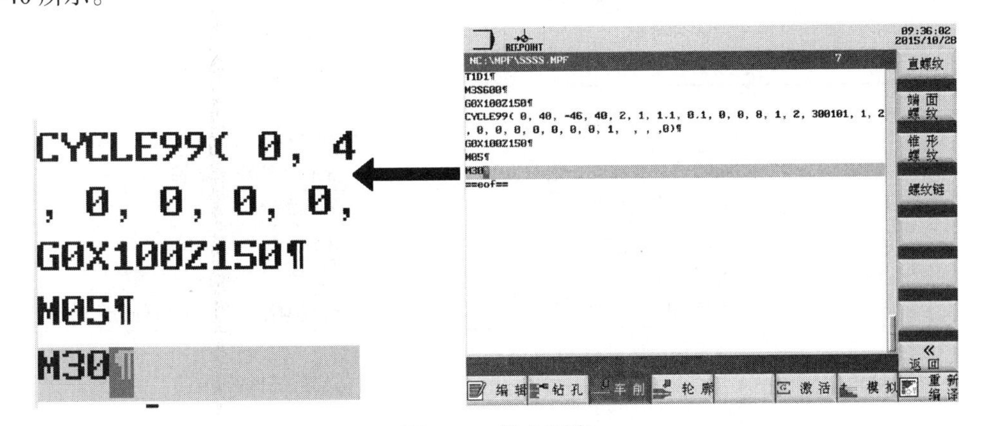

图 6-40　输入程序

9）程序输完后，单击屏幕左下角的“编辑”软按键 ，回到编辑模式。

10）在单击屏幕右上角的“执行” ，机床自动跳到“自动”模式，即可开始加工。

在刀具、补偿都设置好且正确装夹毛坯的前提下，按 MCP 右下角的“循环启动”按键，开始加工。

6.3.5　CYCLE92：切断车削循环

1. 功能

西门子的 CYCLE92 切断循环指令，可以设置在切断之前，在工件尾部倒平、倒圆角，避免工件二次装夹倒角，可在工件即将切断时，可以更改进给参数，避免工件在切断时甩飞。

2. 编译后的程序格式

CYCLE92（SPD, SPL, DIAG1, DIAG2, RC, SDIS, SV1, SV2, SDAC, FF1, FF2, SS2, VARI, AMODE）

3. 编程操作界面

切断车削循环尺寸标注图样及参数对话框如图 6-41 所示，编程操作界面说明见表 6-15。

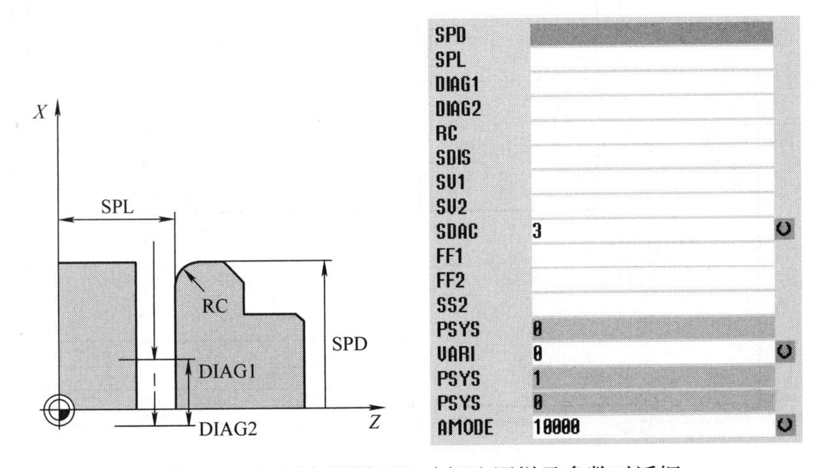

图 6-41　切断车削循环尺寸标注图样及参数对话框

表 6-15　切断车削循环编程操作界面说明

序号	对话框参数	编程操作	说　明
1	SPD	起点 X 轴坐标	开始切断的 X 坐标
2	SPL	起点 Z 轴坐标	开始切断的 Z 坐标
3	DIAG1	主轴开始减速的深度，绝对坐标	当 X 轴运行到该参数设的直径时，主轴执行 SS2 设定的转速
4	DIAG2	切断时的最终深度，绝对坐标	根据图样输入 Z 轴终点坐标
5	RC	倒圆半径或倒角宽度	圆角的半径或倒角的长度
6	SDIS	安全距离，无符号	X 轴定位坐标：SPD+SDIS
7	SV1	恒定切削速度	设定恒线速车削的线速度
8	SV2	恒定切削时，主轴最大速度	恒线速激活时，主轴的最大转速
9	SDAC	主轴旋转方向 ：3 为主轴正转 ：4 为主轴反转	选择主轴旋转方向
10	FF1	到达主轴减速深度前的进给速度	X 由 SPD 移动到 DIANG1 的进给速度
11	FF2	从主轴减速深度到最终深度的进给速度，单位为 mm/r	X 由 DIAG1 移动到 DIAG2 的进给速度
12	SS2	到达最终深度前的主轴减速转速	在即将切断时，主轴的转速
13	VARI	加工方式 ：0 为返回 SPD+SDIS ：1 为不返回	X 轴退刀方式
14	AMODE	倒圆角或倒平角 ：10000 为倒圆角 ：11000 为倒平角	选择倒圆角或倒平角，倒角尺寸由 RC 设定

4. 编程示例

以图 6-42 所示的圆柱切断为例，简单说明 CYCLE92 的使用，刀具及切削用量见表 6-16。

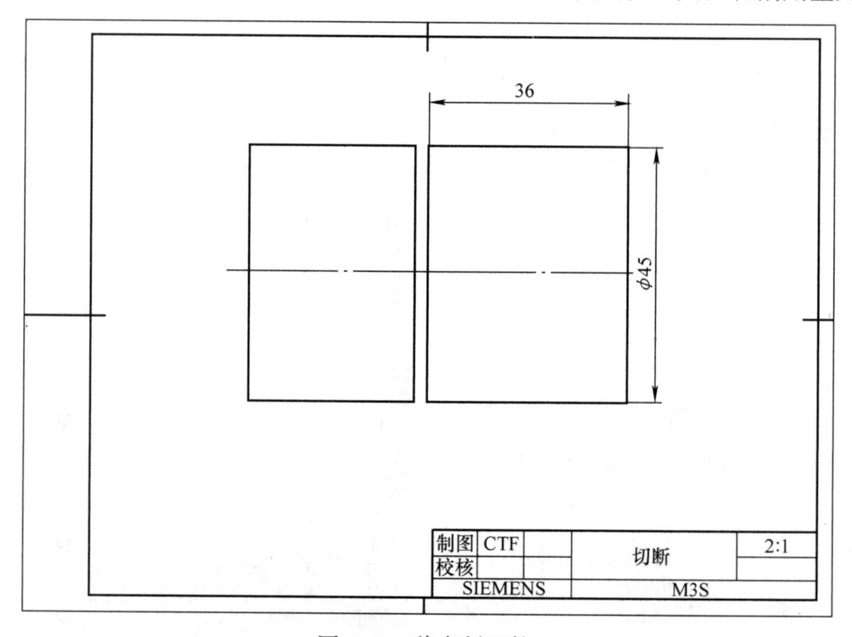

图 6-42　待车削工件

表 6-16　刀具及切削用量

刀具名称	刀号和补偿号	转速 /(r/min)		进给速度 /(mm/r)		X 轴单边切深 /mm	换刀点 /mm	说明
		粗	精	粗	精			
3mm 切槽刀	T1D1	600	600	0.1	0.1	1.5	X100 Z150	切断

注：1. 需选择 PPU 上的“偏置”按键 > 系统“刀具列表”软按键，新建一把切槽刀，切槽刀宽度设置为 3mm，否则无法正常切削。
2. 对刀方法请参见编程操作手册。

1）毛坯：铝棒 $\phi 45 \times 100$mm。

2）工件装夹：工件端面到卡盘端面的距离大于 65mm。

程序编辑步骤如下：

1）单击 PPU 中的“程序管理”按键。

2）单击屏幕左下角的“NC”软按键。

3）单击屏幕右上角的“新建”软按键，输入程序名“SSSS”。

4）单击屏幕右下角的“确认”软按键，系统切换到编辑程序界面（见图 6-43），输入程序（见图 6-44）。

5）单击屏幕中下方的“车削”软按键。

6）单击屏幕右下角的“切断”软按键，进入参数设置界面，如图 6-45 所示。

7）参数设置完成后，单击“确认”软按键，回到程序界面，接着输入程序，如图 6-46 所示。

8）程序输完后，单击屏幕左下角的“编辑”软按键，回到编辑模式。

9）在单击屏幕右上角的“执行”软按键，机床自动跳到“自动”模式，即可开始加工。

在刀具、补偿都设置好且正确装夹毛坯的前提下，按 MCP 右下角的“循环启动”按键，开始加工。

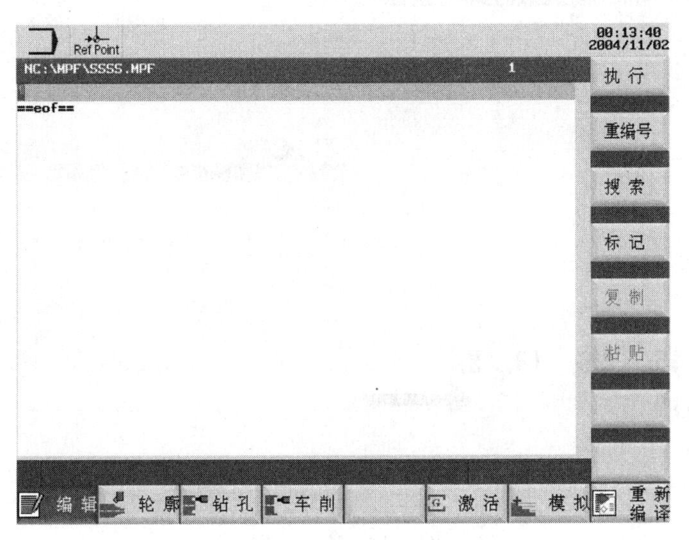

图 6-43　编辑程序界面

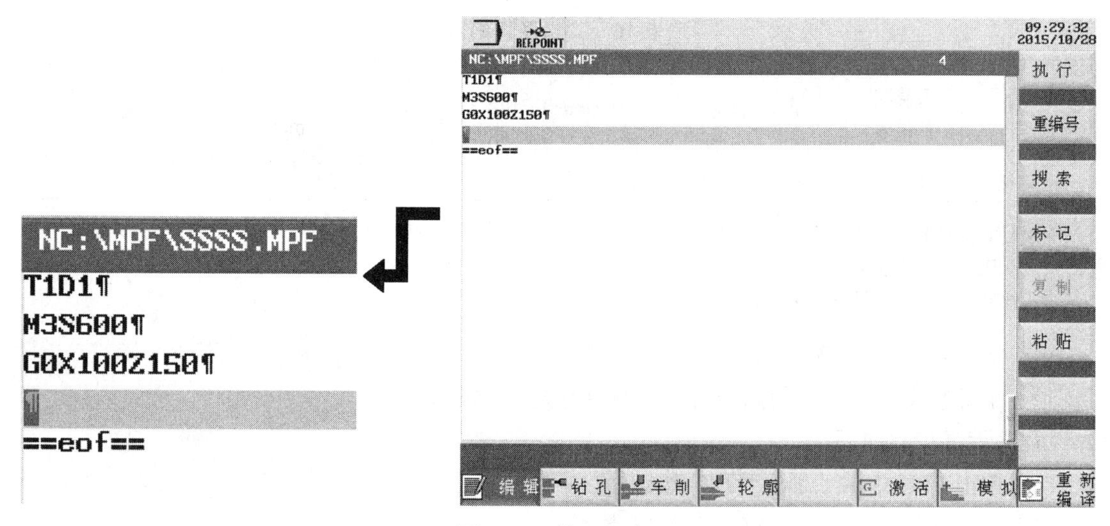

图 6-44　输入程序

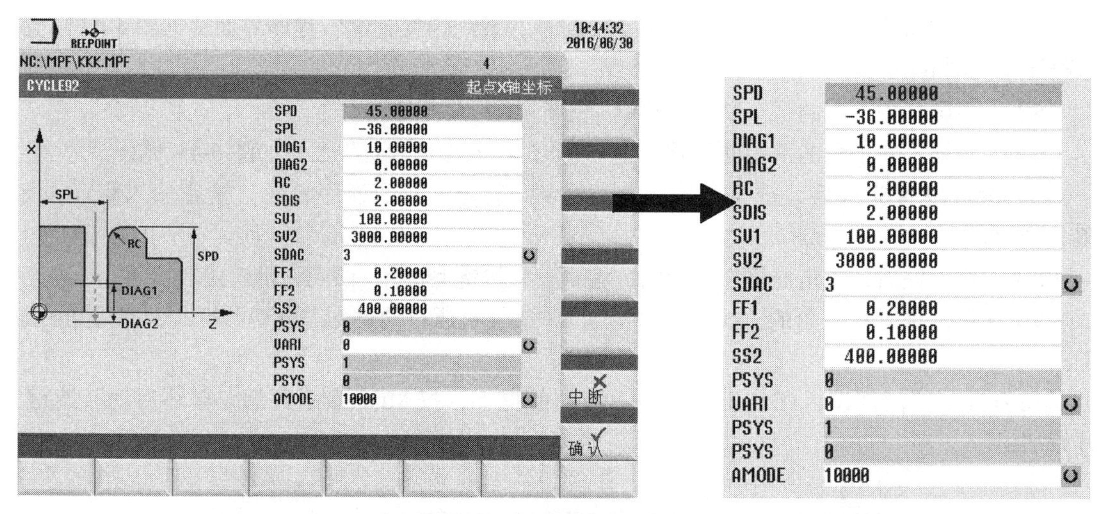

图 6-45　参数设置界面

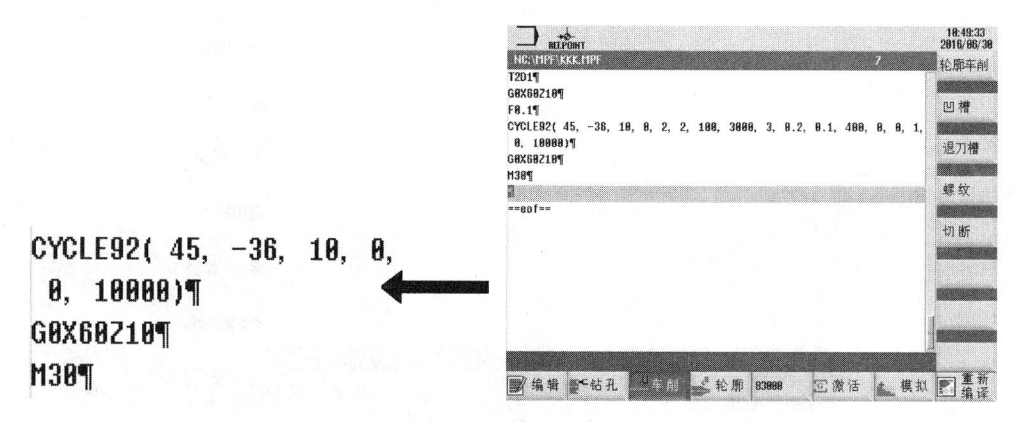

图 6-46　输入程序

第 7 章

CAXA/UG 数控车床软件编程

7.1 CAXA 数控车床软件功能与使用

7.1.1 CAXA 数控车床的 CAD 造型功能

CAXA 数控车床软件具有 CAD 软件的强大绘图功能和完善的外部数据接口，可以任意绘制复杂的二维零件图形，可以对图形进行编辑与修改，还可以通过 DXF、IGES 等数据接口与其他系统进行数据交换，下面简单介绍常用的 CAXA 绘图工具（见图 7-1）。

图 7-1　绘图工具菜单

（1）生成直线

单击直线生成工具图标或单击"应用"→"绘图工具"→"直线"菜单命令，激活直线生成功能。

（2）生成平行线

单击平行线生成工具图标或单击"应用"→"绘图工具"→"平行线"菜单命令，激活平行线生成功能。

（3）生成圆或圆弧

绘制圆弧可以单击圆弧生成工具图标或单击"应用"→"绘图工具"→"圆弧"菜单命令，激活圆弧生成功能。通过切换立即菜单，可以采用不同方式生成圆弧。

（4）生成样条曲线

单击样条曲线生成工具图标或单击"应用"→"绘图工具"→"样条线"菜单命令，激活样条曲线生成功能。在 CAXA 数控车床中生成样条曲线有直接作图和文件读入两种方式。

（5）生成椭圆曲线

单击椭圆曲线生成工具图标或单击"应用"→"绘图工具"→"椭圆"菜单命令，激活椭圆生成功能。在 CAXA 数控车床中生成椭圆曲线有直接作图和文件读入两种方式。

7.1.2 CAXA 数控车床的 CAM 加工功能

CAXA 数控车床软件的加工方式有轮廓粗车、轮廓精车、切槽、钻中心孔、车螺纹和螺纹固定循环 6 种。在计算机上绘制好工件图形，确定了加工工艺，设置好刀具及参数之后，CAXA

数控车床软件就可以生成刀位轨迹了。

（1）轮廓粗车

轮廓粗车可对工件的内、外轮廓表面及端面进行粗车加工，用于快速清除毛坯的多余部分。轮廓粗车时要确定被加工轮廓和毛坯轮廓，被加工轮廓是加工结束后的工件表面轮廓，毛坯轮廓是加工前毛坯的表面轮廓。被加工轮廓和毛坯轮廓两端点相连，两轮廓共同组成一个封闭的加工区域，在此区域内的材料将被加工去除。被加工轮廓和毛坯轮廓不能单独闭合或自相交。

（2）轮廓精车

轮廓精车指对工件外轮廓表面、内轮廓表面和端面的精车加工。轮廓精车时应确定被加工轮廓，被加工轮廓指加工结束后的工作表面轮廓，被加工轮廓不能单独闭合或自相交。

（3）切槽

切槽功能用于在工件外轮廓表面、内轮廓表面或端面切槽。切槽时要确定被加工轮廓，被加工轮廓是加工结束后的工件表面轮廓，被加工轮廓不能闭合或自相交。

（4）钻中心孔

CAXA 数控车床提供了多种钻孔方式，包括高速啄式深孔钻、左攻螺纹、精镗孔、钻孔、镗孔和反镗孔等。

（5）车螺纹

CAXA 数控车床的车螺纹功能为采用非固定循环方式加工螺纹，可对螺纹加工中的工艺条件和加工方式进行更为灵活的控制。

（6）螺纹固定循环

CAXA 数控车床的螺纹固定循环功能采用固定循环方式加工螺纹，输出的代码适用于西门子 840D 车床数控系统。

7.1.3 典型车削编程实例

1. 分析加工图样

如图 7-2 所示，该零件为“螺纹轴”图形，需要进行外圆、切槽、外三角螺纹加工，加工表面粗糙度为 *Ra*3.2。

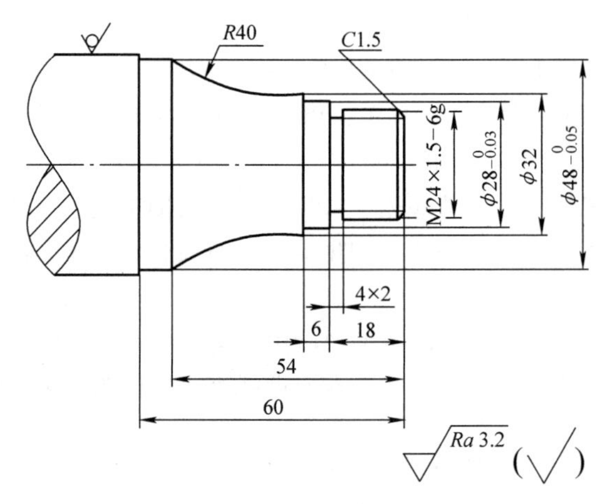

图 7-2　螺纹轴零件图样

2. 确定加工路线和装夹方式

此零件给定毛坯尺寸为 ϕ 50mm × 100mm，零件图样加工长度为 60mm。以工件毛坯定位，三爪卡盘夹持毛坯，伸出长度超过 65mm，然后粗、精加工零件轮廓，切 4mm 宽螺纹退刀槽及螺纹。

3. 设置参数，生成加工轨迹

（1）车右端外轮廓

夹持毛坯，使其伸出长度超过 65mm，粗、精车零件轮廓。将工件坐标系原点选择在零件左端面的中心。

粗车右端外轮廓。单击“应用”→“数控车床”→“轮廓粗车”菜单命令，弹出“粗车参数表”对话框，该零件右端外轮廓加工的参数见表 7-1~ 表 7-4。

表 7-1　粗车右端外轮廓加工精度参数表

内容	参数	选项卡
加工表面类型	外轮廓	
加工参数	加工精度为 0.02mm 径向余量为 0.2mm 轴向余量为 0.05mm 加工角度为 180° 切削行距为 1mm 副偏角干涉角度为 55° 主偏角干涉角度为 10°	
加工方式	行切方式	
拐角过渡方式	圆弧	
反向走刀	否	
详细干涉检查	是	
退刀时沿轮廓走刀	是	
刀尖半径补偿	编程时考虑半径补偿	

表 7-2　粗车右端外轮廓进退刀方式参数

内容	参数	选项卡
每行相对毛坯进刀方式	与加工表面成定角，长度为 1mm，角度为 45°	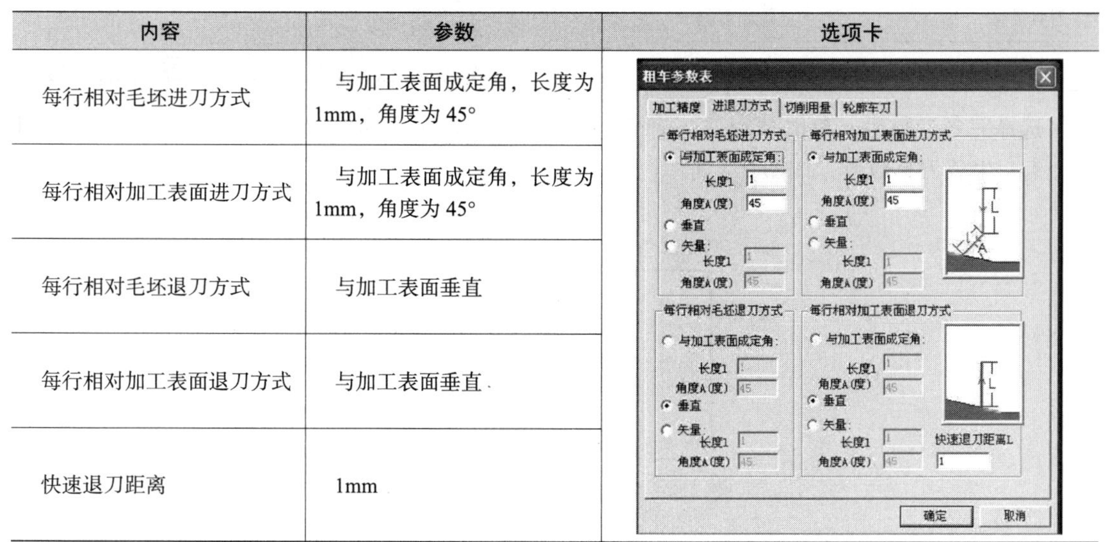
每行相对加工表面进刀方式	与加工表面成定角，长度为 1mm，角度为 45°	
每行相对毛坯退刀方式	与加工表面垂直	
每行相对加工表面退刀方式	与加工表面垂直	
快速退刀距离	1mm	

表 7-3　粗车右端外轮廓切削用量参数

内容	参数	选项卡
速度设定	进退刀时快速退刀：否 接近速度为 0.3mm/r 退刀速度为 20mm/r 进刀量为 0.2mm/r	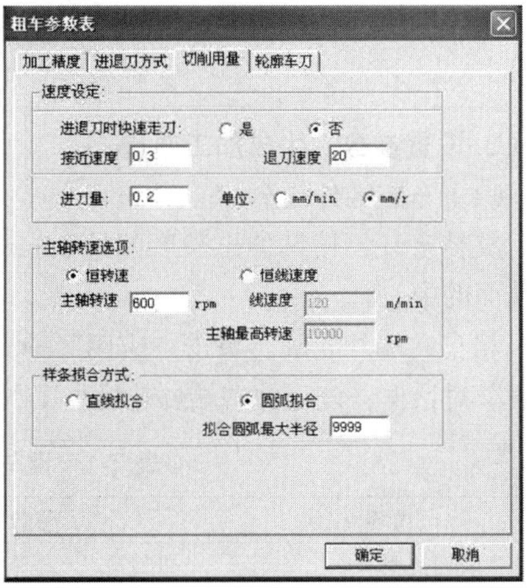
主轴转速选项	恒转速，主轴转速为 600r/min	
样条拟合方式	圆弧拟合	

表 7-4　粗车右端外轮廓车刀参数

内容	参数	选项卡
刀具号	1	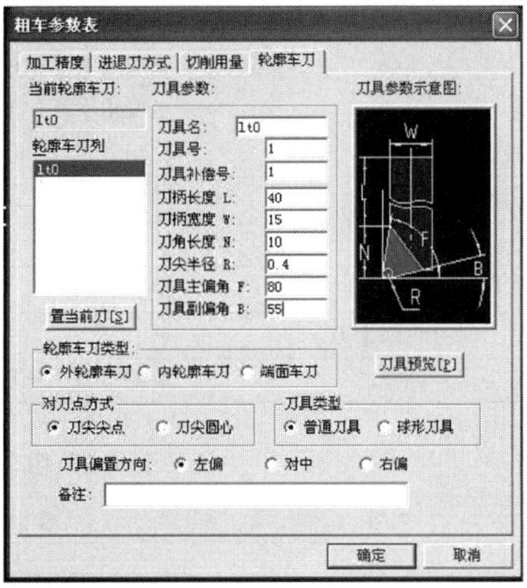
刀柄长度	40mm	
刀角长度	10mm	
刀尖半径	0.4mm	
刀具主偏角	80°	
刀具副偏角	55°	
轮廓车刀类型	外轮廓车刀	
对刀点方式	刀尖尖点	
刀具类型	普通刀具	
刀具偏置方向	左偏	

选择完各参数后，单击“确定”按钮，按提示拾取加工表面轮廓、零件毛坯轮廓，输入进退刀点，生成刀具轨迹，如图 7-3 所示。

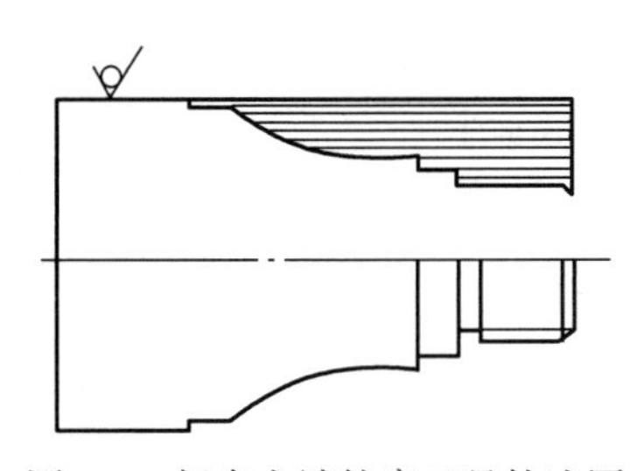

图 7-3　粗车右端轮廓刀具轨迹图

精车右端内轮廓。单击“应用”→“数控车床”→“轮廓精车”菜单命令，弹出“精车参数表”对话框，该零件外轮廓加工的参数见表 7-5~ 表 7-8。

表 7-5　精车右端外轮廓加工参数

内容	参数	选项卡
加工表面类型	外轮廓	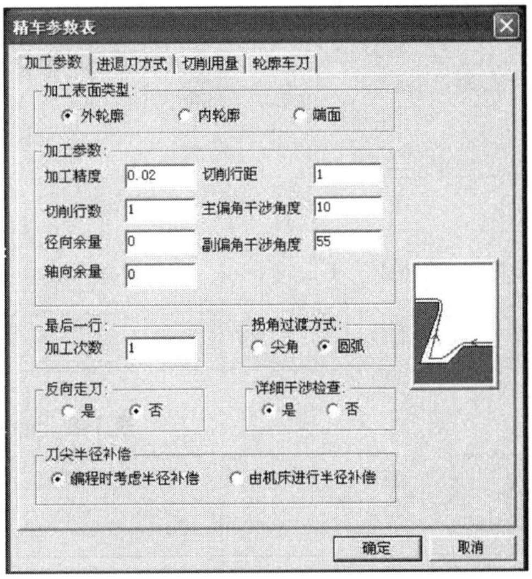
加工参数	加工精度为 0.02mm 径向余量为 0 轴向余量为 0 切削行距为 1mm 主偏角干涉角度为 10° 副偏角干涉角度为 55°	
拐角过渡方式	圆弧	
反向走刀	否	
详细干涉检查	是	
刀尖半径补偿	编程时考虑半径补偿	

表 7-6　精车右端外轮廓进退刀方式参数

内容	参数	选项卡
每行相对加工表面进刀方式	与加工表面成定角，长度为 1mm，角度为 45°	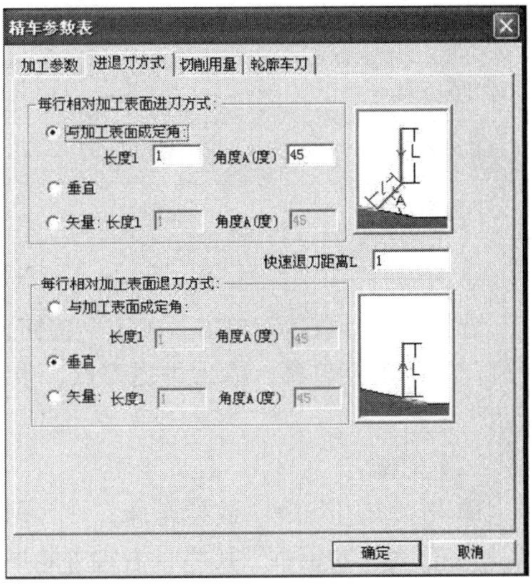
每行相对加工表面退刀方式	与加工表面垂直	
快速退刀距离	1mm	

表 7-7　精车右端外轮廓切削用量参数

内容	参数	选项卡
速度设定	进退刀时快速退刀：否 接近速度为 0.3mm/r 退刀速度为 20mm/r 进刀量为 0.1mm/r	
主轴转速选项	恒转速，主轴转速为 800r/min	
样条拟合方式	圆弧拟合	

表 7-8　精车右端外轮廓车刀参数

内容	参数	选项卡
刀具号	2	
刀柄长度	40mm	
刀角长度	10mm	
刀尖半径	0.4mm	
刀具主偏角	80°	
刀具副偏角	55°	
轮廓车刀类型	外轮廓车刀	
对刀点方式	刀尖尖点	
刀具类型	普通刀具	
刀具偏置方向	左偏	

选择完各参数后，单击“确定”按钮，按提示拾取加工表面轮廓、零件毛坯轮廓，输入进退刀点，生成刀具轨迹，如图 7-4 所示。

（2）切槽

单击“应用”→“数控车床”→“切槽”菜单命令，弹出“切槽参数表”对话框，该零件右端外轮廓加工的参数表 7-9~ 表 7-11 所示。

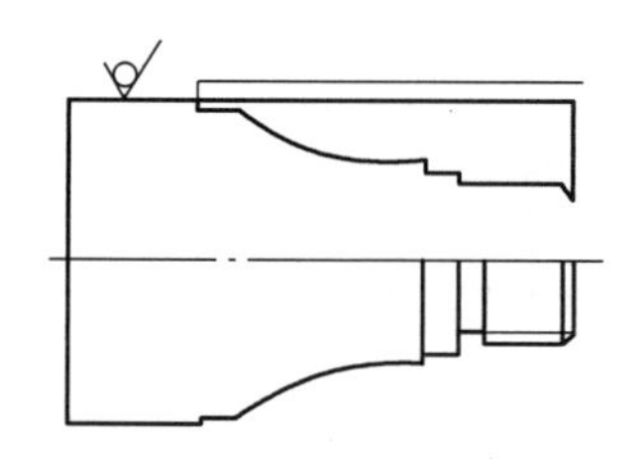

图 7-4　精车外轮廓刀具轨迹图

表 7-9　切槽加工参数

内容	参数	选项卡
切槽表面类型	外轮廓	
加工工艺类型	粗加工＋精加工	
加工方向	纵深	
反向走刀	否	
刀具只能下切	是	
粗加工时修轮廓	是	
粗加工参数	加工精度为 0.02mm 加工余量为 0.2mm 延迟时间为 0.5s 平移步距为 2mm 切深步距为 5mm 退刀距离为 6mm	
精加工参数	加工精度为 0.02mm 加工余量为 0 末次加工次数为 1 切削行数为 1 退刀距离为 6mm 切削行距为 1mm	
刀尖半径补偿	编程时考虑半径补偿	

表 7-10　切槽切削用量参数

内容	参数	选项卡
速度设定	进退刀时快速走刀：否 接近速度为 0.3mm/r 退刀速度为 20mm/r 进刀量为 0.08mm/r	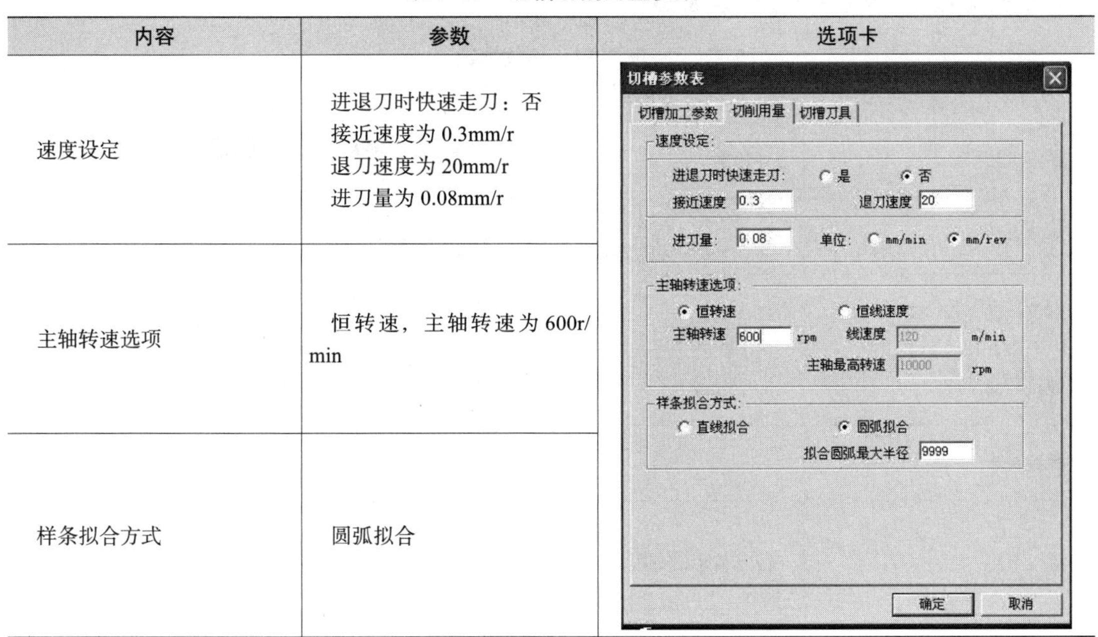
主轴转速选项	恒转速，主轴转速为 600r/min	
样条拟合方式	圆弧拟合	

表 7-11　切槽加工参数

内容	参数	选项卡
刀具号	3	
刀具长度	10mm	
刀具宽度	2mm	
刀刃宽度	3mm	
刀尖半径	0.1mm	
刀具引角	10°	
刀柄宽度	20mm	
刀具位置	5mm	
编程刀位点	前刀尖	

设定完各参数后，单击“确定”按钮，按屏幕左下方提示拾取加工表面轮廓、零件毛坯轮廓，输入进退刀点，生成刀具轨迹，如图 7-5 所示。

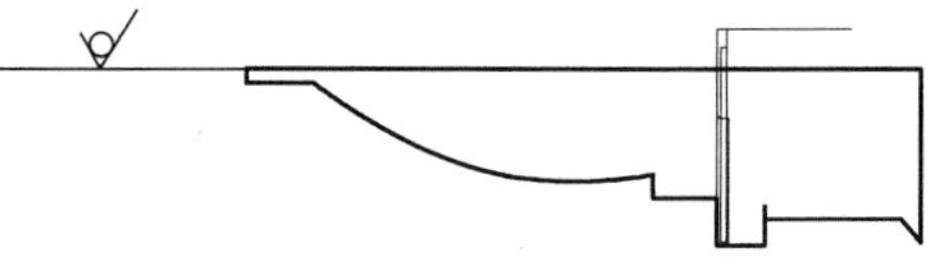

图 7-5　外轮廓切槽刀具轨迹图

（3）车削螺纹

单击“应用”→“数控车床”→“螺纹”菜单命令，弹出“螺纹参数表”对话框，该零件右端外轮廓加工的参数见表 8-12~ 表 8-15。

表 7-12　螺纹参数

内容	参数	选项卡
螺纹类型	外轮廓	
螺纹参数	起点坐标：X12 Z3 终点坐标：X12 Z-16	
螺纹长度	12.5mm	
螺纹牙高	0.975mm	
螺纹头数	1	
螺纹节距	恒定节距，节距为 1.5mm	

表 7-13　螺纹加工参数

内容	参数	选项卡
加工工艺	粗加工 + 精加工	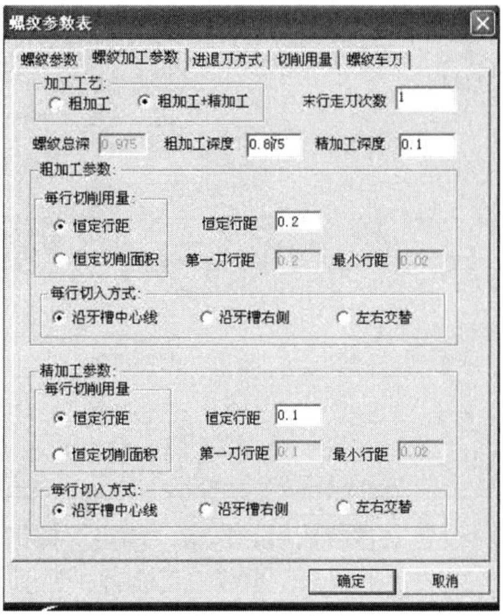
末行走刀次数	1	
粗加工深度	0.875mm	
精加工深度	0.1mm	
粗加工每行切削用量（恒定行距）	0.2mm	
每行切入方式	沿牙槽中心线	
精加工每行切削用量（恒定行距）	0.1mm	
每行切入方式	沿牙槽中心线	

表 7-14　螺纹进退刀方式

内容	参数	选项卡
粗加工进刀方式	垂直	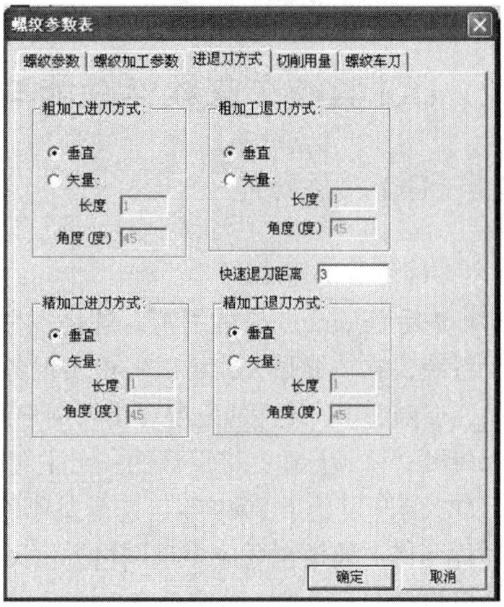
粗加工退刀方式	垂直	
精加工进刀方式	垂直	
精加工退刀方式	垂直	
快速退刀距离	3mm	

表 7-15　螺纹切削用量

内容	参数	选项卡
速度设定	进退刀时快速走刀：否 接近速度为 0.3mm/r 退刀速度为 20mm/r	螺纹参数表 螺纹参数 | 螺纹加工参数 | 进退刀方式 | 切削用量 | 螺纹车刀 速度设定： 进退刀时快速走刀：是 否 接近速度 0.3 退刀速度 20 进刀量：0.08 单位：mm/min mm/r 主轴转速选项： 恒转速 恒线速度 主轴转速 600 rpm 线速度 120 m/min 主轴最高转速 10000 rpm 样条拟合方式： 直线拟合 圆弧拟合 拟合圆弧最大半径 9999 确定 取消
主轴转速	600r/min	

设置完各参数后，单击“确定”按钮，按屏幕左下方提示拾取加工表面轮廓、零件毛坯轮廓，输入进退刀点，生成刀具轨迹，如图 7-6 所示。

4. 后置处理生成加工程序单

先进行机床设置和后置处理设置。单击“应用”菜单下的数控车床代码生成命令，弹出选择后置文件对话框，确定文件位置。按粗精加工过程一次拾取刀具轨迹，生成加工程序单。修改代码，针对特定的机床，结合已经设置好的机床配置，将后置输出的数控程序传输至机床，即可完成零件加工。

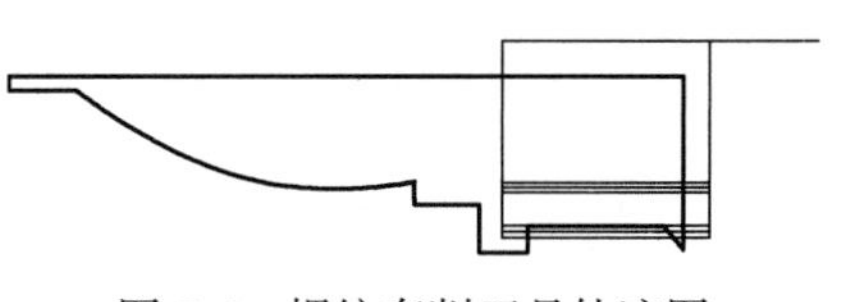

图 7-6　螺纹车削刀具轨迹图

7.2　UG 数控车床软件功能与使用

7.2.1　UG 软件功能

1.UG 发展概述

UG 是 Unigraphics 的缩写，这是一个交互式 CAD/CAM（计算机辅助设计与计算机辅助制造）系统，它功能强大，可以轻松实现各种复杂实体及造型的建构。它在诞生之初主要基于工作站，但随着 PC 硬件的发展和个人用户的迅速增长，在 PC 上的应用取得了迅猛的增长，已经成为机械、模具行业三维设计的一个主流应用软件。

UG 的开发始于 1969 年，它是基于 C 语言开发实现的。UG NX 是一个在二维、三维空间无结构网格上使用自适应多重网格方法开发的一个灵活的数值求解偏微分方程的软件工具，其设计思想足够灵活地支持多种离散方案。

NX 为技术人员具有创造性和产品技术革新的工业设计和风格提供了强有力的解决方案。利用 NX 建模，工业设计师能够迅速地建立和改进复杂的产品形状，并且使用先进的渲染和可视化工具来最大限度地满足设计概念的审美要求。

2. 产品设计

NX 包括了世界上最强大、最广泛的产品设计应用模块。NX 具有高性能的机械设计和制图功能，使制造设计具有高性能和较大的灵活性，以满足客户设计任何复杂产品的需要。NX 优于通用的设计工具，具有专业的管路和线路设计系统及钣金模块、专用塑料件设计模块和其他行业设计所需的专业应用程序。

3. 仿真、确认和优化

NX 允许制造商以数字化的方式仿真、确认和优化产品及其开发过程。通过在开发周期中较早地运用数字化仿真性能，制造商可以改善产品质量，同时减少或消除对于物理样机的昂贵耗时的设计、构建，以及对变更周期的依赖。

4. NC 加工

UG NX 加工基础模块提供连接 UG 所有加工模块的基础框架，它为 UG NX 所有加工模块提供了一个相同的、界面友好的图形化窗口环境，用户可以在图形方式下观测刀具沿轨迹运动的情况，并可对其进行图形化修改：如对刀具轨迹进行延伸、缩短或修改等。该模块同时提供了通用的点位加工编程功能，可用于钻孔、攻螺纹和镗孔等加工编程。该模块交互界面可按用户需求进行灵活的修改和剪裁，并可定义标准化刀具库、加工工艺参数样板库，使粗加工、半精加工、精加工等操作常用参数标准化，以减少培训时间并优化加工工艺。UG 软件所有模块都可在实体模型上直接生成加工程序，并保持与实体模型全相关。

UG NX 的加工后置处理模块使用户可方便地建立自己的加工后置处理程序，该模块适用于目前世界上几乎所有的主流 NC 机床和加工中心，该模块在多年的应用实践中已被证明适用于 2~5 轴或更多轴的铣削加工、2~4 轴的车削加工和电火花线切割。

5. 模具设计

UG 是当今较为流行的一种模具设计软件，主要是因为其功能强大。

模具设计的流程很多，其中分模就是关键的一步。分模有两种：一种是自动的，另一种是手动的，当然也不是纯粹的手动，也要用到自动分模工具条的命令，即模具导向。

MoldWizard（注塑模向导）是基于 NX 开发的，针对注塑模具设计的专业模块，模块中配有常用的模架库和标准件，用户可以根据自己的需要方便地进行调整，还可以进行标准件的自主开发，很大程度上提高了模具设计效率。

MoldWizard 模块提供了整个模具设计流程，包括产品装载、排位布局、分型、模架加载、浇注系统、冷却系统以及工程制图等。整个设计流程非常直观、快捷，它的应用设计让普通设计者也能完成一些中、高难度的模具设计。

7.2.2　基本操作

1. UG NX 界面认识

打开 UG，在没有打开文件之前的用户界面如图 7-7 所示。

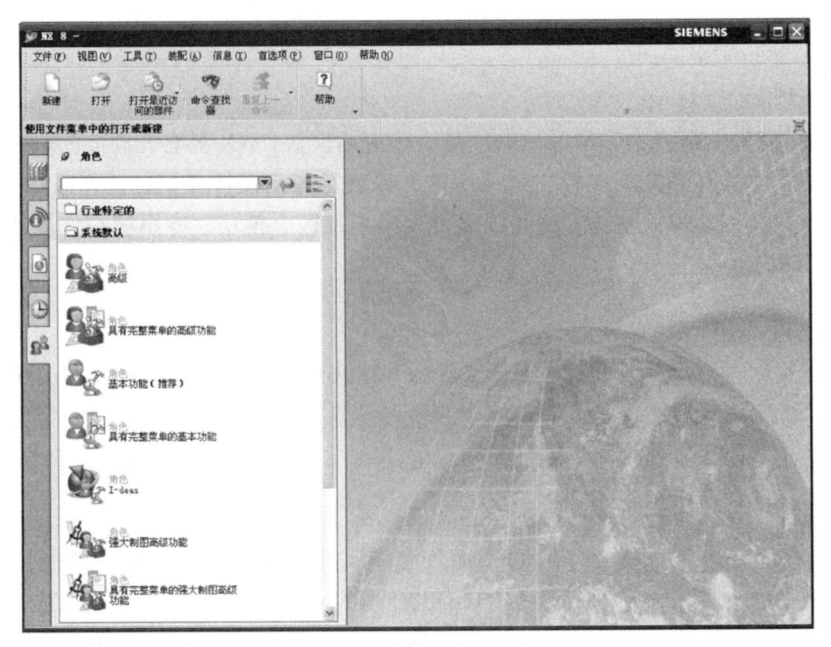

图 7-7　UG 启动后的初始界面

（1）新建一个零件文件或打开一个已存在的零件文件。

1）新建一个文件的操作。单击“新建”图标，弹出“新建”对话框，如图 7-8 所示。

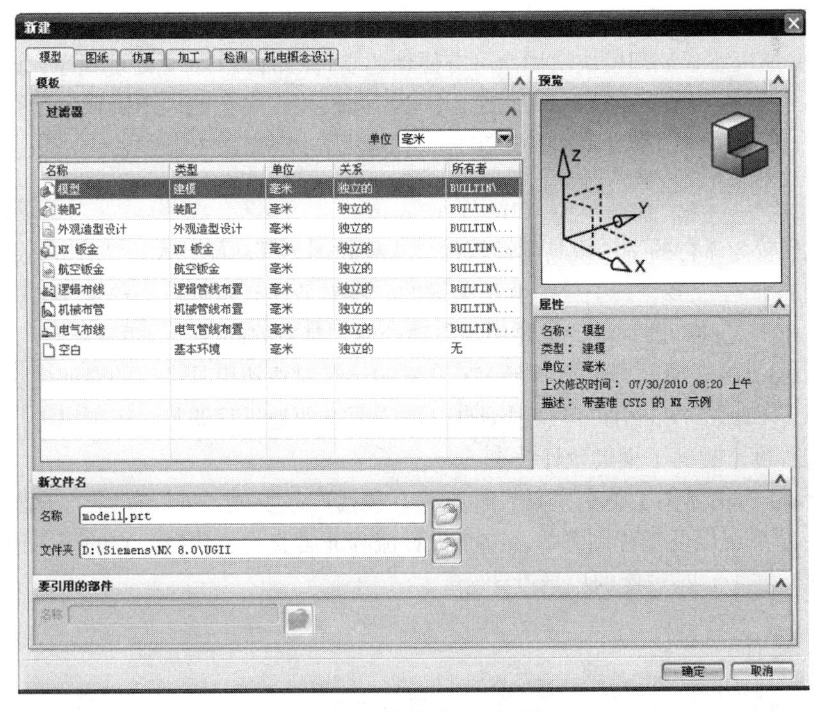

图 7-8　文件名设定对话框

设定好文件夹路径、文件名称（文件名只能用英文不能用中文），单击“确定”按钮，界面如图 7-9 所示。

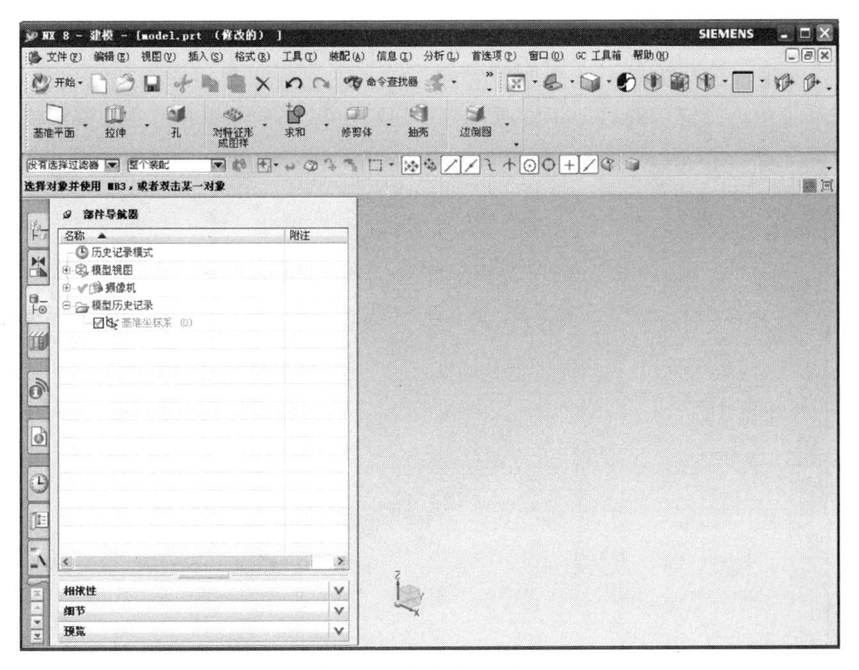

图 7-9　新建文件界面

2）打开一个已存在文件的操作。单击“打开”图标，弹出“打开”对话框，如图 7-10 所示。

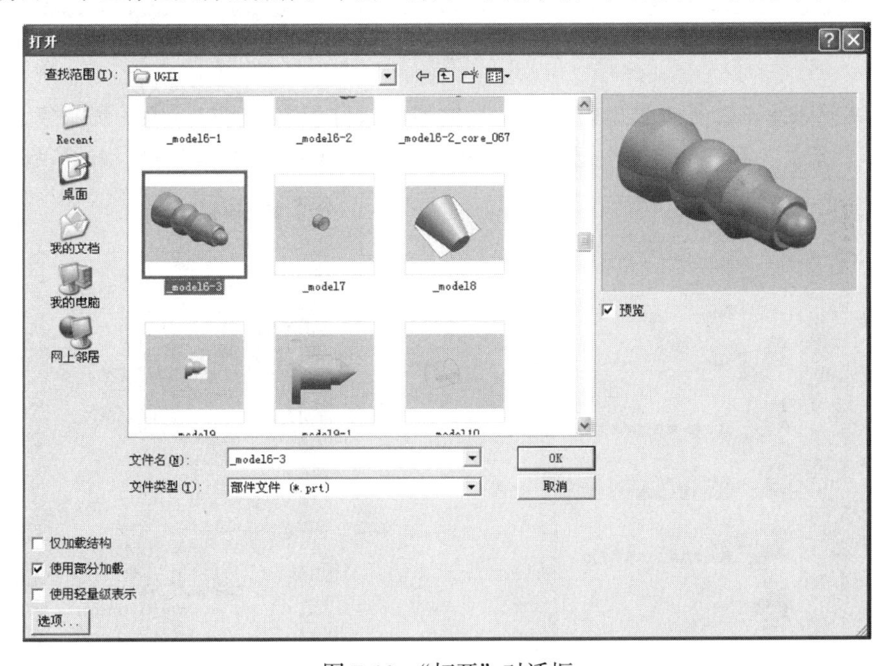

图 7-10　“打开”对话框

找到文件存放的文件夹，选择要打开的文件，单击“OK”按钮，界面显示被打开零件的图形模型，如图 7-11 所示。

（2）资源板

资源板包括一个资源条和相应的显示框。资源条中有装配导航器、部件导航器、重用库、

HD3D 工具、Internet Explorer、历史记录、系统材料、Process Studio、加工向导、角色和系统可视化场景等内容。在资源条上选择所需要的选项，则在资源条相邻的右侧显示相应的内容，如图 7-12 所示的角色设定。通过使用资源板，用户可以很方便地获取相关的资源信息。

图 7-11　打开已存在零件的界面

1）资源板部件导航器如图 7-13 所示，导航器要么位于图形窗口一侧的资源条上，要么就在资源条工具条上。部件导航器中记录了用户绘制零件模型的顺序，以及模型的所有特征。

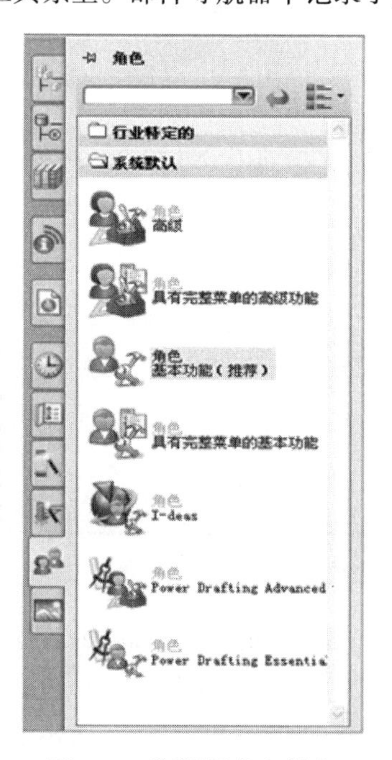

图 7-12　资源板角色设定

图 7-13　部件导航器

部件导航器显示当前活动的部件（称为工作部件）的模型和图样内容，而装配导航器显示部件的装配结构。

通过部件导航器用户可以对模型进行尺寸修改和顺序更改等，基本操作示例如图 7-14 所示。

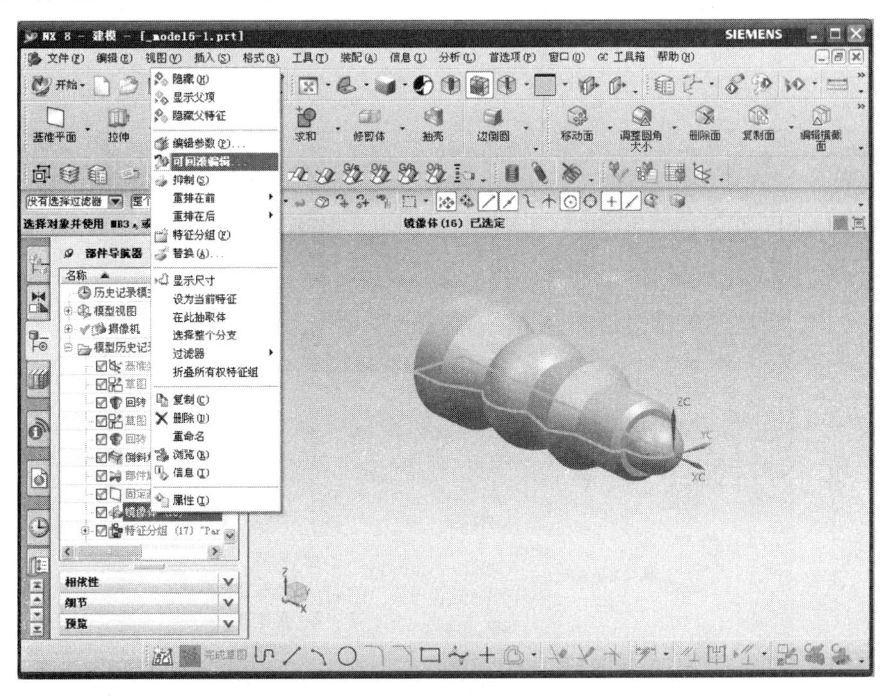

图 7-14　在部件导航器中回滚编辑修改尺寸

2）角色：NX 包含了许多高级功能，您可以使用角色限制或定制用户界面上看到的工具。角色可以裁剪用户界面，隐藏您不使用的工具，从而实现您特定的日常任务。若果您是 NX 的新用户，或是不常使用 NX，我们建议您使用默认的基本功能角色。使用此角色，命令按钮的图标比较大，其下显示有命令名称。

如果您希望使用更完整的工具集，则单击屏幕一侧资源条中的角色选项卡，并在系统默认设置的文件夹中选择其中一个高级角色。

随着使用此软件的经验越来越多，您还可以使用定制工具，根据自己的需要组织菜单和工具条，随后将您的设置保存为个性化角色。

在资源板的角色设定中，设定不同的角色，功能菜单中菜单功能的多少是不一样的。设定角色的基本功能，在功能菜单的下拉列表中，显示常用的基本功能，如图 7-15 所示。

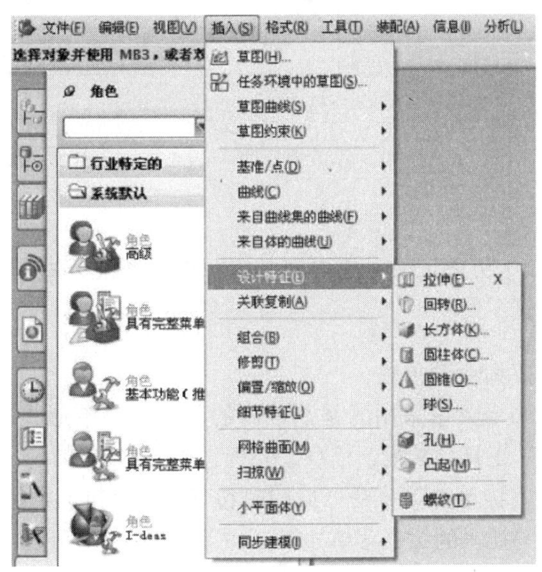

图 7-15　角色为基本功能的菜单

设定角色为具有完整菜单的高级

功能，则在功能菜单的下拉列表中，显示该菜单全部的功能，如图 7-16 所示。

图 7-16　角色为具有完整菜单功能的菜单

3）历史记录：历史记录资源板中记录了用户最近使用（保存过）的文件，可以从中直接打开其零件。

2. 命令菜单栏

命令菜单采用的是最常用的下拉式菜单形式。UG 命令菜单有文件、编辑、视图、插入、格式、工具、装配、信息、分析、首选项、窗口、GC 工具箱和帮助。

直接单击菜单命令或同时按下 Alt 键和菜单命令右边的字符，就能打开相应的菜单功能。文件与插入的命令菜单如图 7-17 和图 7-18 所示。

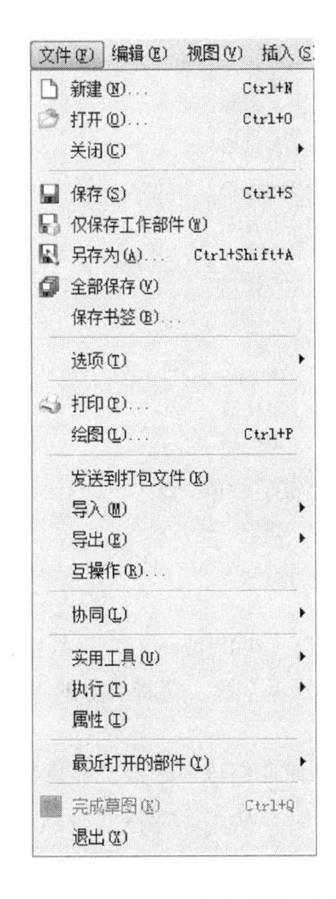

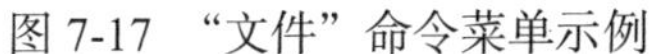
图 7-17　“文件”命令菜单示例

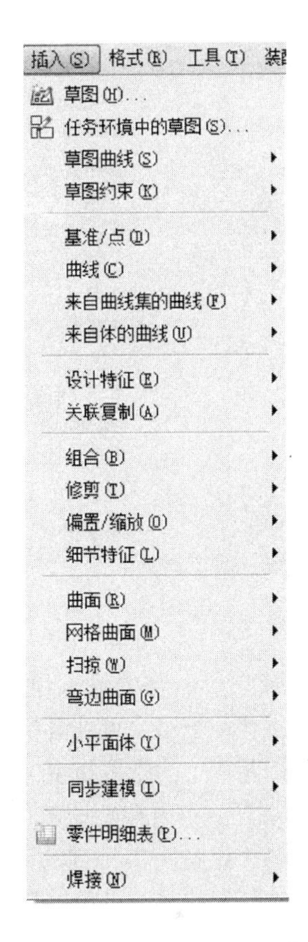

图 7-18　“插入”命令菜单示例

3. 工具栏

（1）工具栏是菜单栏中各命令的快捷图标的集合

例如，将一个草图截面沿一个矢量拉伸创建特征的操作：

单击菜单栏的“插入”→“设计特征”→“拉伸”命令（也可以直接在工具栏界面中单击“拉伸”快捷图标命令），弹出拉伸命令对话框（利用快捷图标更快捷）。

在工具栏位置处，单击鼠标右键，弹出命令菜单是否在工具栏显示的选择栏，如图 7-19 所示。（菜单条很长，为了图示方便，截成了两段并立排放）。在菜单命令前面打√，则快捷命令菜单在工具栏中会显示，否则不显示。

（2）对话框

要最大化图形窗口中可用的空间，可将几乎所有的对话框都附加到对话框轨道上，这还确保对话框出现在相同的位置。要将对话框移至预定义的位置，可使用轨道夹顶部的向左和向右箭头。要将对话框从对话框轨道上移开，可使用轨道夹左侧的向下倾斜箭头。要暂时隐藏对话框，可单击其标题栏或按 F3 键。

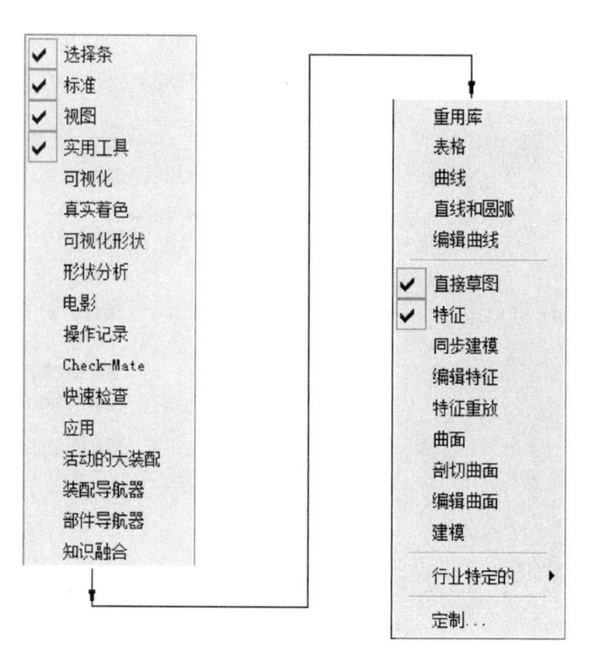

图 7-19　快捷菜单命令显示选择栏

系统将完成命令所需的输入组织为对话框内的各个组。可以折叠不常用的组以简化对话框。要展开或折叠一个组，可在其标题栏的任意位置单击鼠标左键。要将折叠的组都隐藏起来，可单击对话框标题栏上的隐藏折叠的按钮。

许多命令都有一个内存功能部件，可记住您上次是如何使用该命令的。在重新打开一个命令对话框时，各个组按上次排列的界面保留展开或折叠，而且您上次输入的值也会显示。要将对话框恢复其默认的状态，可单击其标题栏上的重置按钮。

4. 鼠标与键盘的操作

要旋转模型，可在按住鼠标中键（MB2）的同时拖动鼠标。要围绕模型上某一个位置旋转，可先在该位置按住 MB2 一会，然后再开始拖动。

要平移，可在按住鼠标中键和右键（MB2+MB3）的同时拖动鼠标，也可以同时按住 SHIFT 键和 MB2 键。

要缩放，可在按住鼠标左键和中键（MB1+MB2）的同时拖动鼠标，也可以使用鼠标滚轮，或同时按住 CTRL 键和 MB2 键。

要恢复正交视图或其他默认视图，可用鼠标右键单击图形窗口的空白区域，从定向视图菜单中选择一个视图。

5. 模型的显示

（1）定向视图

模型在视图界面显示的视角有 8 种最基本的显示视角：正二测视图、正等测视图、俯视图、前视图、右视图、仰视图、后视图、左视图（见图 7-20）。

选择合适的视角便于在建模过程中对模型的观察，看清楚模型不同侧面的形状。

单击正二测视图图标右侧的“▼”符号，展开视角，选择其中某一视角，模型工作界面就进入该视角。

（2）渲染样式

构建模型时为了便于观察，以及便于操作时的图素选择，就需要着色显示或线框模型等显示。

渲染样式：新部件的渲染样式是由用于创建该部件的模板决定的。要更改渲染样式，右键单击图形窗口的空白区域，从渲染样式菜单中选择一个样式。

真实着色："真实着色"工具条提供的选项可快速设置照片般逼真的实时显示。

操作如下：单击视图工具条的显示模式的下拉展开按钮，如图 7-21 所示，通过选择不同的模式，可以获得三维模型不同的显示效果。

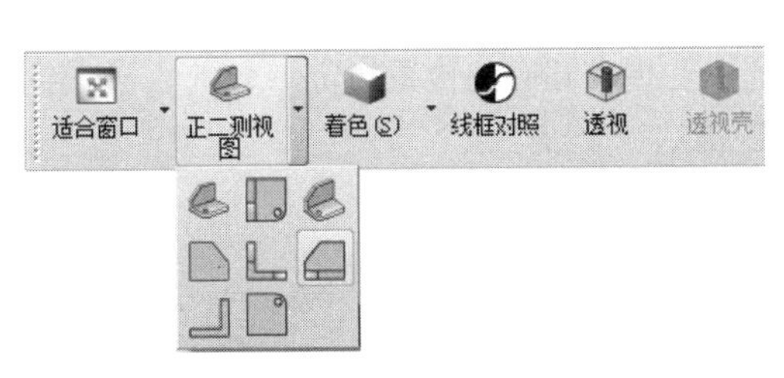

图 7-20　图形视图

图 7-21　显示模式

6. 点构造器

在建模过程中，必不可少的过程是确定模型的尺寸和位置，点构造器是用来确定三维空间位置的一个最通用的工具。

点构造器是一个对话框，常常根据建模的需要自动出现，不需要用户特意选择点构造器，但也可以独立使用来创建一些独立的点对象。

在菜单栏中单击"插入（S）"，在下拉菜单中选择"基准 / 点（D）"，在菜单中单击选择"点（P）"，就会弹出点构造器对话框，如图 7-22 所示。

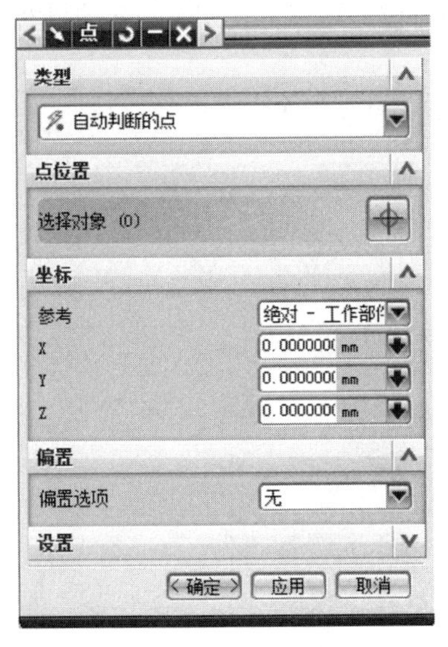

图 7-22　点构造器

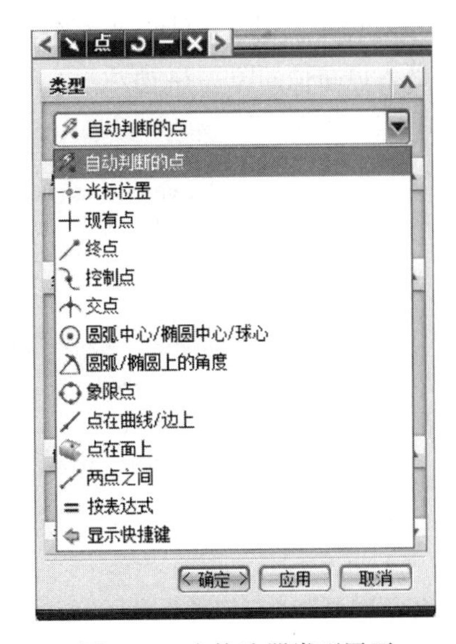

图 7-23　点构造器类型展开

1）单击类型栏文本框右侧的“▼”下拉图标，弹出以下的选择项，可以用多种方式产生点。如图 7-23 所示。

① 软件用自动判断的方法来定点，已存在的光标位置点、已存在点、端点、控制点或中心点。

② 在光标位置定出一个点。

③ 在已存在的点位置指定一个点。

④ 在已有直线、圆弧、二次曲线或其他曲线的端点位置指定一个点。

⑤ 在已存在几何对象的控制点位置指定一个点。

⑥ 在已存在两曲线的交点位置或在一曲线与另一个已存在表面（或平面）的交点位置指定一个点。

⑦ 圆弧中心 / 椭圆中心 / 球心。在圆弧、椭圆、圆、椭圆弧或球体的中心位置指定一个点。

⑧ 圆弧 / 椭圆上的角度。沿已存在圆弧或椭圆上的指定圆心角位置指定一个点。

⑨ 象限点。在已存在圆弧或椭圆的象限点位置指定一个点。

⑩ 点在曲线 / 边上。在已存在曲线或实体、片体的边上指定一个点。

⑪ 点在面上。在已存在曲面上指定一个点。

⑫ 两点之间。在已存在直线的两点之间指定一个点。

⑬ 按表达式。按表达式指定一个点。

2）坐标栏中的参考：绝对、WCS 是指下面坐标栏中的坐标值的基准。

在坐标栏的 X、Y、Z 右侧的文本框中，输入所需坐标值，单击“确定”按钮，就会在界面上产生一个三维坐标点。

3）偏置。使用相对定位方法来确定点位置，即相对于指定的一个参考点再加上偏移值来确定一个点位置。

7. 坐标系构造器

坐标系构造器用于改变当前工作坐标系（WCS）—原点与坐标轴方向。当把一个模型文件合并到当前工作模型文件中时也需要利用矢量构造器来确定对象加入到当前模型中的方位。

在建模过程中，通过灵活调整工作坐标的原点和方位，可以方便建模，提高建模速度，坐标系构造器入口路径如图 7-24 所示。

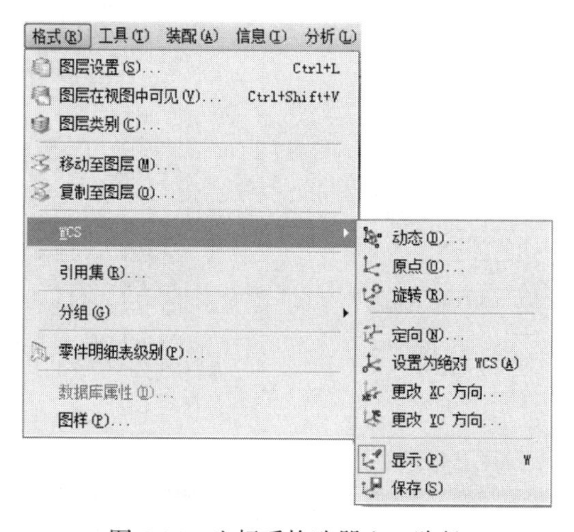

图 7-24　坐标系构造器入口路径

（1）动态

通过拖动“平移柄”或“旋转柄”动态地改变工作坐标系的原点与方向，如图 7-25 所示。

（2）原点

用点构造器改变工作坐标系的原点，见点构造器对话框。

（3）旋转

绕指定坐标轴旋转指定角度以改变 WCS 的方位，但 WCS 原点保持不变，如图 7-26 所示。

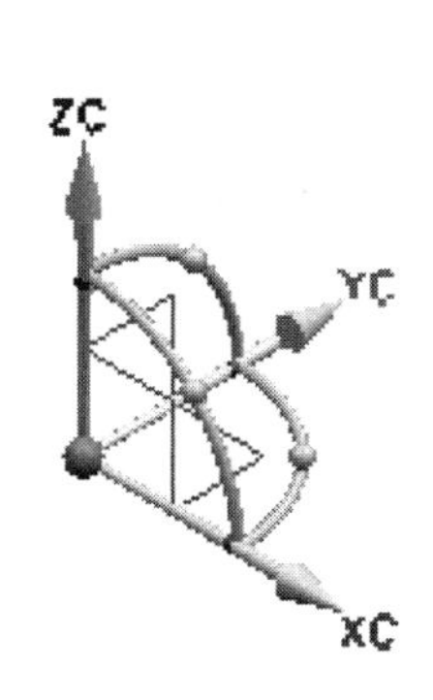

图 7-25　动态坐标系

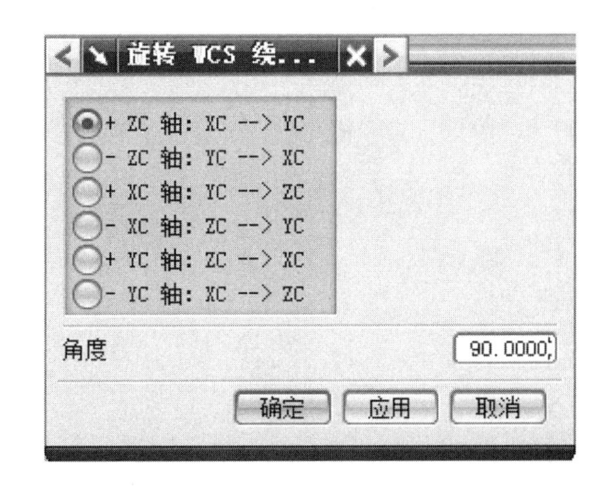

图 7-26　WCS 旋转对话框

8. 基准轴

基准轴分为固定基准轴和相对基准轴。固定基准轴是固定在工作坐标系 WCS 上的 3 个坐标系：XC 轴、YC 轴、ZC 轴。相对基准轴相当于一个单位矢量。

用途如下：

1）作为中心线，如圆柱、旋转特征的中心线。

2）作为草图的定向参考。

3）作为尺寸标注的参考。

4）作为旋转特征的参考轴。

5）作为矢量的参考。

7.2.3　UG CAD 建模操作步骤

UG 车削加工中，建模的主要过程是先构建零件加工轮廓或实体图、构建零件毛坯轮廓，再设定加工坐标系。

新建一个零件，如：lx 4.prt，单击选择“插入”→“任务环境中的草图”→“确定”（默认 *XY* 平面为草图平面），进入草图绘制界面，如图 7-27 所示。

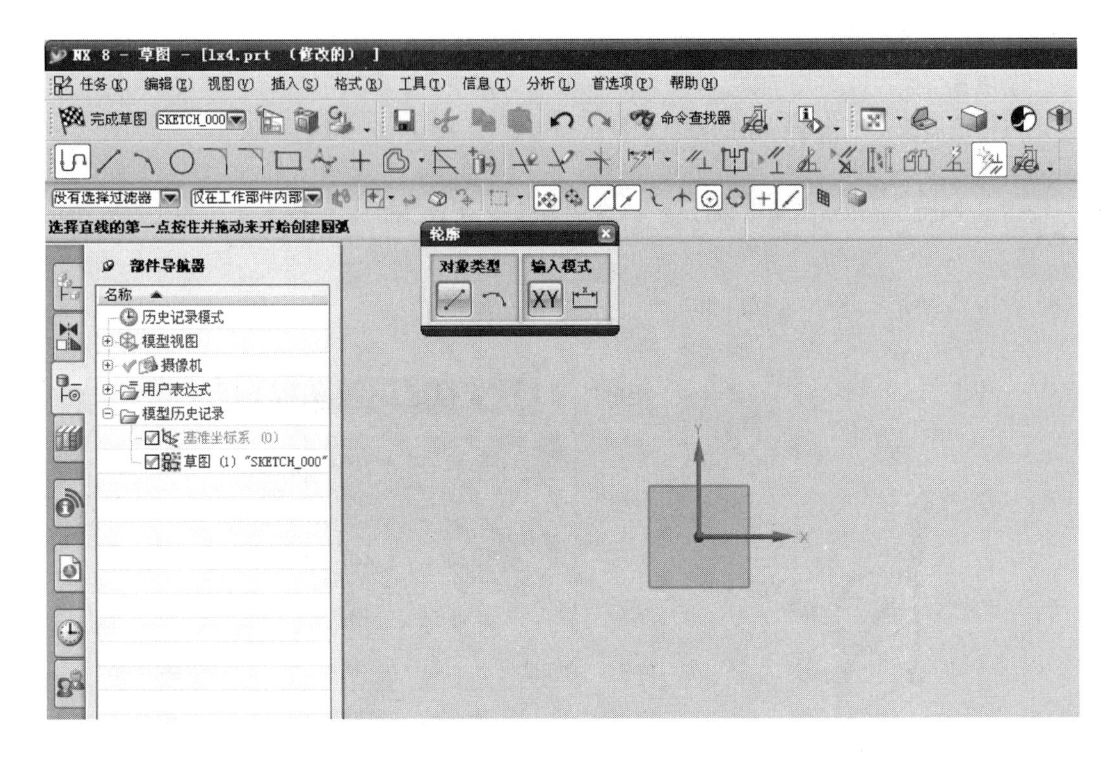

图 7-27　新建零件界面

用“轮廓（Z ）”“直线（ L ）”“圆弧（ A ）”建构图 7-28 所示的草图轮廓，应注意的是草图尺寸大小相近，形状相似。

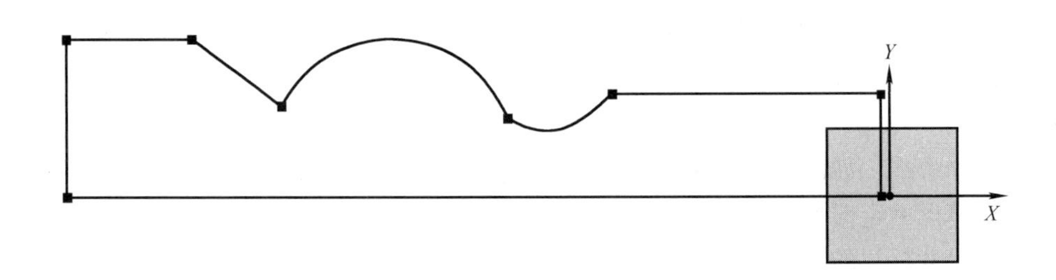

图 7-28　零件草图

先进行主要位置的约束：将右侧垂直线约束到 Y 轴上，底边水平线约束到 X 轴上，再进行主要尺寸约束和次要尺寸的约束，如图 7-29 所示。

单击“完成草图”图标，完成零件二维轮廓的建模。

在部件导航器栏，单击选择“草图（1）‘SKETCH-000’”，再单击鼠标右键，在快捷菜单中单击“隐藏”命令，隐藏刚构建的草图。

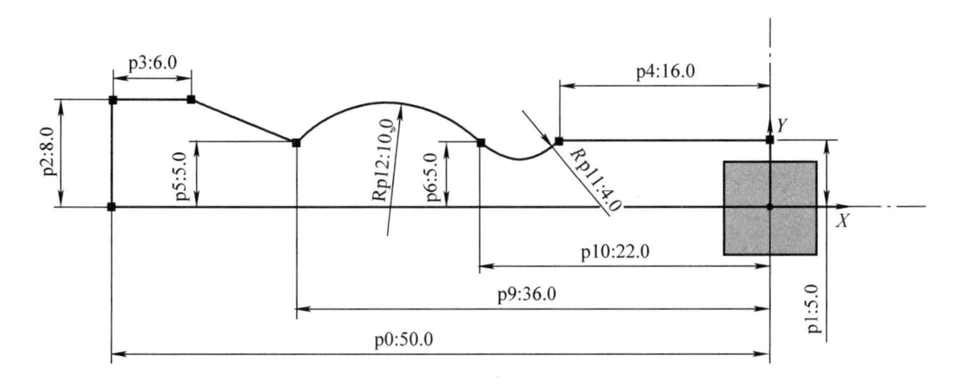

图 7-29　加上位置、尺寸约束的零件草图

单击选择“插入”→“任务环境中的草图”→“确定”，构建草图轮廓，右侧垂直线约束到 Y 轴上，底侧水平线约束到 X 轴上，如图 7-30 所示。

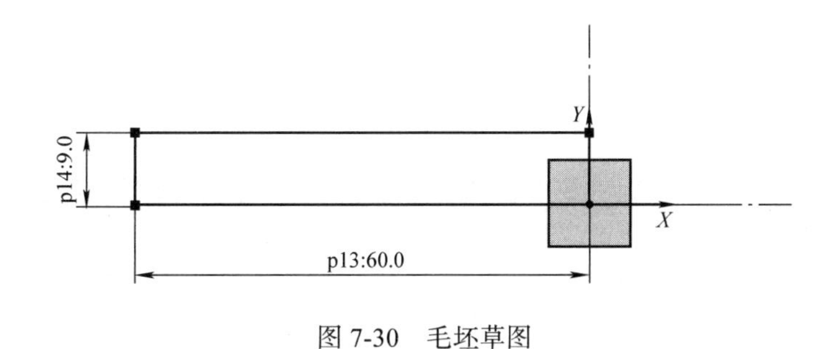

图 7-30　毛坯草图

单击“完成草图”图标，完成毛坯轮廓的构建。

在部件导航器栏，单击选择“草图（1）‘SKETCH-000’”，再单击鼠标右键，在弹出的快捷菜单中单击“显示”命令，显示前面构建的零件轮廓草图。

单击选择“格式”→“WCS”→“显示”，显示 WCS 坐标系，如图 7-31 所示。

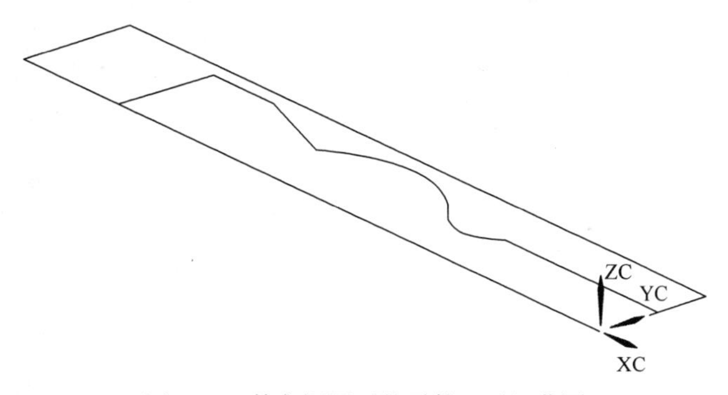

图 7-31　等角视图下的零件、毛坯草图

单击选择“格式”→“WCS”→“旋转”，弹出“旋转 WCS 绕…”对话框，单击选择“+YC 轴 ZC—XC”，角度设定为 90°，单击“应用”按钮，单击“+ZC 轴 XC—YC”，角度设定为 90°，单击“确定”按钮，如图 7-32 所示。

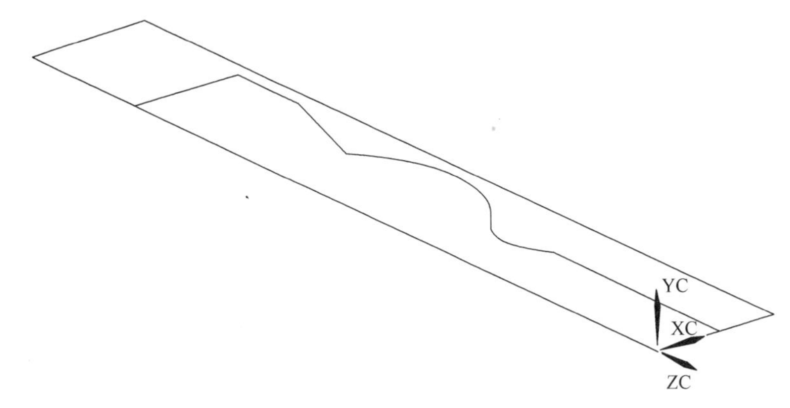

图 7-32　坐标旋转后新的坐标方向

单击“保存”按钮，保存所构建的零件和毛坯轮廓图形。

7.2.4　UG CAM 操作步骤

单击选择“开始”→“加工”，弹出“加工环境”对话框，在“CAM 会话配置”栏中，选择“cam-general”，在“要创建的 CAM 设置”栏中选择“turning”，单击“确定”按钮，界面如图 7-33 所示。

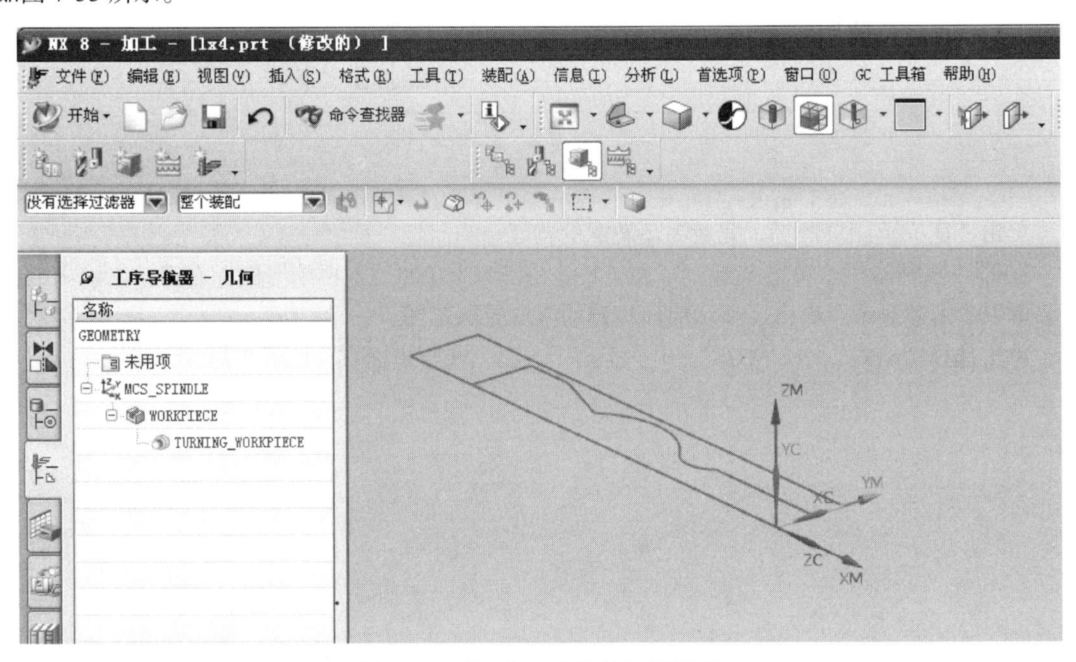

图 7-33　进入加工功能的初始界面

UG CAM 的主要操作内容有：创建程序组、创建刀具、创建几何体、创建方法和创建工序。

（1）创建程序组

在一个零件上（如复杂模具零件）有多个程序的加工，可设定几个程序组，分别进行简单的车削加工。如一个粗加工、一个精加工的情况，可不用分别设定程序组，创建的 CAM 加工程序直接放在“NC_PROGRAM”的位置下。

（2）创建刀具

CAM 加工中需要用到多把刀具，用创建刀具的功能将所要用到的所有刀具预先都定义好。

（3）创建几何体

将加工的零件几何体和毛坯几何体，以及加工坐标系，按实际加工时零件安装的实际状况定义。

（4）创建方法

一般不用定义。

（5）创建工序

以上几项操作都完成后，创建工序进入具体的工序中，进行各项加工参数设置，生成该工序加工的刀具路径。

各部分的具体操作步骤介绍如下：

1. 创建刀具（创建一把粗加工刀具和一把精加工刀具）

单击“创建刀具” 按钮，弹出“创建刀具”对话框，先创建一把粗加工刀具，在刀具子类型中选择一个合适类型的刀具，如图 7-34 所示，如选择 OD_80_L 的刀具类型（上刀架、右偏刀）。

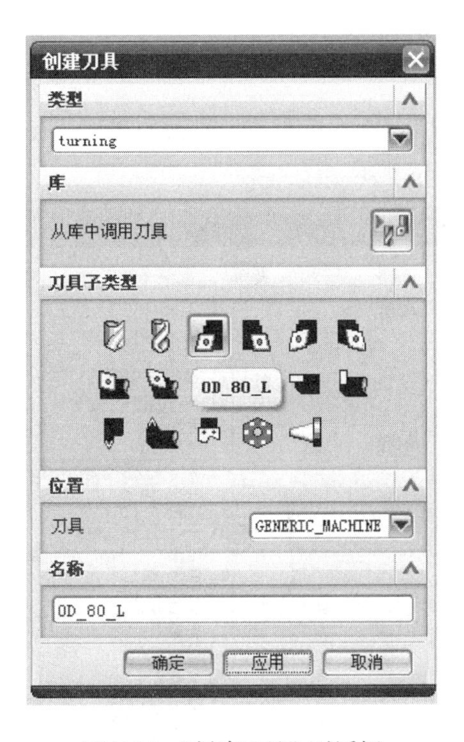

图 7-34　“创建刀具”对话框

单击“应用”按钮，弹出“车刀 - 标准”对话框，如图 7-35 所示。

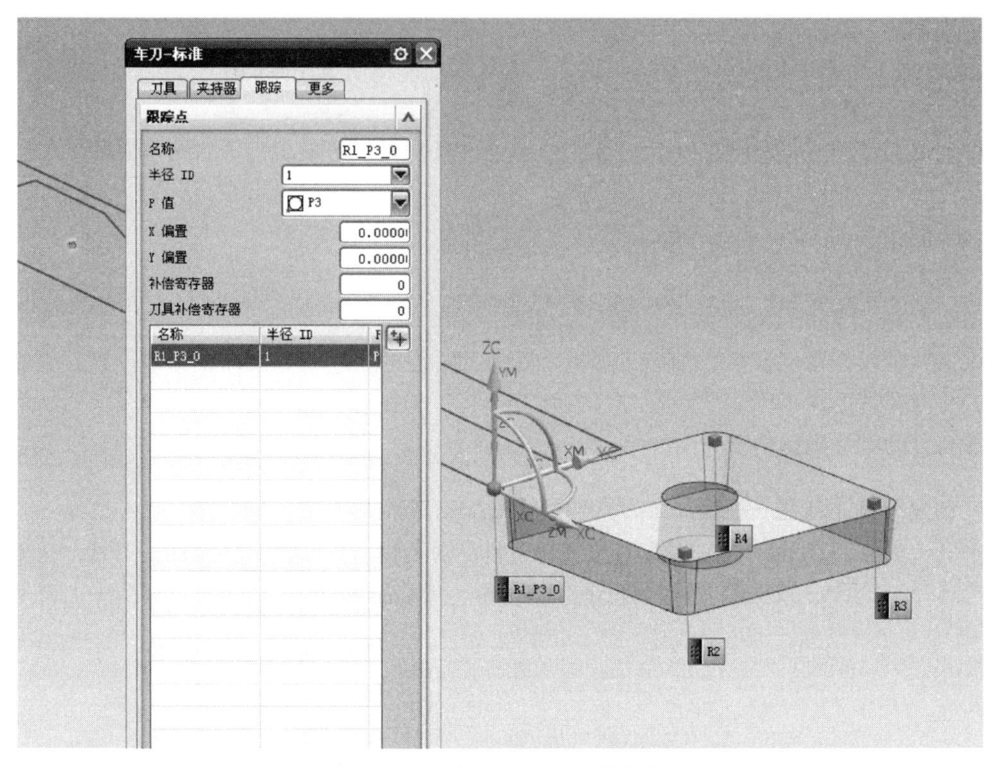

图 7-35 “车刀 - 标准”对话框

单击“刀具”选项卡，因为车削的零件有凹进去的圆弧，为了防止过切，刀片形状选择锲角为 55° 的菱形刀片，如图 7-36 所示。

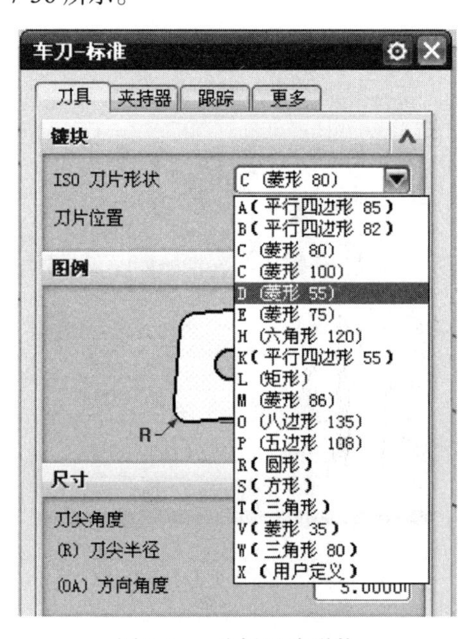

图 7-36 选择刀片形状

安装的方向角度设为 30°，即刀片的安装：主偏角为 95°、副偏角为 30°，如图 7-37 所示，单击“确定”按钮，即完成了粗加工刀具的创建。

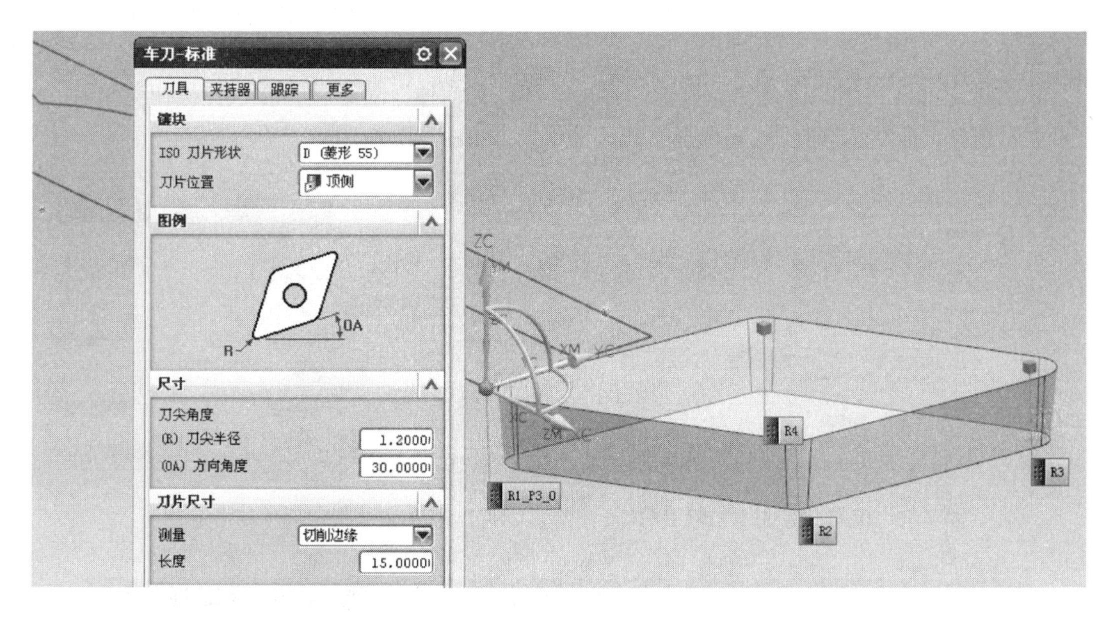

图 7-37　设定刀具安装角度（角度方向）

用相同的方法再创建一把精加工刀具，选择 OD_80_L-1 的刀具类型，单击“确定”按钮，在弹出的“车刀 - 标准”对话框中，单击“刀具”选项卡，刀片形状也是选择锲角为 55° 的菱形刀片，安装的方向角度 30°（即为车削刀具的副偏角）。单击“确定”按钮，工序导航器 - 机床栏如图 7-38 所示。

在工具条的导航器栏单击几何视图，在加工导航器栏位置处显示“工序导航器 - 几何”栏，如图 7-39 所示。

机床坐标系：Z 轴为零件轴线向右为正方向，后刀架刀具离开工件的方向为 X 轴正方向，加工坐标轴各方向均符合要求，不需要重新定义。

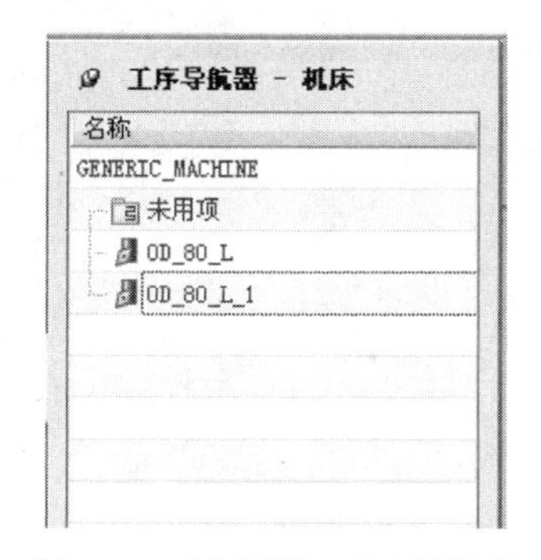

图 7-38　创建精加工刀具后的工序导航器 - 机床界面

工序导航器 - 几何

名称	刀轨	刀具	时间	几何体
GEOMETRY			00:00:00	
未用项			00:00:00	
MCS_SPINDLE			00:00:00	
WORKPIECE			00:00:00	
TURNING_WO...			00:00:00	

图 7-39　“工序导航器 - 几何”栏

2. 定义加工零件轮廓和毛坯轮廓

在“工序导航器 - 几何”栏，单击选择“WORKPIECE”，再单击鼠标右键，在弹出的对话框中，单击“编辑”命令，如图 7-40 所示，在弹出的“工件”对话框中指定部件和毛坯，如图 7-41 所示。

单击指定部件右侧的蓝色实体按钮，弹出“部件几何体”对话框，在快捷按钮菜单栏，类型过滤器选择“曲线”，曲线规则选择“相连曲线”，如图 7-42 所示。

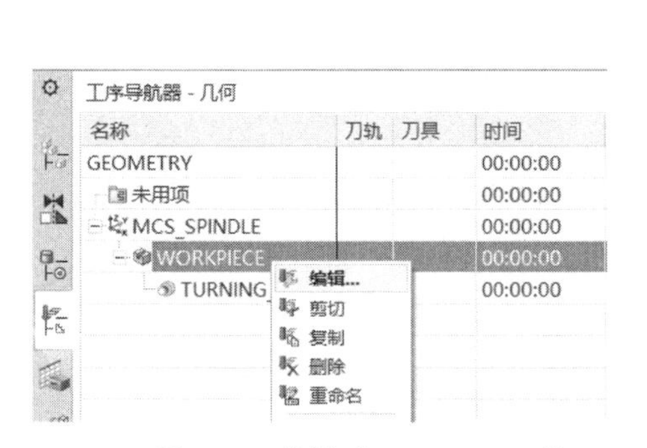

图 7-40 编辑“WOEKPIECE”

图 7-41 指定部件和指定毛坯

图 7-42 设定曲线选择时的类型过滤器及曲线选择规则

单击零件轮廓上的某一条曲线，如图 7-43 所示，单击“确定”按钮。

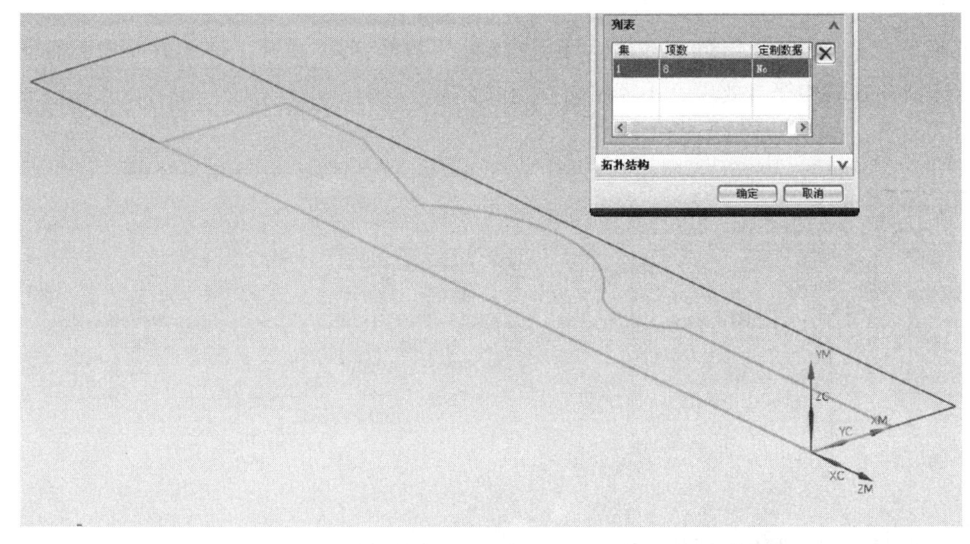

图 7-43 选取零件曲线选择后的显示（零件轮廓线变色）

单击指定毛坯右侧的长方体线框图标按钮，弹出“毛坯几何体”对话框，在快捷按钮菜单栏，类型过滤器选择“曲线”，曲线规则选择“相连曲线”，单击毛坯轮廓上的某一条曲线，如图 7-44 所示，单击“确定”按钮后再次单击“确定”按钮。

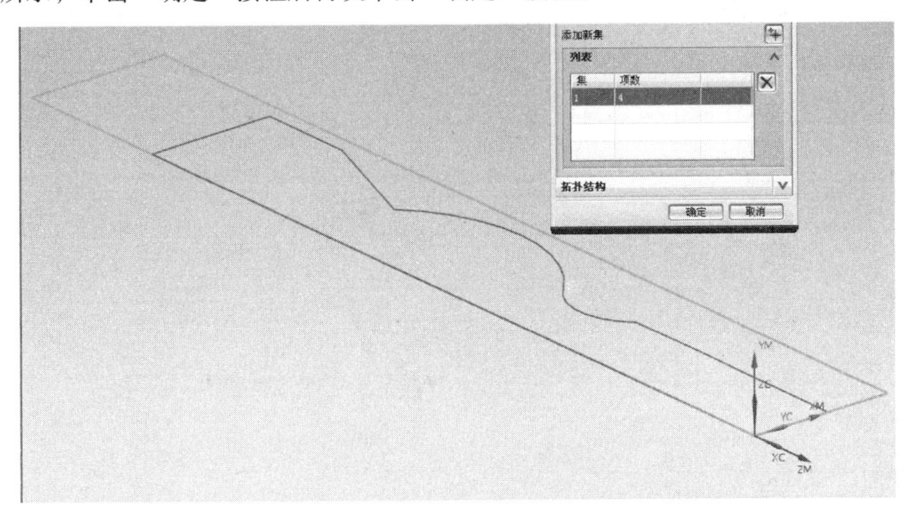

图 7-44　选取毛坯曲线选择后的显示（毛坯轮廓线变色）

选择“TURNING_WORKPIECE”，单击鼠标右键，在弹出的对话框单击“编辑”命令，如图 7-45 所示。

弹出“Turn Bnd”对话框，如图 7-46 所示。

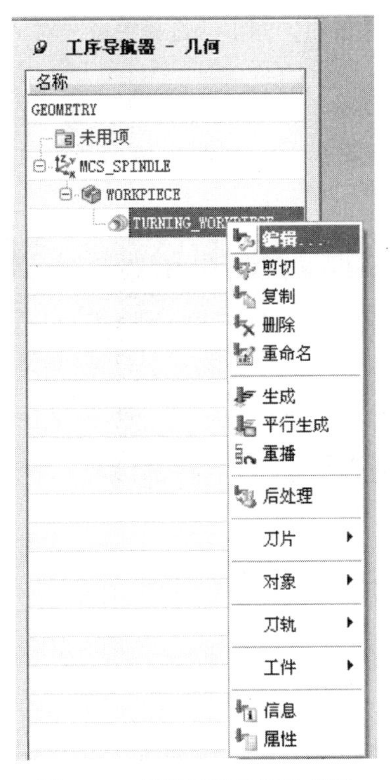

图 7-45　车削零件轮廓的编辑

图 7-46　定义零件轮廓的对话框

单击指定部件边界右侧的“选择或编辑部件边界”按钮，弹出“部件边界”对话框，用鼠标一条一条单击（选取）零件外轮廓，如图 7-47 所示，最后单击“确定”按钮。

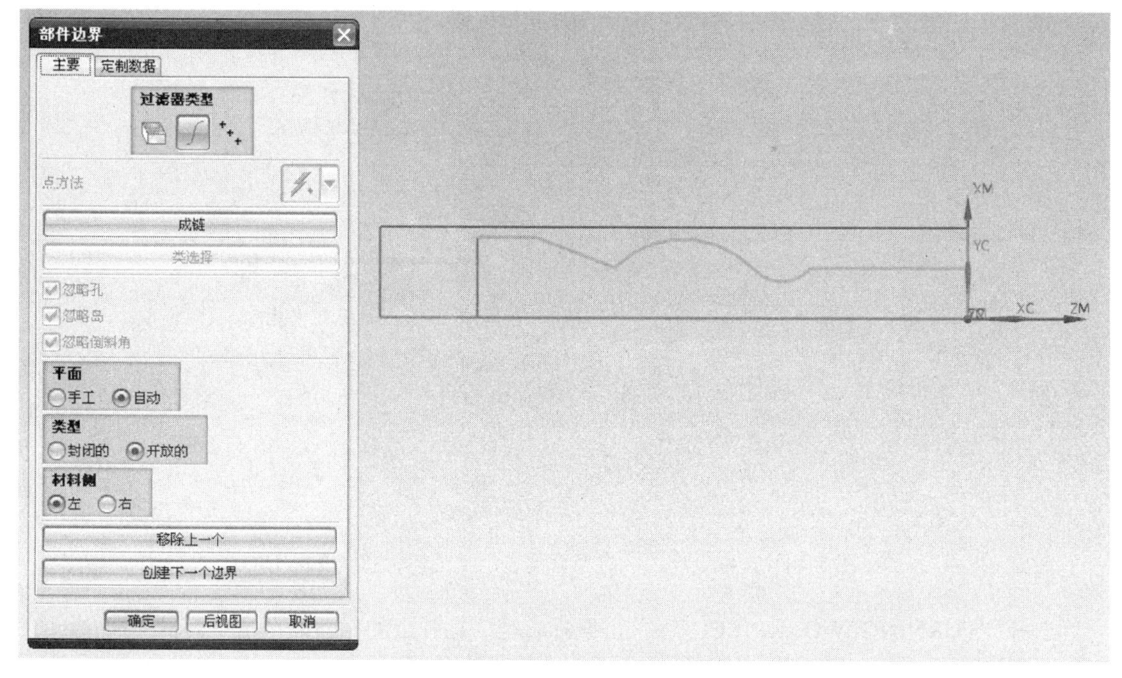

图 7-47　定义将加工的零件轮廓

单击毛坯边界右侧的“选择或编辑毛坯边界”按钮，弹出“选择毛坯”对话框，如图 7-48 所示。

单击“选择”按钮，弹出“点”定义对话框，设定 WCS 坐标为（0，0，0），单击“确定”按钮，点位置选择“远离主轴箱”，长度设为 60，直径设为 18。如图 7-49 所示。单击“确定”按钮后再单击“确定”按钮。

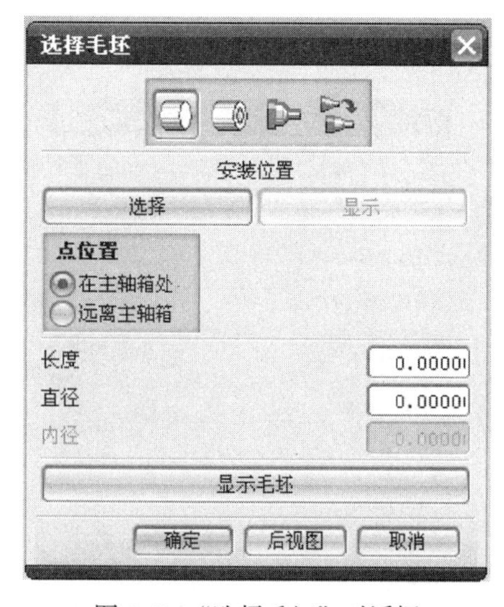

图 7-48　“选择毛坯”对话框

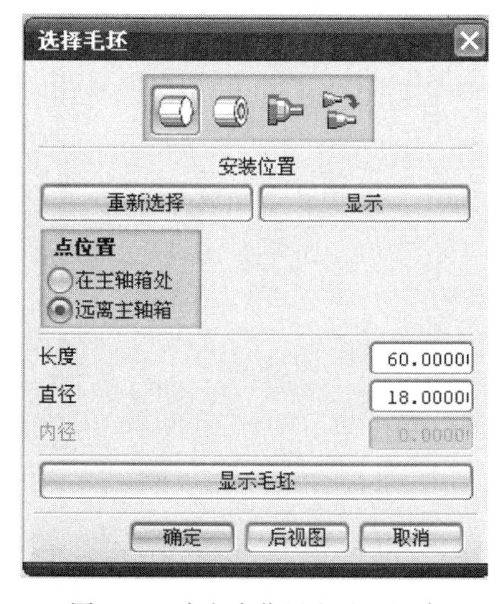

图 7-49　定义点位置和毛坯尺寸

3. 创建工序

（1）粗加工工序

单击“创建工序”按钮，弹出“创建工序”对话框，在工序子类型中选择加工的类型（ROUGH_TURN_OD）及进行位置选择等，如图 7-50 所示。

单击“应用”按钮，弹出“粗车 OD”对话框，用来设置粗加工工序选项和参数，如图 7-51 所示。

定制部件边界数据、切削区域采用默认值，切削策略根据零件形状选择，本例选择单向线性切削。

刀轨设置中的选项和参数设定：方法采用默认方式粗加工；水平角度、与 XC 轴的夹角和方向采用默认方式和数据；步进选项区域中，最大值设为 1mm；切削参数选项设定采用默认值；非切削移动选项设定可采用默认方式，或可设定切削的起点、逼近点、离开位置点；进给速度和速度设定，主轴转速为 800r/min，进给速度为 0.2mm/r；

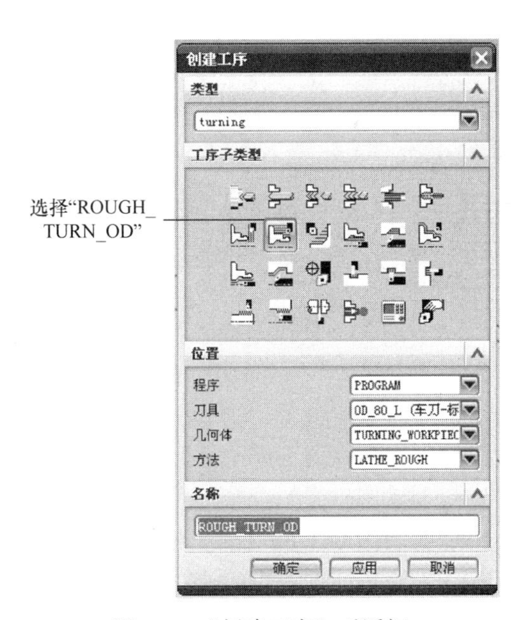

图 7-50　“创建工序”对话框

图 7-51　粗加工工序参数设定对话框

单击图 7-51 中的按钮，生成如图 7-52 所示的刀具轨迹。

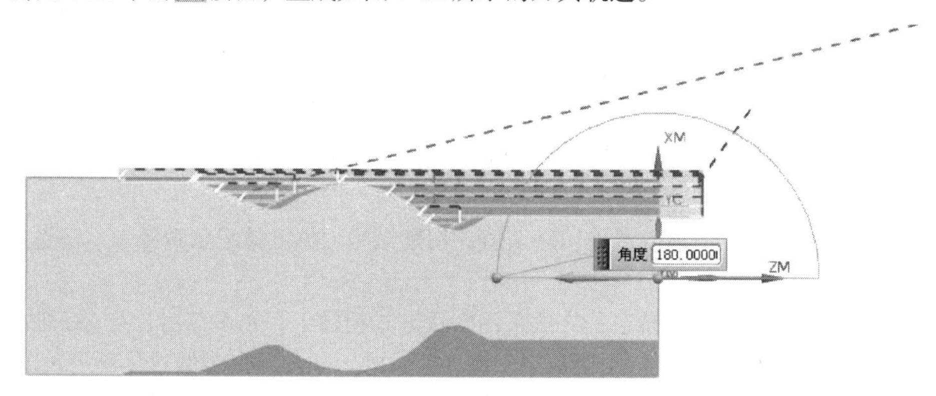

图 7-52　粗加工刀具轨迹

按图 7-48 中的按钮图标，显示如图 7-53 所示的对话框。

单击图 7-53 中的“3D 动态”选项卡和“”按钮开始仿真加工，如图 7-54 所示。

图 7-53　刀轨可视化对话框

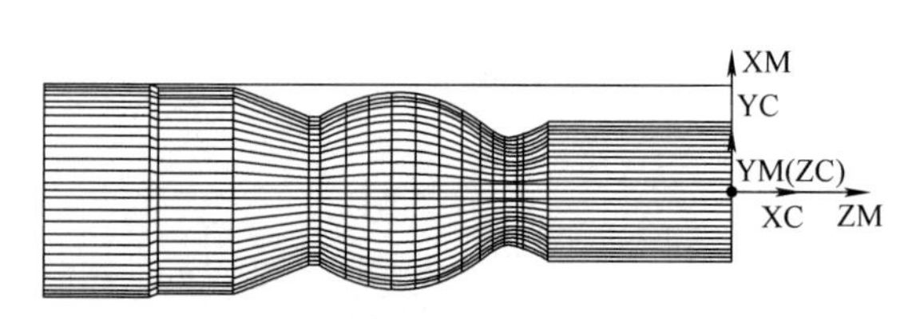

图 7-54　粗加工仿真加工效果图

单击“确定”按钮退回，粗加工结束。

（2）精加工工序

完成粗加工后进行精加工。在弹出的“创建工序”对话框的工序子类型中选择“FINISH_TUTN_OD”即精加工方式。

位置框选择区域的设置：程序选择 PROGRAM；刀具为 OD_80_L_1（精加工刀具）；几何体为 TURNING_WORKPIECE；方法为 LATHE_FINISH（精加工方式），如图 7-55 所示。

单击“应用”按钮，弹出精加工对话框，主轴转速和进给速度设定为主轴转速为 1500r/min，进给速度为 0.15mm/r。其他选项可采用默认方式，如图 7-56 所示。

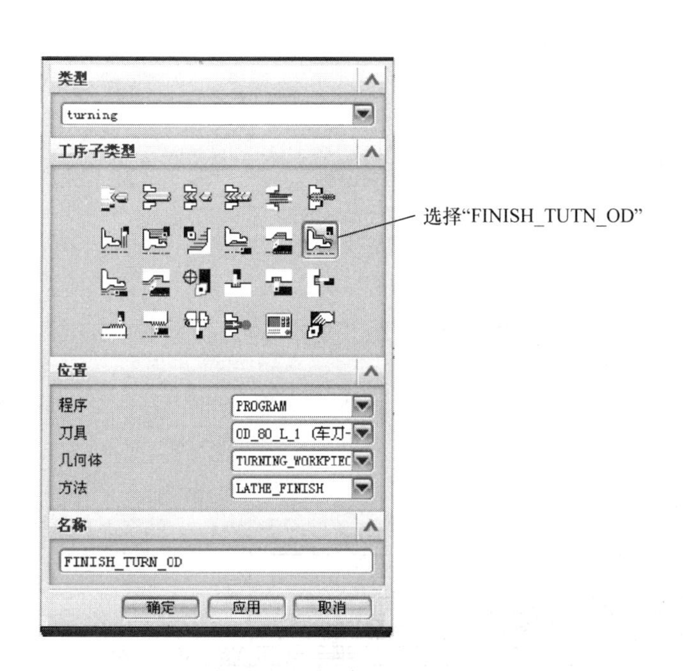

图 7-55 “创建工序”对话框

图 7-56 精加工工序参数设定对话框

单击图 7-56 中的按钮，生成精加工刀具轨迹，如图 7-57 所示。

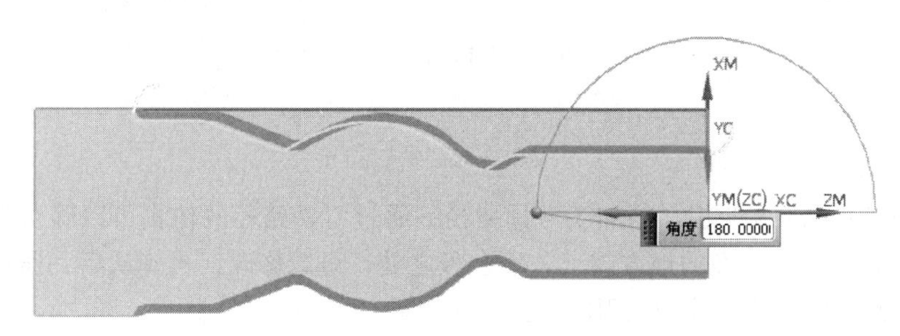

图 7-57 精加工刀具轨迹

单击图 7-53 中的按钮，如图 7-58 所示，单击图 7-59 中的“3D 动态”选项卡和按钮开始仿真加工，如图 7-59 所示。

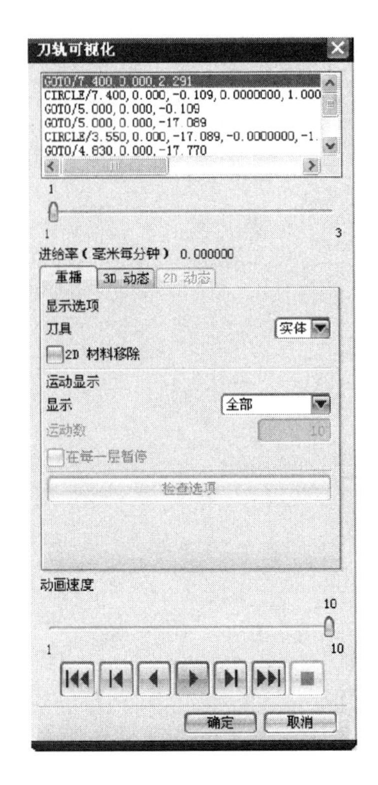

图 7-58　刀轨可视化对话框

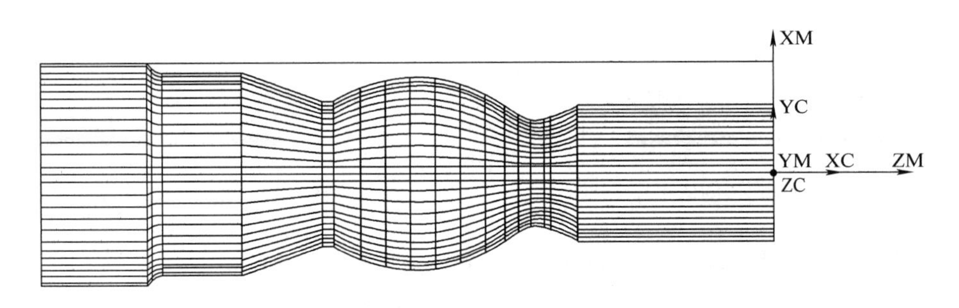

图 7-59　零件精加工仿真效果图

7.2.5　后处理

生成零件（LX.prt）的粗、精加工刀具路径，通过刀具路径的仿真可以确认零件加工刀具路径是否正确，如有不正确的地方或工艺不合理之处，可以修改，再确认后，通过一个后处理文件，将刀具路径转换成数控加工程序。其操作如下：

在“工序导航器”栏，选取（用鼠标左键单击）前面生成的刀具路径（如粗加工刀具路径），如图 7-60 所示。

再单击鼠标右键，弹出如图 7-61 所示的对话框。

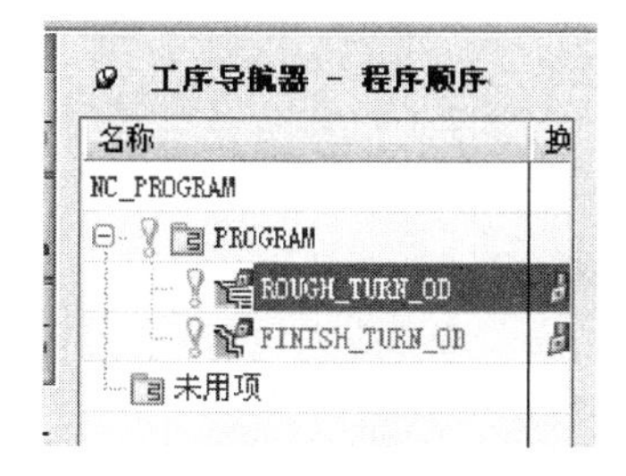

图 7-60　工序导航器

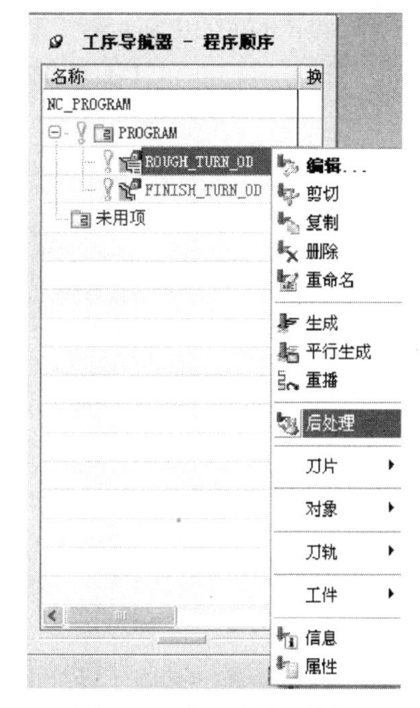

图 7-61　进入后处理操作

选择“后处理”命令，弹出“后处理”对话框，选择后处理器软件，单击浏览查找后处理器文字后面的“浏览查找后处理器”图标按钮，在“postprocessor”文件夹中，选择一个后处理器软件，如“FANUC-BJ.pui”，如图 7-62 所示。

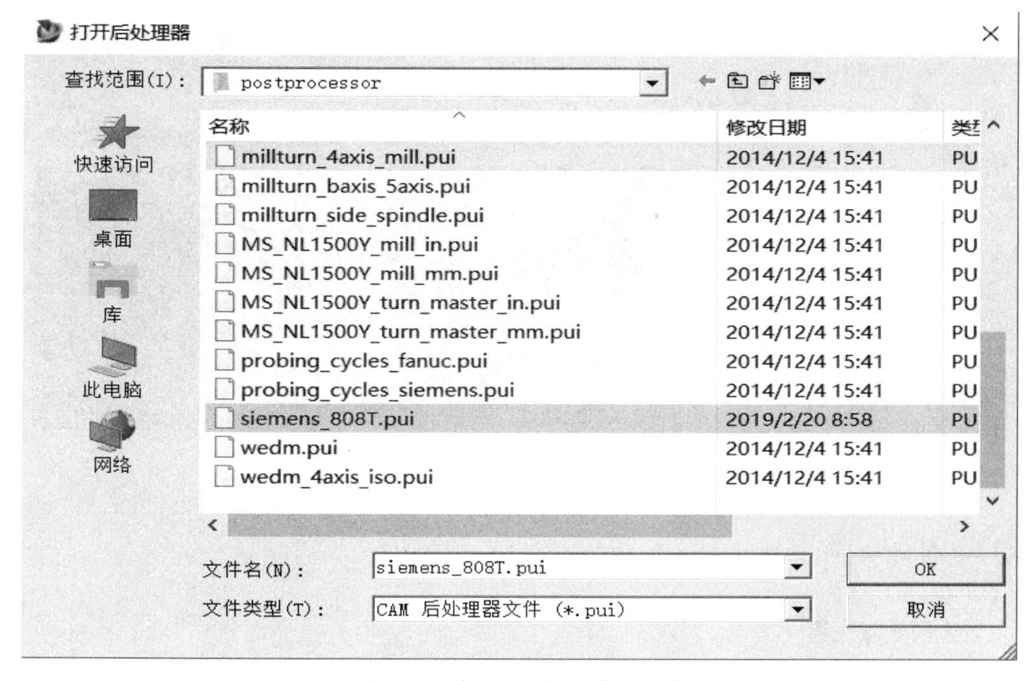

图 7-62　“打开后处理器”对话框

单击“OK”按钮，返回“后处理”对话框，如图 7-63 所示，设定将输出的程序文件名

（如：D:\Siemens\NX8.0\UGII\lx-1.nc），程序中尺寸的单位设为“米制 / 部件”。

后处理

后处理器

MILL_5_AXIS_SINUMERIK_ACTT_MM
MILL_5_AXIS
MILL_5_AXIS_ACTT_IN
LATHE_2_AXIS_TOOL_TIP
LATHE_2_AXIS_TURRET_REF
MILLTURN
MILLTURN_MULTI_SPINDLE
siemens_808T

浏览查找后处理器

输出文件

文件名

C:\Users\sushu\Desktop\123

文件扩展名 MPF

浏览查找输出文件

设置

单位 经后处理定义

输出球心

列出输出

输出警告 经后处理定义

查看工具 经后处理定义

确定 应用 取消

图 7-63　后处理设定

单击“确定”按钮，进行后处理，生成该刀具路径的加工程序，如图 7-64 所示。

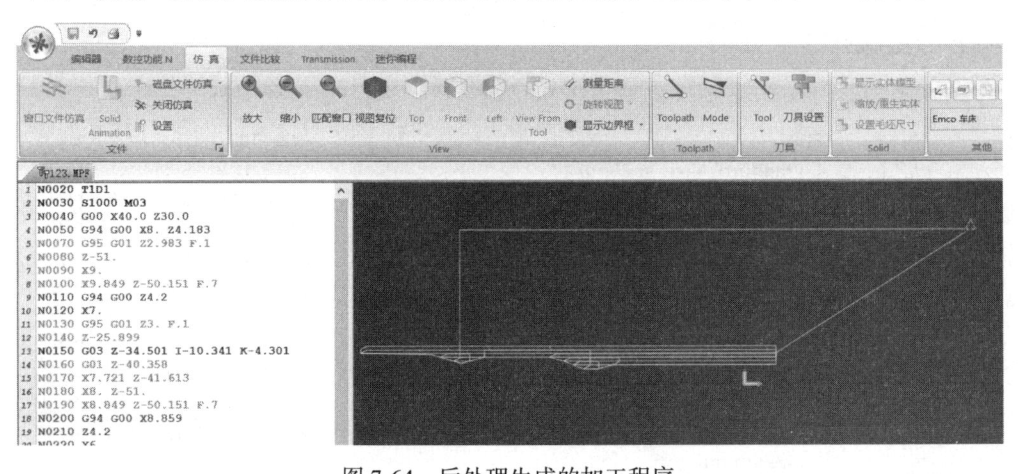

图 7-64　后处理生成的加工程序

7.2.6　通过以太网连接执行 / 传输

1. 以太网连接配置

使用安装在 PC/PG 上的 Access MyMachine P2P（AMM）通信工具，可以将 SINUMERIK 808D ADVANCED 数控系统和 PC/PG 之间的以太网连接。该工具包含在 SINUMERIK 808D ADVANCED 工具盒中，可支持 Windows XP/Vista/Win 7 操作系统。

2. 以太网连接

数控系统和 PC/PG 上的 AMM 工具之间可实现以下以太网连接。

● 直接连接：将数控系统直接连接到 PC/PG；

● 网络连接：将数控系统连接到现有的以太网中。

（1）建立直接连接

执行以下操作步骤以在数控系统和 PC/PG 之间建立直接连接。

1）使用以太网电缆将数控系统与 PC/PG 进行连接。

2）在 PPU 上同时按下 + 进入系统后台的操作区域。

3）按下 > 查看扩展软按键。

4）通过 服务显示 → 系统通讯 → 直接连接 软按键操作，在数控系统端建立直接连接。

此时屏幕上会跳出对话框，如图 7-65 所示。

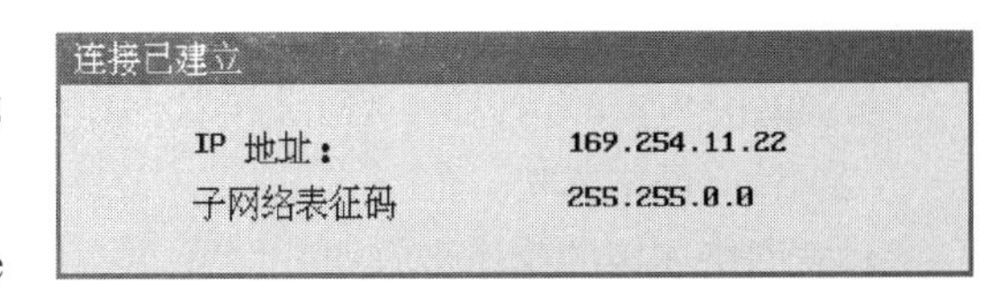

图 7-65　直接连接 IP 地址对话框

5）在 PC/PG 上打开 Access MyMachine P2P（PC）。首次打开此工具时会出现密码设置对话框。

6）在输入框中输入密码并且单击 确认 按钮保存，如图 7-66 所示。该密码可确保对 AMM 连接数据进行加密。在以后的操作中可以通过菜单栏命令随时修改该密码。

图 7-66　设置软件登录密码

7）在如图 7-67 所示的对话框中选择“直接连接”选项，然后单击 连接 按钮。此时即开始尝试建立直接连接。

8）如果尚未设置任何认证数据，则会显示如图 7-68 所示的对话框。

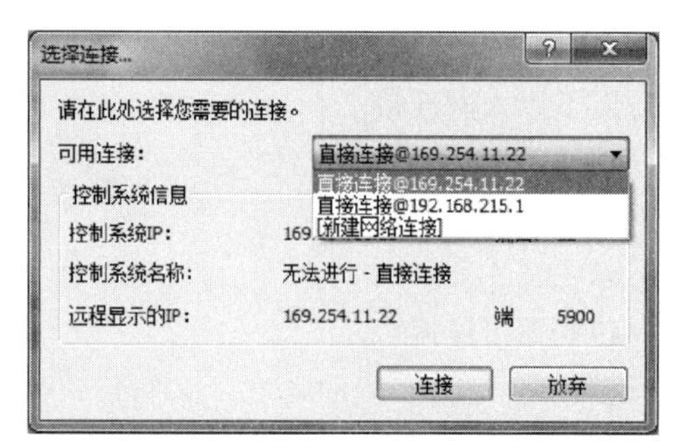

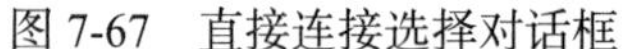
图 7-67　直接连接选择对话框

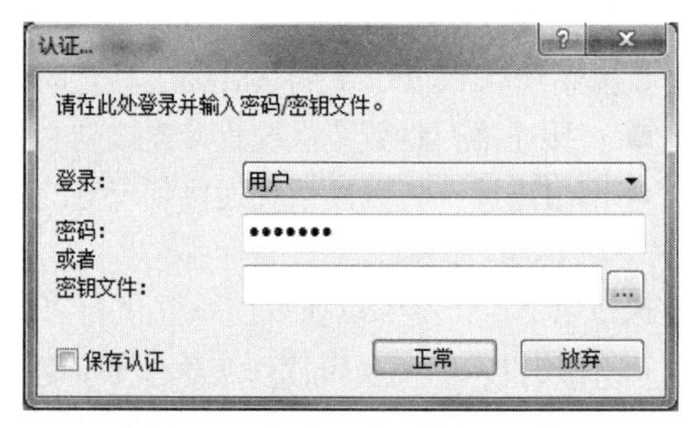

图 7-68　未设置认证数据对话框

在该对话框中选择登录类别为制造商并输入相应的口令，或者直接选择有效的密钥文件，然后单击“正常”按钮。如果已保存了直接连接的认证数据，则会立即建立与数控系统的连接。

9）单击“连接”按钮，AMM 工具即连接至所选的数控系统。

（2）建立网络连接

建立网络连接的操作步骤如下。

1）使用以太网电缆将数控系统连接到本地网络。

2）在 PPU 上同时按 上档 + 系统诊断 进入系统后台的操作区域。

3）按下 > 键查看扩展软按键。

4）通过 服务显示 → 系统通讯 软按键操作，进入通信控制选项的主画面。

5）按下 网络信息 软按键进入网络配置窗口。

注意：确保未选中垂直软按键 直接连接。

6）在如图 7-69 所示的窗口中配置所需的网络参数。

按 选择 键可配置 DHCP。

注意：如果在 DHCP 栏选择“否”，则必须手动输入 IP 地址（必须与您的 PC/PG 处于同一网段）和子网掩码。

7）按“存储”软按键保存配置。如果在 DHCP 栏选择“是”，则需要重启数控系统以激活网络配置。

在 PC/PG 上打开 AMM。

在如图 7-70 所示的对话框中选择“新建网络连接”选项。

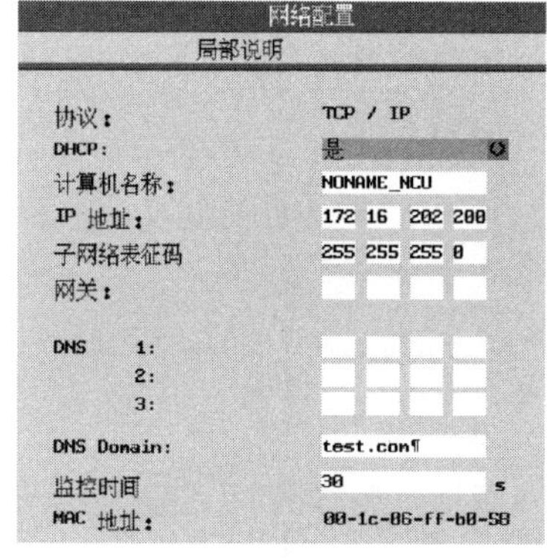

图 7-69　网络参数配置

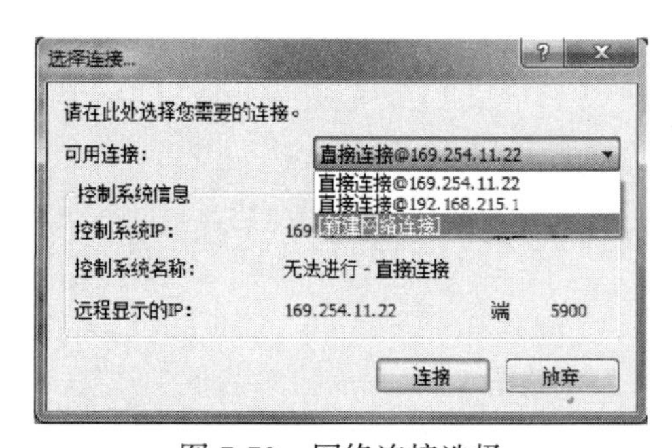

图 7-70　网络连接选择

该对话框也可以通过工具栏中的按钮调用。

显示“网络连接的设置”对话框，如图 7-71 所示，在此对话框中设置用于新网络连接的参数。

图 7-71　网络连接设置

单击[保存为新连接]按钮，然后单击“连接”按钮，AMM 工具即连接至所选的数控系统。

3. 外部执行（通过以太网连接）

通过以太网连接执行外部零件程序需要建立网络连接并且连接网络驱动器。连接网络驱动器之后可以从数控系统端访问 PC/PG 上的共享文件夹。

（1）创建并连接网络驱动器

创建并连接网络驱动器的操作步骤如下。

1）在 PC/PG 的本地磁盘中共享一个文件目录。

2）在 PPU 上同时按 [上档] + [系统报警] 进入系统后台的操作区域。

按下 [>] 键查看扩展软按键。

3）通过 [服务显示] → [系统通讯] → [网络信息] 软按键操作，进入网络配置窗口。

4）按下 [网络驱动器配置] 软按键进入网络驱动器配置窗口。

5）使用光标键 [▲] 或 [▼] 选择可用的网络驱动器。

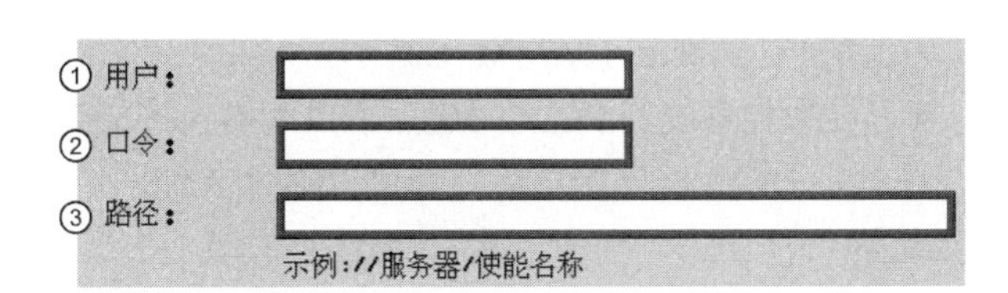

6）使用方向键将光标移至如下输入区。

在 3 个输入框内分别输入：

①：Windows 账户的用户名；

②：Windows 账户的登录密码（区分大小写）；

③：服务器的 IP 地址以及 PC/PG 上的共享目录的共享名称，示例为 //140.231.196.90/808D_T。

7）按下[添加驱动器]软按键添加网络驱动器。您还可以使用[删除驱动器]软按键删除选中的网络驱动器。

请注意，网络驱动器只有在未连接时才可以删除。

8）按下[连接]软按键建立与服务器的连接，同时将本地共享目录分配给网络驱动器。您还可以使用[断开]软按键断开连接选中的网络驱动器。

（2）外部执行

前提条件：

- 已在 PC/PG 上安装了 AMM 工具。
- 已成功建立数控系统与 PC/PG 之间的网络连接。
- 已创建并连接网络驱动器（其包含需要执行的零件程序）。

以下步骤为通过以太网连接执行外部零件程序。

1）在 PPU 上按[程序管理]，选择程序管理操作区域。

2）按下[网络驱动器]软按键查看已创建的网络驱动器。

3）按下[输入]按键按进入所需的网络驱动器（其包含需要执行的零件程序）。

4）选择需要执行的程序文件。

5）按下[执行]软按键，系统自动切换到加工操作区的“AUTO”模式。程序传递至数控系统的缓存内，并显示在以下窗口中。

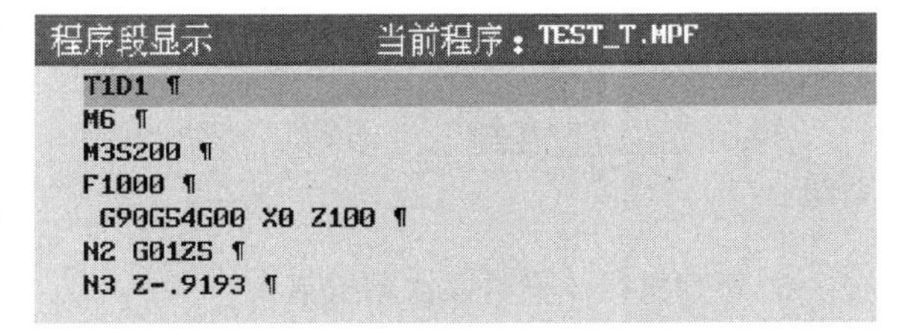

6）如有需要，可通过[程序控制]按键设置程序执行方式。

7）按下[循环启动]按键执行程序。程序在执行过程中连续载入。

8）在程序结束时或者在按下[复位]按键时，数控系统会自动删除该程序。

4. 外部传输（通过以太网连接）

从外部 PC 传输加工程序到数控系统有两种方式。

（1）方式 1

前提条件：

- 已在 PC 上安装了 AMM 工具。
- 已在数控系统和 PC 之间建立了以太网连接（直接连接或网络连接）。

在建立了以太网连接之后，您可以通过 AMM 工具从 PC/PG 端远程访问数控系统的 NC 文件系统。

操作步骤：

1）在 PC 上打开 AMM 工具的主界面。

2）从 PC 文件系统中选择需要传输的程序文件（例如，Test.mpf），如图 7-72 所示。

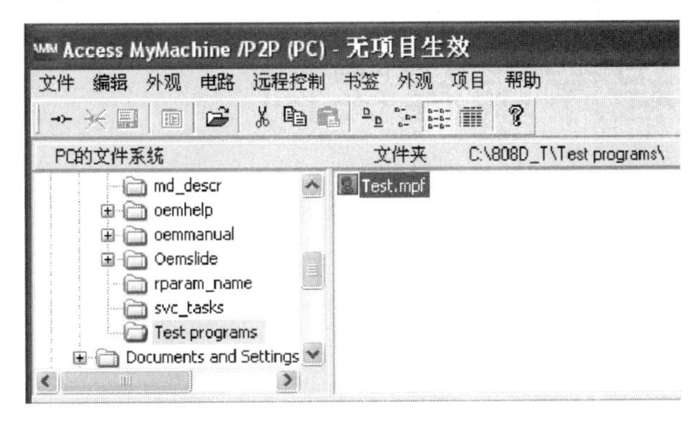

图 7-72　选择程序文件

3）使用工具栏按钮或键盘快捷方式（Ctrl + C）或右键快捷菜单复制程序文件。

4）选择 NC 文件系统中的程序目录。

5）使用工具栏按钮或键盘快捷方式（Ctrl + V）或右键快捷菜单将已复制的文件粘贴在当前目录下，如图 7-73 所示。

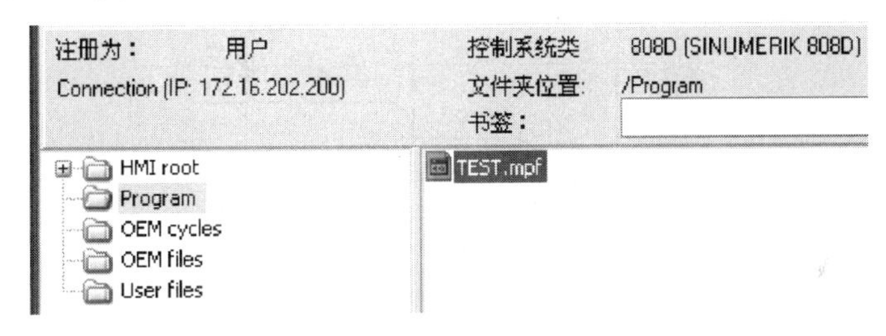

图 7-73　粘贴文件

此外，您也可以直接将文件从 PC 文件系统拖放到 NC 文件系统中。

文件成功粘贴后，即可在数控系统的相应目录下找到该文件。

（2）方式 2

前提条件：

- 已成功建立了数控系统与 PC/PG 之间的网络连接。
- 已创建并连接网络驱动器（其包含需要传输的零件程序）。

操作步骤：

1）在 PPU 上按按键，打开程序管理操作区域。

2）按下软按键查看已创建的网络驱动器。

3）按下软按键进入所需的网络驱动器（其包含需要传输的零件程序）。

4）选择需要传输的程序文件。

5）按下软按键将所选内容复制到数控系统缓存中。

6）进入程序目录。

7）按下软按键将已复制的文件粘贴至程序目录下。

第 8 章

典型车削程序编程实例

8.1 实例（一）

如图 8-1 所示的工件为典型的圆形凸模零件。毛坯为 ϕ33 × 100mm 棒料，材料为 45 钢，热处理调质，在数控车床上加工该零件。

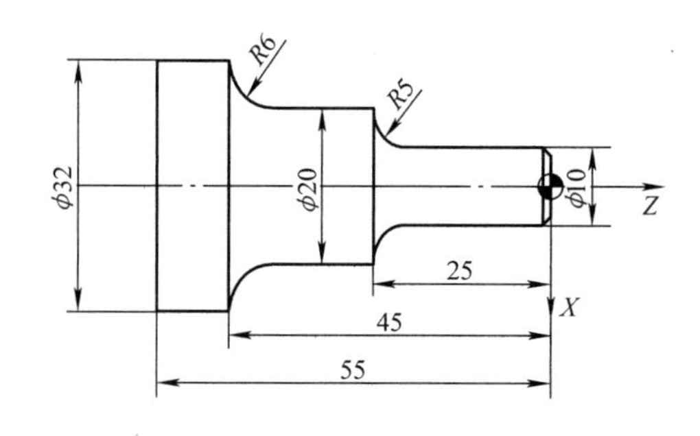

图 8-1　圆形凸模零件

1. 根据零件图样要求、毛坯材料，确定工艺方案及加工步骤

根据零件图样要求对轴类零件，采用三爪自定心卡盘夹持 ϕ33 外圆，工件伸出卡盘长度为 65mm，一次装夹完成粗、精加工。

2. 确定工件零点位置

如图 8-1 所示，工件零点的位置与设计基准重合，在工件右端面中心处。

3. 工步顺序

1）车端面；

2）粗加工外轮廓；

3）精加工外轮廓（利用车削循环功能实现零件的粗、精加工）；

4）割断。

4. 选择数控系统编程模式

本例选择使用西门子 808D 数控车床系统的 ISO 模式指令编程。

5. 选择刀具

根据加工要求，选用 3 把刀具，如图 8-2 所示。

类型	T	D	H	长度 X	长度 Z	半径	刀尖宽度	
	1	1	1	0.000	0.000	0.000	0.000	3
	2	1	2	0.000	0.000	0.000	0.000	3
	3	1	3	0.000	0.000	0.000	1.000	3

图 8-2　刀具类型

6. 确定切削用量

切削用量的选择，通常根据机床性能、相关的手册并结合实际经验确定。该零件材料为 45 钢，车刀刀具材料为硬质合金。通过查表法确定主轴转速和进给速度。查表得精加工切削速度 v=90m/min，粗加工每转进给速度 0.2mm/r 根据计算公式：

精加工时，$n=1000v/(\pi d)=1000\times 90/(3.14\times 32)\approx 895.7$r/min，取 n=900r/min；进给速度取粗加工的 40%，F=0.2mm/r × 40%=0.08mm/r。粗加工时主轴转速取精加工的 70%，n=900 × 70%=630r/min；F= 0.2mm/r。同理查表得割断刀的主轴转速为 250r/min，进给速度取 0.05mm/r

由于数控机床的主轴是无级变速，因此也可以使用恒速切削功能。当零件的端面或外圆加工精度要求较高时，可使用恒速切削功能。

7. 编写加工程序

按该机床系统规定的指令代码和程序段格式，把加工零件的全部工艺过程编写成程序清单。加工程序如下：

```
N10
N20 M3S630F0.2              ；主轴粗加工转速为 630r/min，进给速度为 0.2mm/r
N30 G291
N40 T0101                   ；刀具号为 T01
N50 G0X35Z0                 ；快速接近工件
N60 G01 X0                  ；车端面
N70 G00 Z1
N80 G00 X32.5
N90 G01 Z-56                ；粗车外圆到 φ32.5mm
N100 G00 X33
N110 G00 Z1
N120 G00 X32 Z1             ；外圆粗车循环起点
N130 G71 U2 R1
N140 G71 P150 Q200 U0.2 W0.1  F0.2
                            ；外圆粗车横向循环指令，每次切削深度为 2mm，X 向精加工
                              余量为 0.2mm，
                            ；Z 向精加工余量为 0.1mm，进给速度为 0.2mm/r

N150 G0X10
N160 G1Z-20
N170 G02 X20 Z-25 R5
```

```
                                ；车削 R5 圆弧根据坐标系规定，车削圆弧为 G02 指令
N180 G01 Z-39
N190 G02 X32 Z-45 R6
N200 G01 Z-56
N210 G28 U0 W0
T0202                           ；返回参考点
                                ；换刀
                                ；（通常可把刀具直接退到一个合适的点进行换刀，而不需要
                                  返回参考点）
N220 M03 S700 F0.05             ；精加工主轴转速为 700r/min，进给速度为 0.05mm/r
N230 G70 P150 Q200              ；精车外形轮廓，执行 N10 至 N20 程序段
N240 G28 U0 W0                  ；返回参考点
N250 G00 G97 S350 T0303 M03 F0.05   ；换 T03 号割断刀（割断刀右刀尖为刀位点）
N260 G00 X35 Z-55
N270 G01 X0                     ；割断工件
N280 G00 X40
N290 G28 U0 W0                  ；返回参考点
N300 M30                        ；程序结束
```

8. 系统模拟结果（见图 8-3）

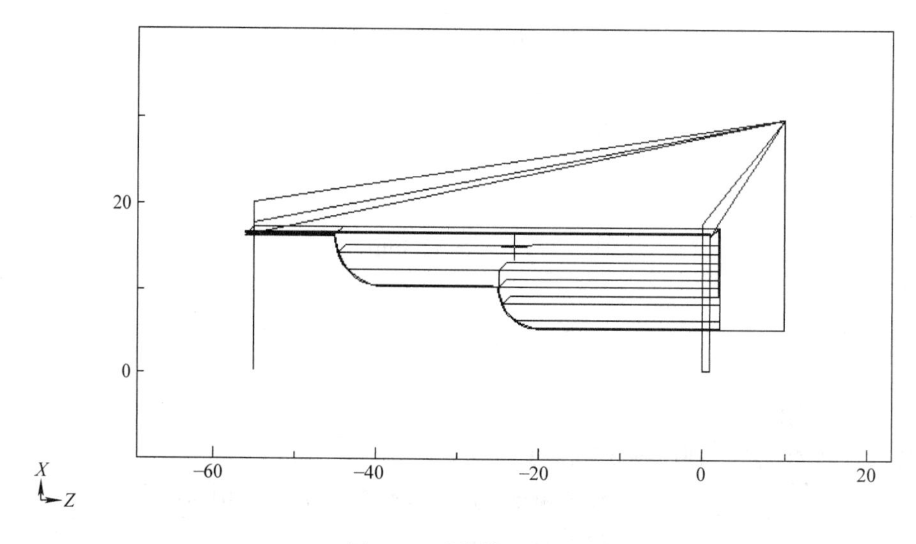

图 8-3　系统模拟结果

8.2　实例（二）

如图 8-4 所示该零件，毛坯为 ϕ35 × 80mm 棒料，材料为 45 钢，在数控车床上加工该零件。

1. 根据零件图样要求、毛坯材料，确定工艺方案及加工步骤

采用三爪自定心卡盘夹持 ϕ35 外圆。工件伸出卡盘长度为 50mm，一次装夹完成粗、精加工。该零件内孔 ϕ12H7 有较高的精度要求，用钻孔、扩孔、铰孔的方法来完成；加工外圆时，把粗、精加工分开，单边留 0.25mm 余量进行精加工。对于孔加工，可用直线插补指令 G01 或钻孔循环指令，本例介绍用直线插补指令编写程序。

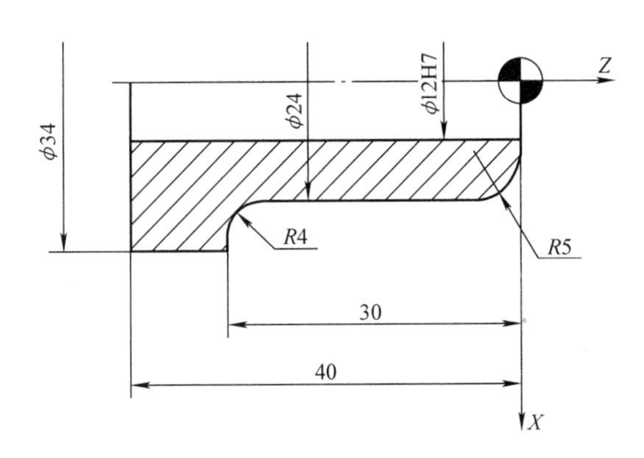

图 8-4　内孔零件

2. 确定工件零点位置

如图 8-4 所示，工件零点的位置与设计基准重合，在工件右端面中心处。

3. 工步顺序

1）车端面；

2）打中心孔；

3）钻 ϕ8mm 内孔；

4）扩 ϕ11.9mm 内孔；

5）铰 ϕ12 mm 内孔；

6）粗加工外轮廓；

7）精加工外轮廓（利用车削循环功能实现零件的粗、精加工）；

8）割断。

4. 选择数控系统编程模式

本例选择使用西门子 808D 数控车床系统的 ISO 模式指令编程。

5. 选择刀具

根据加工要求，选用 7 把刀具。

1）T01 为 90° 左偏刀，用来粗车；

2）T02 为 90° 左偏刀，用来精车刀；

3）T03 为割断刀；

4）T04 为 ϕ3mm 中心钻；

5）T05 为 ϕ8mm 钻头；

6）T06 为 ϕ 11.9mm 钻头；

7）T07 为 ϕ 12 mm 铰刀；

通过对刀方式将刀偏值输入到相应的刀具参数中。

6. 确定切削用量

切削用量的选择，通常根据机床性能、相关的手册并结合实际经验确定。该零件材料为 45 钢，90° 左偏刀的材料为硬质合金，其他刀具为高速钢。通过查表法确定主轴转速和进给速度。查表得切削速度 v=90m/min，根据计算公式和机床性能，精加工时，主轴转速 $n=1000v/\pi d=1000\times90/(3.14\times34)\approx843$r/min，取 n=850r/min；进给速度取 F=0.05mm/r；粗加工时取 n=600r/min，进给速度取 F=0.2mm/r。

中心钻材料为高速钢，打中心孔时，主轴转速取 1000r/min，进给速度取 0.05mm/r；

钻 ϕ 8mm 孔时，主轴转速取 400r/min，进给速度取 0.08mm/r；

钻 ϕ 12mm 孔时，主轴转速取 300r/min，进给速度取 0.1mm/r；

铰孔时，主轴转速取 100r/min，进给速度取 0.5mm/r；

割断刀的主轴转速为 350r/min，进给速度取 0.05mm/r。

7. 编写加工程序

按该机床系统规定的指令代码和程序段格式，把加工零件的全部工艺过程编写成程序清单。加工程序如下：

```
G291                  ；激活 ISO 编程模式
T0101                 ；换 T01 粗车刀具
M03 S600 F0.2         ；主轴最高限速为 1500r/min
G0Z100X100            ；定位到起点位置
X40 Z0                ；快速接近工件
G01 X0                ；车端面
G00 Z100
X100                  ；退回换刀点
T0404                 ；换 T04 号刀具 φ3mm 中心钻
M03 S1000             ；主轴顺时针旋转
G00 X0 Z1             ；定位到起点位置
G01 Z-3 F0.05         ；Z 轴点孔深度及进给速度
G00 Z100
X100                  ；退回换刀点
T0505                 ；换 T05 号刀具 φ8mm 钻头
M03S400               ；主轴顺时针旋转
G00 X0 Z2             ；定位到起点位置
G01 Z-45 F0.08        ；Z 轴钻孔深度及进给速度
G00 Z100
X100                  ；退回换刀点
T0606                 ；换 T06 号刀具 φ11.9mm 钻头扩孔
```

```
M03 S300                              ；主轴顺时针旋转
G00 X0 Z1                             ；定位到起点位置
G01 Z−46 F0.1                         ；Z 轴钻孔深度及进给速度
G00 Z100
X100                                  ；退回换刀点
T0707                                 ；换 T07 号刀具 φ12mm 铰刀铰孔
M03 S100                              ；主轴顺时针旋转
G00 X0 Z1                             ；定位到起点位置
G01 Z-46 F0.05                        ；Z 轴钻孔深度及进给速度
G00 Z100
X100                                  ；退回换刀点
T0101                                 ；T01 号粗加工刀具
M03 S600                              ；主轴顺时针旋转
G00 X34.5 Z1                          ；定位到起点位置
G01 Z−41 F0.2                         ；粗加工外圆到直径 34.5mm
G00 X35                               ；X 轴定位到起点位置
G0Z1                                  ；Z 轴定位到起点位置
G73 U5 W1 R5
G73 P10 Q20 U0.2 W0.1 F0.2            ；平行轮廓粗车循环指令，径向切除余量为 5mm，
                                        轴向切除余量为 2 mm，粗切循环 5 次，X 向精加
                                        工余量为 0.2 mm，Z 向精加工余量为 0.1 mm，进
                                        给速度为 0.2 mm/r
N10                                   ；N10 至 N20 程序段为轮廓程序
G00 X10 F0.05
G01 Z0
G01 X24，R4
G01 Z−30，R5
G01 X34
G1Z−42
N20                                   ；N10 至 N20 程序段为轮廓程序
G00 X100
Z100                                  ；退回换刀点
T0202                                 ；精加工 90° 左偏刀
G00 X35 Z1                            ；定位到起点位置
G70 P10 Q20 F0.05                     ；精加工外形轮廓
G00 X100
Z100                                  ；定位到起点位置
T0303                                 ；换 T03 刀具切断工件
M03 S350                              ；主轴顺时针旋转
```

```
G00 X40 Z-43          ；定位到起点位置
G01 X0 F0.05          ；切断
G00 X100
Z100                  ；退回换刀点
M05                   ；主轴停转
M30                   ；程序结束
```

8. 系统模拟结果

系统模拟结果如图 8-5 所示。

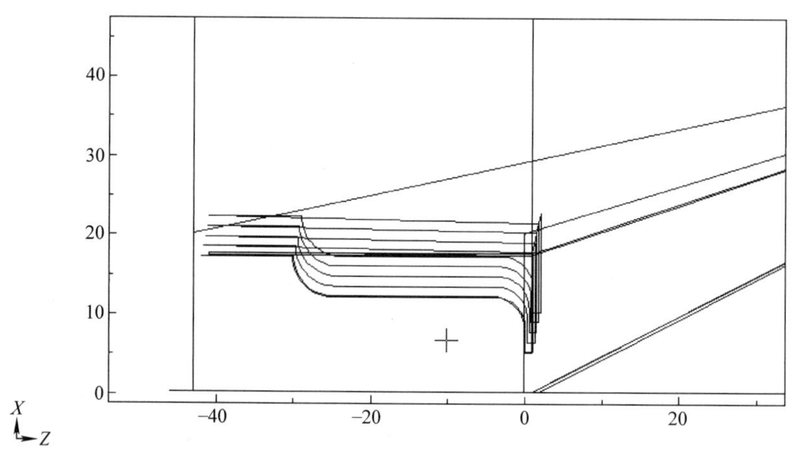

图 8-5　系统模拟结果

8.3　实例（三）

图 8-6 所示为该零件，加工其外轮廓，毛坯为 ϕ18mm 的长棒料，材料是 45 钢。

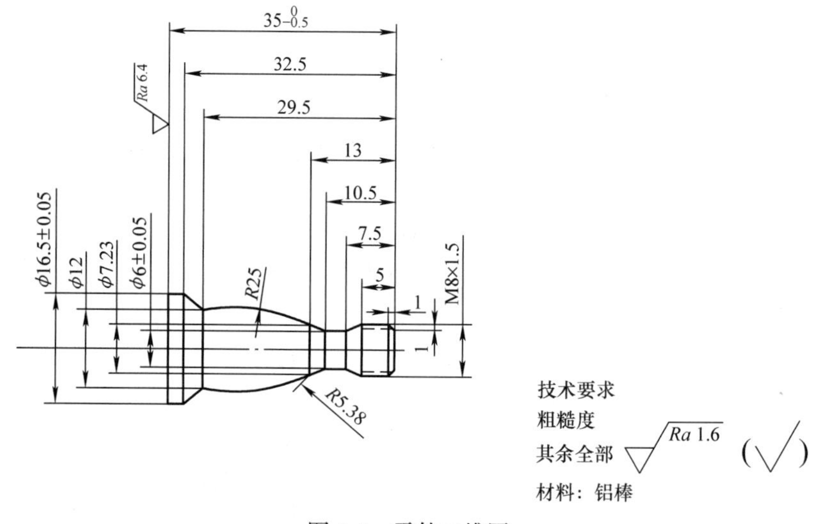

图 8-6　零件二维图

1. 根据零件图样要求、毛坯材料，确定工艺方案及加工步骤

编程零点设在零件右端面的回转中心，零件外形中部有凹进处的部分，粗加工循环若选择 G71 不合理，可以选择 G73 平行轮廓走刀加工。

2. 确定工件零点位置

如图 8-6 所示，工件零点的位置与设计基准重合，在工件右端面中心处。

3. 工步顺序

1）车端面；

2）粗车外轮廓；

3）精车外轮廓；

4）车螺纹；

5）割断。

4. 选择数控系统编程模式

本例选择使用西门子 808D 数控车床系统的 ISO 模式指令编程。

5. 选择刀具（见图 8-7）

类型	T	D	H	长度X	长度Z	半径	刀尖宽度	↺
	1	1	1	0.000	0.000	0.400	0.000	3
	2	1	2	0.000	0.000	0.400	0.000	3
	3	1	3	0.000	0.000	0.400	0.000	3
	4	1	4	0.000	0.000	0.100	3.000	3

图 8-7　刀具类型

6. 确定切削用量

切削用量的选择，通常根据机床性能、相关的手册并结合实际经验确定。该零件材料为 45 钢，90° 左偏刀的材料为硬质合金，螺纹刀和切槽刀均为硬质合金材料，通过查表法确定主轴转速和进给速度。查表得切削速度 v=90m/min，根据计算公式和机床性能，精加工时，主轴转速 $n=1000v/\pi d=1000\times 90/(3.14\times 16.5)\approx 1737.12$r/min，取 n=1700r/min；进给速度取 F=0.05mm/r；粗加工时取 $n=1700\times 70\%=1190$r/min；进给速度取 F=0.2mm/r。

粗加工外轮廓时，主轴转速取 1190r/min，进给速度取 0.2mm/r；

精加工外轮廓时，主轴转速取 1700r/min，进给速度取 0.05mm/r；

车螺纹时，主轴转速取 400r/min；

切断刀的主轴转速为 400r/min，进给速度取 0.05mm/r。

7. 编写加工程序

按该机床系统规定的指令代码和程序段格式，把加工零件的全部工艺过程编写成程序清单。加工程序如下：

```
G291                    ；激活 ISO 编程模式
T0101                   ；换 T01 号粗加工刀具
M03  S1190              ；主轴顺时针旋转
```

```
G00  X18  Z0                ; 定位到起点位置
G01  X0 F0.2                ; 加工端面
Z1
G00  X60  Z60               ; 退回换刀点
G00  X16  Z1                ; 定位到起点位置
G73  U3  W1  R3             ; G73 轮廓粗车循环
G73  P10  Q20  U0.6  W0.3  F0.2
N10                         ; N10 至 N20 程序段为轮廓程序
G00  X8  Z1F0.05
G01  X8  Z-5
G01  X6  Z-7.5
G01  X6  Z-10.5
G02  X7.23  Z-13  R5.38
G03  X12  Z-29.5  R25
G01  X16.5  Z-32.5
G01  X16.5  Z-36.75
N20
G0 X60 Z60                  ; 退回换刀点
T0202                       ; 换 T02 号精加工刀具
M03  S1700                  ; 主轴顺时针旋转
G70  P10  Q20 F0.05         ; G70 轮廓精车循环
G00  X12  Z5                ; 定位到倒角起点
G01  X4  Z1
G01  X8  Z-1                ; 倒角
G00  X60  Z60               ; 退回换刀点
T0303                       ; 换 T03 号螺纹刀具
M03 S400                    ; 主轴顺时针旋转
G00 X15 Z1                  ; 定位到螺纹起点
G76 P010860 Q100  R0.2      ; G76 螺纹车削循环
G76 X6.100 Z-7.000 R0 P650Q200 F1.5
G00 X60 Z60                 ; 退回换刀点
T0404                       ; 换 T04 号切槽刀具
M03 S400                    ; 主轴顺时针旋转
G00X24 Z-37.75              ; 定位到切槽起点位置
G01 X0 F0.05                ; 切断
G01 X22 F0.5                ; X 轴退回，使用较高的进给速度
G00 X60 Z60                 ; 退回换刀点
M05                         ; 主轴停转
M30                         ; 程序结束
```

8. 系统模拟结果（见图 8-8）

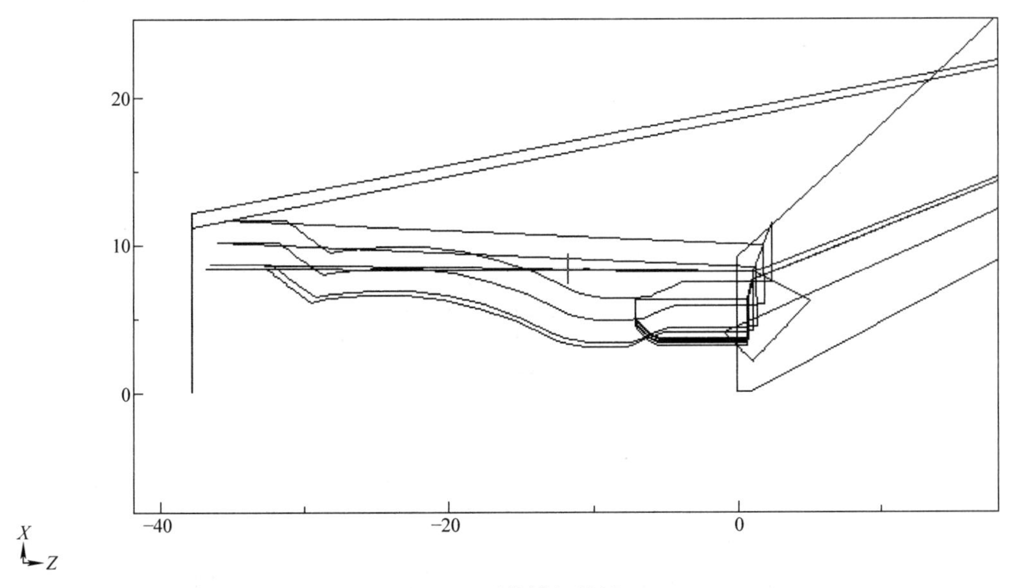

图 8-8　系统模拟结果

8.4　实例（四）

如图 8-9 所示，加工工艺葫芦，毛坯为 $\phi 26 \times 100$mm 的 45# 钢棒料，粗车循环用 G73 指令。

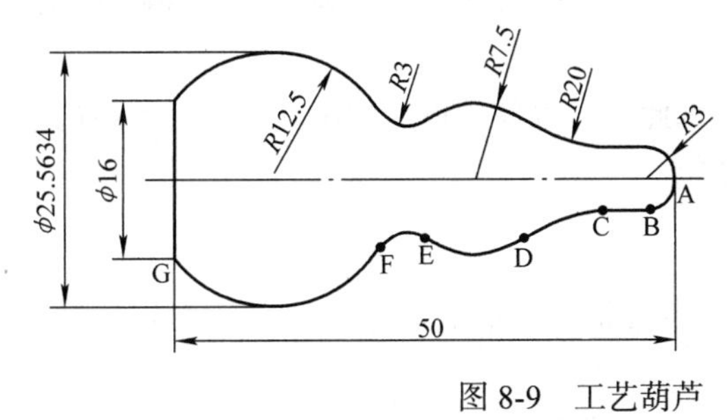

图 8-9　工艺葫芦

1. 根据零件图样要求、毛坯材料，确定工艺方案及加工步骤

根据零件图样要求对轴类零件，采用三爪自定心卡盘夹持 $\phi 26$ 毛坯外圆。工件伸出卡盘长度为 65mm，一次装夹完成粗、精加工。

2. 确定工件零点位置

如图 8-9 所示，工件零点的位置与设计基准重合，在工件右端面中心处。

3. 工步顺序

1）车端面；

2）粗加工外轮廓；

3）精加工外轮廓；

4）割断。

4. 选择数控系统编程模式

本例选择使用西门子 808D 数控车床系统的 ISO 模式指令编程。

5. 选择刀具

根据加工要求，选用 3 把刀具，如图 8-10 所示。

类型	T	D	H	长度 X	长度 Z	半径	刀尖宽度	↰
	1	1	1	0.000	0.000	0.400	0.000	3
	2	1	2	0.000	0.000	0.400	0.000	3
	3	1	3	0.000	0.000	0.000	1.000	3

图 8-10　刀具类型

6. 确定切削用量

切削用量的选择，通常根据机床性能、相关的手册并结合实际经验确定。该零件材料为 45 钢，车刀刀具材料为硬质合金。通过查表法确定主轴转速和进给速度。查表得精加工切削速度 v=90m/min，粗加工每转进给速度为 0.2mm/r，根据计算公式：

精加工时，n=1000v/（πd）=1000 × 90/（3.14 × 25.5）≈1124.02r/min，取 n=1100r/min；进给速度取粗加工的 40%，F= 0.2 × 40% = 0.08mm/r。粗加工时切削速度取精加工的 70%，n=1100 × 70%=770 r/min，F= 0.2mm/r。同理查表得切断刀的主轴转速为 300r/min，进给速度取 0.05mm/r。

由于数控机床的主轴是无级变速，因此也可以使用恒速切削功能。当零件的端面或外圆加工精度要求较高时，可使用恒速切削功能。

7. 编写加工程序

按该机床系统规定的指令代码和程序段格式，把加工零件的全部工艺过程编写成程序清单。加工程序如下：

```
G291                          ；激活 ISO 编程模式
M03 S770 F0.2                 ；主轴顺时针旋转
T0101                         ；换 T01 号粗加工刀具
G00 X30 Z0                    ；定位到车端面起点位置
G01 X0 F0.2                   ；车端面
G00 Z2
X30 Z2                        ；定位到轮廓起点位置
G73 U5 W1 R8                  ；G73 轮廓粗车循环
G73 P10 Q20 U0.4 W0.1 F0.2
N10                           ；N10 至 N20 程序段为轮廓程序
G0 X-4 Z2
G2 X0 Z0 R2F0.05
```

```
G03 X5.982 Z-3 R3
G01 Z-3.237
G02 X12.506 Z-15.859 R20
G03 X11.494 Z-24.821 R7.5
G02 X12.974 Z-29.313 R3
G03 X16 Z-50 R12.5
G01 Z-53
G00 X28
N20                        ; N10 至 N20 程序段为轮廓程序
G00 X100 Z100              ; 返回换刀点
T0202                      ; 换 T02 号精加工刀具
S1100 M03                  ; 主轴顺时针旋转
G00 X30 Z2                 ; 定位到精加工起点位置
G70 P10 Q20 F0.08          ; 精车外形轮廓，执行 N10 至 N20 程序段
G00X100 Z100               ; 返回换刀点
T0303                      ; 换 T03 号切断刀
S300 M03                   ; 主轴顺时针旋转
G00 X30 Z-52               ; 定位到切断起点位置
G01 X0 F0.05               ; 切断
G00 X30                    ; X 轴退刀
G00 X100 Z100              ; 返回换刀点
M05                        ; 主轴停转
M30                        ; 程序结束
```

8. 系统模拟结果（见图 8-11）

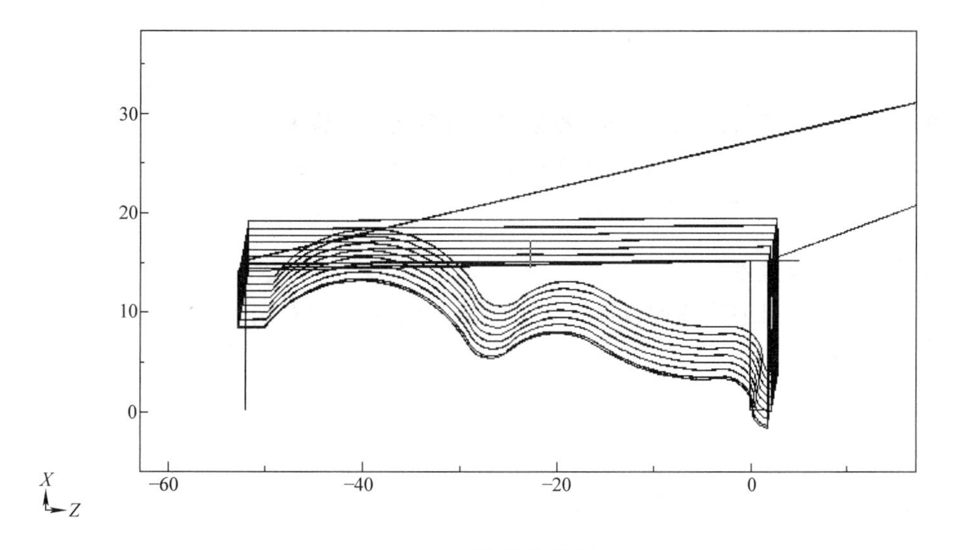

图 8-11　系统模拟结果

8.5 实例（五）

编写如图 8-12 所示的典型外轮廓零件的加工程序。

毛坯材料为硬铝，毛坯直径为 50mm，毛坯长度为 60mm（加工长度 46mm，夹紧长度为 10mm）。

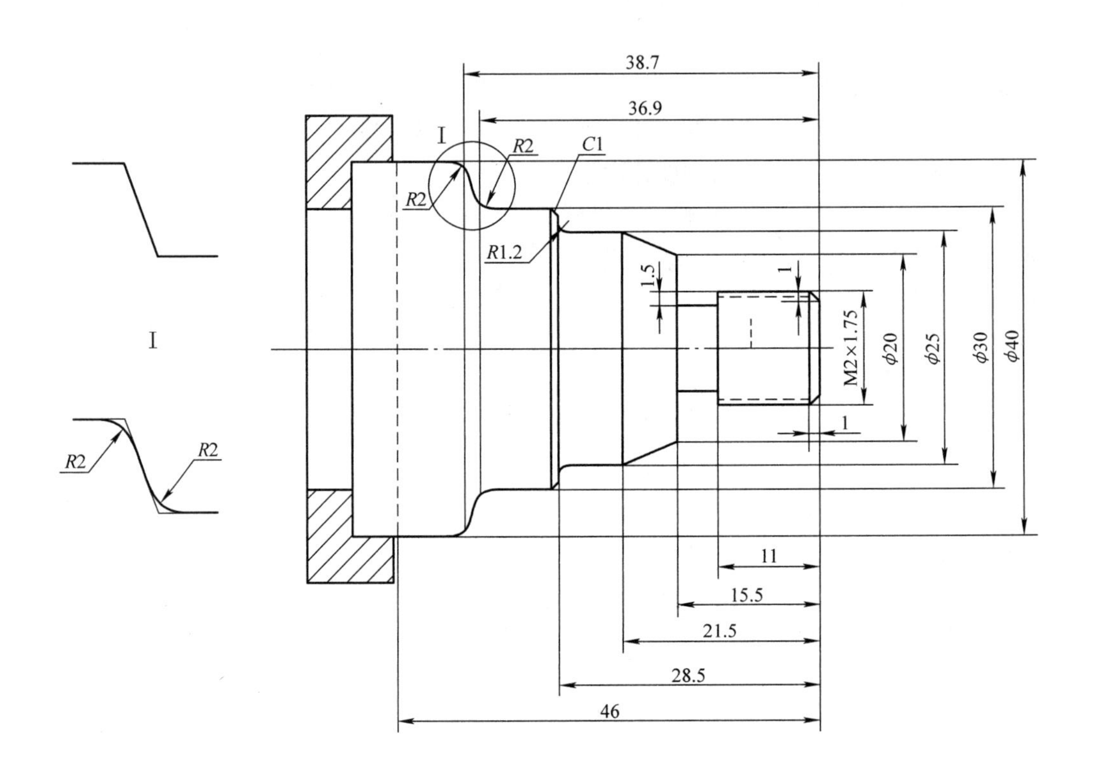

图 8-12　典型外轮廓零件

1. 根据零件图样要求、毛坯材料，确定工艺方案及加工路线

根据零件图样要求对轴类零件，采用三爪自定心卡盘夹持 50 毛坯外圆。工件伸出卡盘长度为 50mm，一次装夹完成粗、精加工。

2. 确定工件零点位置

如图 8-11 所示，工件零点的位置与设计基准重合，在工件右端面中心处。

3. 工步顺序

1）车端面；

2）粗加工外轮廓；

3）精加工外轮廓（利用车削循环功能实现零件的粗、精加工）；

4）割断。

4. 选择数控系统编程模式

本例选择使用西门子 808D 数控车床系统的 ISO 模式指令编程。

5. 选择刀具

根据加工要求，选用 4 把刀具，如图 8-13 所示。

类型	T	D	H	长度X	长度Z	半径	刀尖宽度	
	1	1	1	0.000	0.000	0.400	0.000	3
	2	1	2	0.000	0.000	0.400	0.000	3
	3	1	3	0.000	0.000	0.400	0.000	3
	4	1	4	0.000	0.000	0.100	3.000	3

图 8-13　刀具类型

6. 编写加工程序

按该机床系统规定的指令代码和程序段格式，把加工零件的全部工艺过程编写成程序清单。加工程序如下：

```
G290                    ；激活西门子编程模式
T1 D1                   ；换 T1 号粗加工刀具
M03 S700 F0.2           ；主轴顺时针旋转
G00 X100 Z100           ；返回换刀点
G00 X52 Z0              ；定位到车端面起点位置
G01 X0 F0.2             ；车端面
G00 Z2
X60 Z10                 ；定位到安全位置
CYCLE95（“DEMO:DEMO_E”,2.5,0.2,0.1,0.15,0.35,0.2,0.15,1,,,2）；粗加工轮廓
G00 X100 Z100           ；返回换刀点
T2 D1                   ；换 T2 号精加工车刀
M03 S900                ；主轴顺时针旋转
X60 Z10                 ；定位到安全位置
CYCLE95（“DEMO:DEMO_E”,2.5,0.2,0.1,0.15,0.35,0.2,0.15,5,,,2）；精加工轮廓
G00 X100 Z100           ；返回换刀点
T4 D1                   ；换 T4 号切槽刀
M03 S600                ；主轴顺时针旋转
G00 X60 Z10             ；定位到安全位置
CYCLE93（12,-11,4.5,1.5,0,0,0,0,0,0,0,0.1,0.1,1,0.5,5,2）；切槽循环
G00 X100 Z100           ；返回换刀点
T3 D1                   ；更换 T3 号螺纹刀
M03 S600                ；主轴顺时针旋转
G00 X60 Z10             ；定位到安全位置
CYCLE99（0,12,-11,12,2,2,1.1,,,,6,1,1.75,300103,1,2,0,,,0,0,0,0,1,,,,0）
```

```
                       ；车螺纹循环
G00 X100 Z100          ；返回刀换刀点
T4 D1                  ；换 T4 号切槽刀
M03 S400               ；主轴顺时针旋转
G00 X60 Z10            ；定位到安全位置
CYCLE92（40,-46,10,0,0,2,80,2000,3,0.1,0.05,500,0,0,1,0,10000）；切断循环
G00 X100 Z100          ；返回换刀点
M05                    ；主轴停转
M30                    ；程序结束
；************* 轮廓 ************
DEMO:
G18 G90 DIAMON；*GP*
G0 Z0 X16；*GP*
G1 Z-2 X20；*GP*
Z-15；*GP*
Z-16.493 X19.2 RND=2.5；*GP*
Z-20 RND=2.5；*GP*
X30 CHR=1；*GP*
Z-35；*GP*
X40 CHR=1；*GP*
Z-55；*GP*
X50；*GP*
DEMO_E:；************* 轮廓终点 ************
```

7. **系统模拟结果**（见图 8-14）

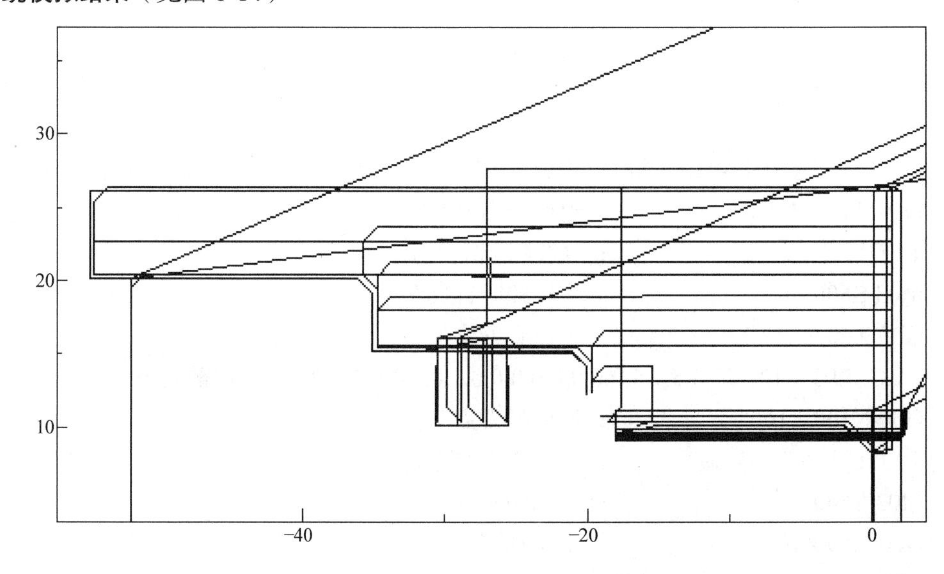

图 8-14　系统模拟结果